大数据创新人才培养系列

Principle and Practice about Flink

Flink

原理与实践

鲁蔚征 / 编著

人民邮电出版社

北京

图书在版编目（ＣＩＰ）数据

Flink原理与实践 / 鲁蔚征编著. -- 北京：人民邮
电出版社，2021.3（2024.1重印）
（大数据创新人才培养系列）
ISBN 978-7-115-54615-9

Ⅰ．①F… Ⅱ．①鲁… Ⅲ．①数据处理软件 Ⅳ.
①TP274

中国版本图书馆CIP数据核字(2020)第144848号

内 容 提 要

　　本书围绕大数据流处理领域，介绍 Flink DataStream API、时间和窗口、状态和检查点、Table API
＆SQL 等知识。本书以实践为导向，使用大量真实业务场景案例来演示如何基于 Flink 进行流处理。

　　本书主要面向对大数据领域感兴趣的本科生、研究生，想转行到大数据开发行业的在职人员，
或有一定大数据开发经验的相关从业人员。读者最好有一定的 Java 或 Scala 编程基础，掌握计算机
领域的常见技术概念。

◆ 编　　著　鲁蔚征
　　责任编辑　刘　博
　　责任印制　王　郁　马振武
◆ 人民邮电出版社出版发行　　北京市丰台区成寿寺路 11 号
　　邮编　100164　电子邮件　315@ptpress.com.cn
　　网址　https://www.ptpress.com.cn
　　北京市艺辉印刷有限公司印刷
◆ 开本：787×1092　1/16
　　印张：19.75　　　　　　　　2021 年 3 月第 1 版
　　字数：485 千字　　　　　　2024 年 1 月北京第 4 次印刷

定价：69.80 元
读者服务热线：(010)81055256　印装质量热线：(010)81055316
反盗版热线：(010)81055315
广告经营许可证：京东市监广登字 20170147 号

流处理（Stream Processing）这个概念很早就被提出，但受限于算力和应用场景等诸多因素，直到最近几年才逐渐被业界重视。大数据领域先后出现了 Hadoop、Spark、Flink 等开源大数据框架，其中 Flink 因其在流处理上高吞吐、低延迟的优势，逐渐得到了工业界的青睐。随着流处理技术的成熟以及各类业务对实时性的要求越来越高，更多的数据处理应用将从批处理逐渐迁移到流处理。

本书作者是中国人民大学校级计算平台的技术人员，具有多年建设和维护大数据应用系统的经验，日常需要支持师生课程学习和科研工作，回答师生的各种问题，经过近一年的努力，撰写了《Flink 原理与实践》一书。本书有以下三个特点。

第一，本书对初学者很友好。本书以初学者角度讲解和分析流处理，从 Flink 历史背景到编程入门，从原理机制到源码案例，从应用实战到系统部署等进行了深入浅出的介绍。初学者通过本书的学习，不仅可以了解流处理的基本原理和运行机制，而且能为职业发展奠定基础。

第二，本书内容贴近工业实践。本书从具体的应用场景入手介绍 Flink，可读性较好。本书通过对一些工业界的具体案例的业务逻辑、技术架构和数据流上下游的介绍，可以帮助读者更好地理解流处理。

第三，本书提供大量代码实例和原理解析。相比于很多书籍单纯翻译国外文献和文档，本书不仅提供了编程上手指南，还使用具体的案例和代码来解释各类 Flink API 的使用方法。在一些重要的地方，作者还从源代码层面进行了剖析，帮助读者知其然也知其所以然。

本书对于高校本科生或研究生、大数据应用的开发者都是一本不错的入门书和参考书。特此推荐。

杜小勇
中国人民大学教授
2020 年 12 月

关于 Flink

随着 5G 和物联网技术的不断发展，数据流正在源源不断地在各类终端上生成，企业需要一种高吞吐、低延迟的数据处理方式以应对更大规模的数据，Flink 正是一种针对数据流的大数据处理引擎。比起已有的大数据处理引擎 Hadoop 和 Spark，Flink 集流处理和批处理于一体，具有高吞吐、低延迟，支持状态和故障恢复等优势。尤其是其流处理技术为业界领先水平，被广泛应用在阿里巴巴、腾讯、华为等公司的生产环境中。随着流处理需求的爆炸式增长、开源社区和各大公司的投入和推广的增加，以及 Flink 本身的不断成熟，Flink 将成为企业必备的大数据处理引擎之一。

编写初衷

我一直从事大数据相关的开发和研究工作，非常关注大数据行业的发展，先后接触了 Hadoop、Hive、Kafka、Spark、TensorFlow 等大数据中间件，在大数据的流处理和批处理方向上都有一定的实际工作经验。2019 年年初，随着阿里巴巴收购了位于柏林的 Flink 母公司，Flink 声名鹊起，开始得到广泛的关注，并逐渐被部署到很多公司的生产环境中。我当时所在的小米大数据团队已经对 Flink 技术进行了大量的调研，并将一些流处理任务从 Spark Streaming 迁移到 Flink 上。这些 Flink 任务不仅取得了高吞吐、低延迟的预期效果，相比 Spark Streaming，还节省了大量计算资源。可以说，Flink 意味着更高的性能、更低的成本。

Flink 在不少公司的生产环境中取得了巨大成功已经是不争的事实。但我在学习和使用 Flink 的过程中发现，Flink 相比 Kafka 或 Spark 来说，涉及的概念更多、学习难度更大、掌握起来更具挑战性。没有流处理实战经验的读者可能很难理解有状态的计算和数据一致性投递保障等问题。作为一项较新的技术，中文领域里对 Flink 的介绍相对比较少，缺少具有系统性的教程。为了学习和使用 Flink，我阅读了 Flink 的英文文档、分析了 Flink 的源码，参考了不少书籍和论文，并且与我的同事以及 Flink 开发者讨论、切磋，慢慢对 Flink 有了更为全面的认识。为了让更多的开发者能够快速上手这项技术，我希望将我学到的知识分享出来。

大数据经过十几年的发展，逐渐从批处理向流处理演进，从早期的 MapReduce 编程模型到后来的数据流图，技术正在飞速迭代，但对技术背后的分布式计算原理而言，仍然是万变不离其宗。同时，不同的业务系统关注的核心指标有所区别，采用的技术栈也截然不同。当前大数据领域中各类中间件蓬勃发展，一大批优秀的工具相继涌现，就像春秋战国时期的百家争鸣一般。Flink 的一些设计思路和实现细节多多少少受到了其他技术的影响，可谓博采众长。有其他大数据开发工具基础的读者可以很容易理解 Flink 的一些概念，学习 Flink 同样可以让我们从更多角度了解其他大数据中间件的各项特性。

如何阅读这本书

Flink 流处理的概念颇多，主要包括时间与窗口、状态和检查点等内容，部分概念听起来容易，用起来却很难。对于没有相关经验的读者，直接上手 Flink 有一定的难度。本书避免直接搬运官方文档内容，而是对几大核心概念做了梳理。当然，Flink 作为一个整体，其各个核心概念之间的联系非常紧密，知识点之间难免有相互穿插的地方。读者在前面章节遇到的一些疑问，会在之后的章节中得到解答。在此希望读者在阅读和学习时要保持一定的耐心。

本书前两章主要作为相关技术背景的铺垫，包括对常见大数据技术的概述和对大数据必备编程知识的梳理。第 3 章重点介绍 Flink 的设计与运行原理，首次阅读后读者应该能够对 Flink 产生一个概括性的印象，随着对 Flink 各项概念的深入理解，重新阅读第 3 章或许能够有一些新的收获。第 4 章到第 7 章主要介绍 DataStream API 上的流处理，分别针对数据流、时间和窗口、状态和检查点、输入输出等 Flink 编程不可或缺的环节。第 8 章主要关注在 Flink SQL 上进行流处理，可以说是第 4 章到第 7 章的集大成者。第 9 章将介绍如何部署和配置 Flink 作业。当然，包括 DataSet API、机器学习、图计算在内的很多技术本书没能够全面覆盖，感兴趣的读者可以继续探索。

另外，本书附赠了示例程序，可供读者下载学习。"纸上得来终觉浅，绝知此事要躬行。"在阅读本书之时，我建议读者准备一个实验环境，将本书的示例程序和代码运行一遍。动手实践的收获将远大于字面上的阅读。

限于本人水平有限，编写时间仓促，书中难免会出现一些疏漏，恳请读者批评指正。

感谢

小米是一家具有开放理念和开源精神的公司。感谢小米大数据团队的同事们，他们前期做了大量工作，带领我进入 Flink 的世界。感谢陈帅、曾杰瑜、张新星、杨飞等同事帮我打开 Flink 的大门，感谢董事长雷军和副总裁崔宝秋等高管在小米开源环境上所做的巨大投入。

感谢 Apache Flink 社区众多开发者对 Flink 的贡献，他们为开发者提供了一款开源的大数据处理引擎。很多开发者依托各种方式、在各大平台不遗余力地传授和讲解 Flink 知识。感谢 Flink 社区提供的源码、技术文档、邮件列表等各类资料，这些资料是我学习 Flink 技术的重要入口。感谢 Flink 社区中曾经耐心回复我问题的唐云、伍翀等人，感谢 Stephan Ewen、Fabian Hueske 等创始团队成员在一些英文文档中对 Flink 技术的深入解析。

本书受到国家重点研发计划课题"自适应、可伸缩的大数据存储系统"（2018YFB1004401）和北京理工大学大数据系统软件国家工程实验室的资助。这里要感谢中国人民大学杜小勇教授、陈红教授和陈跃国教授给我提供了宽松自由的研究环境。

最后，感谢我的爱人、父母、岳父母对我的写作和研究的支持。没有家人的付出和支持，我是不可能完成本书的写作的。

作者
2021 年 1 月

目　录

第1章 大数据技术概述

牛津大学教授维克托·迈尔-舍恩伯格（Viktor Mayer-Schönberger）指出，大数据带来的信息风暴正在改变我们的生活、工作和思维。理解大数据并对这些数据进行有效的处理和分析是企业和政府的机遇，更是一种挑战。数据流的处理必须满足高吞吐和低延迟的特性，Apache Flink（以下简称 Flink）是一种针对数据流的大数据处理框架。开源领域比较知名的大数据处理框架 Apache Hadoop（以下简称 Hadoop）和 Apache Spark（以下简称 Spark），主要专注于批处理。

读完本章之后，读者可以了解以下内容。

- 大数据的特点、大数据分而治之的处理思想。
- 批处理和流处理的区别。
- 流处理的基础概念。
- 流处理框架的技术更迭和架构演进。
- Flink 开发的常用编程语言。

1.1 什么是大数据

1.1.1 大数据的 5 个 "V"

大数据，顾名思义，就是拥有庞大体量的数据。关于什么是大数据、如何定义大数据、如何使用大数据等一系列问题，拥有不同领域背景的读者的理解各不相同。通常，业界将大数据的特点归纳为图 1-1 所示的 5 个 "V"。

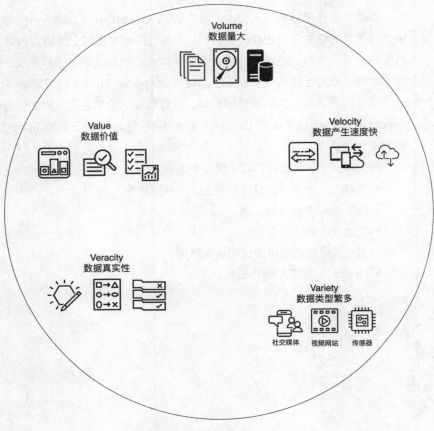

图 1-1　大数据的 5 个 "V"

- Volume：指数据量大。数据量单位从 TB（1 024 GB）、PB（1 024 TB）、EB（1 024 PB）、ZB（1 024 EB）甚至到 YB（1 024 ZB）。纽约证券交易所每天产生的交易数据大约在 TB 级，瑞士日内瓦附近的大型强子对撞机每年产生的数据约为 PB 级，而目前全球数据总量已经在 ZB 级，相当于 1 000 000 PB。基于更大规模的数据，我们可以对某个研究对象的历史、现状和未来有更加全面的了解。

- Velocity：指数据产生速度快。数据要求的处理速度更快和时效性更强，因为时间就是金钱。金融市场的交易数据必须以秒级的速度进行处理，搜索和推荐引擎需要以分钟级速度将实时新闻推送给用户。更快的数据处理速度可让我们基于最新的数据做出更加实时的决策。

- Variety：指数据类型繁多。数据可以是数字、文字、图片、视频等不同的形式，数据源可能是社交网络、视频网站、可穿戴设备以及各类传感器。数据可能是 Excel 表格等高度结构化的数据，也可能是图片和视频等非结构化的数据。

- Veracity：指数据真实性。一方面，数据并非天然具有高价值，一些异常值会被掺杂进来，例如，统计偏差、人的情感因素、天气因素、经济因素甚至谎报数据等导致的异常值。另一方面，数据源类型不同，如何将来自多样的数据源的多元异构数据连接、匹配、清洗和转化，最终形成具有真实性的数据是一项非常有挑战性的工作。

- Value：指数据价值。大数据已经推动了世界的方方面面的发展，从商业、科技到医疗、教育、经济、人文等社会的各个领域，我们研究和利用大数据的最终目的是挖掘数据背后的深层价值。

在数据分析领域，全部研究对象被称为总体（Population），总体包含大量的数据，数据甚至可能是无限的。很多情况下，我们无法保证能收集和分析总体的所有数据，因此研究者一般基于全部研究对象的一个子集进行数据分析。样本（Sample）是从总体中抽取的个体，是全部研究对象的子集。通过对样本的调查和分析，研究者可以推测总体的情况。比如调查某个群体的金融诚信情况，群体内所有人是总体，我们可以抽取一部分个体作为样本，以此推测群体的金融诚信水平。

在大数据技术成熟之前，受限于数据收集、存储和分析能力，样本数量相对较小。大数据技术的成熟让数据存储和计算能力不再是瓶颈，研究者可以在更大规模的数据上，以更快的速度进行数据分析。但数据并非天然有价值，如何对数据"点石成金"非常有挑战性。在金融诚信调查中，如果我们直接询问样本对象，"你是否谎报了家庭资产以获取更大的金融借贷额度？"十之八九，我们得不到真实的答案，但我们可以结合多种渠道的数据来分析该问题，比如结合样本对象的工作经历、征信记录等数据。

大数据具有更大的数据量、更快的速度、更多的数据类型等特点。在一定的数据真实性基础上，大数据技术最终要为数据背后的价值服务。

随着大数据技术的发展，数据的复杂性越来越高，有人在这 5 个"V"的基础上，又提出了一些补充内容，比如增加了动态性（Vitality），强调整个数据体系的动态性；增加了可视性（Visualization），强调数据的显性化展现；增加了合法性（Validity），强调数据采集和应用的合法性，特别是对于个人隐私数据的合理使用等；增加了数据在线（Online），强调数据永远在线，能随时被调用和计算。

1.1.2　大数据分而治之

计算机诞生之后，一般是在单台计算机上处理数据。大数据时代到来后，一些传统的数据处理方法无法满足大数据的处理需求。将一组计算机组织到一起形成一个集群，利用集群的力量来处理大数据的工程实践逐渐成为主流。这种使用集群进行计算的方式被称为分布式计算，当前几乎所有的大数据系统都在使用集群进行分布式计算。

分布式计算的概念听起来很高深，其背后的思想却十分朴素，即分而治之，又称为分治法（Divide and Conquer）。如图 1-2 所示，分治法是指将一个原始问题分解为多个子问题，多个子问题分别在多台计算机上求解，借助必要的数据交换和合并策略，将子结果汇总即可求出最终结果的方法。具体

3

而言，不同的分布式系统使用的算法和策略根据所要解决的问题各有不同，但基本上都是将计算拆分，把子问题放到多台计算机上，分而治之地计算求解。分布式计算的每台计算机（物理机或虚拟机）又被称为一个节点。

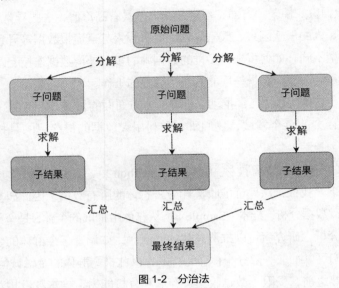

图 1-2　分治法

分布式计算已经有很多比较成熟的方案，其中比较有名的有消息传递接口（Message Passing Interface，MPI）和映射归约模型（MapReduce）。

1. MPI

MPI 是一个"老牌"分布式计算框架，从 MPI 这个名字也可以看出，MPI 主要解决节点间数据通信的问题。在前 MapReduce 时代，MPI 是分布式计算的业界标准。MPI 现在依然广泛运用于全球各大超级计算中心、大学、研究机构中，许多物理、生物、化学、能源等基础学科的大规模分布式计算都依赖 MPI。图 1-3 所示为使用 MPI 在 4 台服务器上并行计算的示意图。

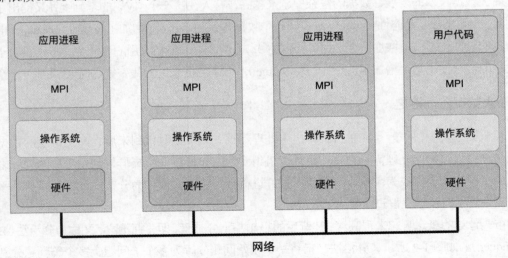

图 1-3　在 4 台服务器上使用 MPI 进行并行计算

使用 MPI 编程，需要使用分治法将问题分解成子问题，在不同节点上分而治之地求解。MPI 提供了一个在多进程、多节点间进行数据通信的方案，因为绝大多数情况下，在中间求解和最终汇总的过程中，需要对多个节点上的数据进行交换和同步。

MPI 中最重要的两个操作为数据发送和数据接收，数据发送表示将本进程中某些数据发送给其他进程，数据接收表示接收其他进程的数据。在实际的代码开发过程中，程序员需要自行设计分治算法，将复杂问题分解为子问题，手动调用 MPI 库，将数据发送给指定的进程。

MPI 能够以很细的粒度控制数据的通信，这是它的优势，从某些方面而言这也是它的劣势，因为细粒度的控制意味着从分治算法设计、数据通信到结果汇总都需要程序员手动控制。有经验的程序员可以对程序进行底层优化，取得成倍的速度提升。但如果程序员对计算机分布式系统没有太多经验，编码、调试和运行 MPI 程序的时间成本极高，加上数据在不同节点上分布不均衡和通信延迟等问题，一个节点进程失败将会导致整个程序失败。因此，MPI 对大部分程序员来说简直就是"噩梦"。

并非所有的程序员都能熟练掌握 MPI 编程，衡量一个程序的时间成本，不仅要考虑程序运行的时间，也要考虑程序员学习、开发和调试的时间。就像 C 语言运算速度极快，但是 Python 却更受欢迎一样，MPI 虽然能提供极快的分布式计算速度，但不太接地气。

2. MapReduce

为了解决分布式计算学习和使用成本高的问题，研究人员开发出了更简单易用的 MapReduce 编程模型。MapReduce 是 Google 于 2004 年推出的一种编程模型，与 MPI 将所有事情交给程序员控制不同，MapReduce 编程模型只需要程序员定义两个操作：Map 和 Reduce。

比起 MPI，MapReduce 编程模型将更多的中间过程做了封装，程序员只需要将原始问题转化为更高层次的应用程序接口（Application Programming Interface，API），至于原始问题如何分解为更小的子问题、中间数据如何传输和交换、如何将计算扩展到多个节点等一系列细节问题可以交给大数据编程模型来解决。因此，MapReduce 相对来说学习门槛更低，使用更方便，编程开发速度更快。

图 1-4 所示为使用 MapReduce 思想制作三明治的过程，读者可以通过这幅图更好的理解 MapReduce。

假设我们需要大批量地制作三明治，三明治的每种食材可以分别单独处理，Map 阶段将原材料在不同的节点上分别进行处理，生成一些中间食材，Shuffle/Group 阶段将不同的中间食材进行组合，Reduce 阶段最终将一组中间食材组合成三明治成品。可以看到，这种 Map+ Shuffle/Group + Reduce 的方式就是分治法的一种实现。

基于 MapReduce 编程模型，不同的团队分别实现了自己的大数据框架：Hadoop 是较早的一种开源实现，如今已经成为大数据领域的业界标杆，之后又出现了 Spark 和 Flink。这些框架提供了编程接口，辅助程序员存储、处理和分析大数据。

1.1.1 小节介绍了大数据的 5 个"V"特点，1.1.2 小节介绍了大数据的分治法。面对海量数据和各不相同的业务逻辑，我们很难使用一种技术或一套方案来解决各类大数据问题。比如，电商平台和视频网站的大数据架构会略有不同。实际上，大数据技术是一整套方案，包括存储、计算和提供在线服务等多个重要部分，而且与数据形态、业务逻辑、提供何种价值等多方面的因素有关。

与大数据有关联的组件众多、技术各有不同，限于本书主题和编者能力，无法一一阐述，本书主要从计算层面来介绍大数据的分析和处理方法。

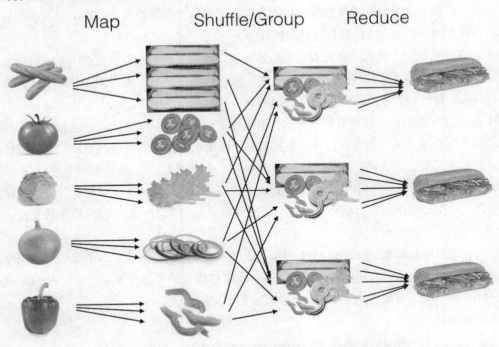

图 1-4　使用 MapReduce 思想制作三明治的过程

1.2　从批处理到流处理

1.2.1　数据与数据流

在大数据的 5 个 "V" 中我们已经提到，数据量大且产生速度快。从时间维度来讲，数据源源不断地产生，形成一个无界的数据流（Unbounded Data Stream）。如图 1-5 所示，单条数据被称为事件（Event），事件按照时序排列会形成一个数据流。例如，我们每时每刻的运动数据都会累积到手机传感器上，金融交易随时随地都在发生，物联网（Internet of Things，IoT）传感器会持续监控并生成数据。

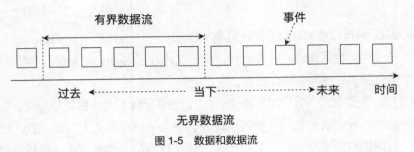

图 1-5　数据和数据流

数据流中的某段有界数据流（Bounded Data Stream）可以组成一个数据集。我们通常所说的对某份数据进行分析，指的是对某个数据集进行分析。随着数据的产生速度越来越快，数据源越来越多，人们对时效性的重视程度越来越高，如何处理数据流成了大家更为关注的问题。

在本书以及其他官方资料中，也会将单条事件称为一条数据或一个元素（Element）。在本书后文的描述中，事件、数据、元素这 3 个概念均可以用来表示数据流中的某个元素。

1.2.2　批处理与流处理

1.　批处理

批处理（Batch Processing）是指对一批数据进行处理。我们身边的批处理比比皆是，最常见的批处理例子有：微信运动每天晚上有一个批处理任务，把用户好友一天所走的步数统计一遍，生成排序结果后推送给用户；银行信用卡中心每月账单日有一个批处理任务，把一个月的消费总额统计一次，生成用户月度账单；国家统计局每季度对经济数据做一次统计，公布季度国内生产总值（GDP）。可见，批处理任务一般是对一段时间的数据聚合后进行处理的。对于数据量庞大的应用，如微信运动、银行信用卡中心等情景，一段时间内积累的数据总量非常大，计算非常耗时。

2.　流处理

如前文所述，数据其实是以流（Stream）的方式持续不断地产生着的，流处理（Stream Processing）就是对数据流进行处理。时间就是金钱，对数据流进行分析和处理，获取实时数据价值越发重要。如"双十一电商大促销"，管理者要以秒级的响应时间查看实时销售业绩、库存信息以及与竞品的对比结果，以争取更多的决策时间；股票交易要以毫秒级的速度来对新信息做出响应；风险控制要对每一份欺诈交易迅速做出处理，以减少不必要的损失；网络运营商要以极快速度发现网络和数据中心的故障；等等。以上这些场景，一旦出现故障，造成服务的延迟，损失都难以估量。因此，响应速度越快，越能减少损失、增加收入。而 IoT 和 5G 的兴起将为数据生成提供更完美的底层技术基础，海量的数据在 IoT 设备上采集，并通过高速的 5G 通道传输到服务器，庞大的实时数据流将汹涌而至，流处理的需求肯定会爆炸式增长。

1.2.3　为什么需要一个优秀的流处理框架

处理实时流的系统通常被称为流计算框架、实时计算框架或流处理框架。下面就来解释为何需要一个可靠的流处理框架。

1.　股票交易的业务场景

我们都知道股票交易非常依赖各类信息，一些有可能影响股票市场价格的信息经常首发于财经网站、微博、微信等社交媒体平台上。作为人类的我们不可能 24 小时一直监控各类媒体，如果有一个自动化的系统来做一些分析和预警，将为决策者争取到更多时间。

假设我们有数只股票的交易数据流，我们可以通过这个数据流来计算以 10 秒为一个时间窗口的股票价格波动，选出那些超过 5%变化幅度的股票，并将这些股票与媒体的实时文本数据做相关分析，以判断媒体上的哪些实时信息会影响股票价格。当相关分析的结果足够有说服力时，可以将这个系统部署到生产环境，实时处理股票与媒体数据，产生分析报表，并发送给交易人员。那么，如何构建一个可靠的程序来解决上述业务场景问题呢？

2. 生产者-消费者模型

处理流数据一般使用"生产者-消费者"（Producer-Consumer）模型来解决问题。如图 1-6 所示，生产者生成数据，将数据发送到一个缓存区域（Buffer），消费者从缓存区域中消费数据。这里我们暂且不关心生产者如何生产数据，以及数据如何缓存，我们只关心如何实现消费者。

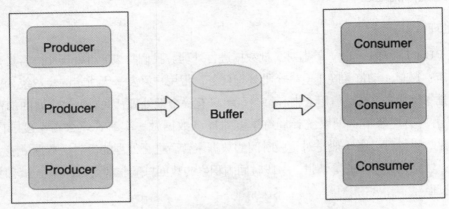

图 1-6　生产者-消费者模型

在股票交易的场景中，我们可以启动一个进程来实现消费者，该进程以 10 秒为一个时间窗口，统计时间窗口内的交易情况，找到波动最大的那些股票。同时，该进程也对新流入的媒体文本进行分析。这个逻辑看起来很容易实现，但深挖之后会发现问题繁多。

3. 流处理框架要解决的诸多问题

（1）可扩展性

股票交易和媒体文本的数据量都非常大，仅以微博为例，平均每秒有上千条、每天有上亿条微博数据。一般情况下，单个节点无法处理这样规模的数据，这时候需要使用分布式计算。假如我们使用类似 MPI 的框架，需要手动设计分治算法，这对很多程序员来说有一定的挑战性。

随着数据不断增多，我们能否保证我们的程序能够快速扩展到更多的节点上，以应对更多的计算需求？具体而言，当计算需求增多时，计算资源能否线性增加而不是耗费大量的资源，程序的代码逻辑能否保持简单而不会变得极其复杂？一个具有可扩展性的系统必须能够优雅地解决这些问题。

（2）数据倾斜

在分布式计算中，数据需要按照某种规则分布到各个节点上。假如数据路由规则设计得不够完善，当数据本身分布不均匀时，会发生数据倾斜，这很可能导致部分节点数据量远大于其他节点。这样的后果是：轻则负载重的节点延迟过高，重则引发整个系统的崩溃。假如一条突发新闻在网络媒体平台引发激烈的讨论和分析，数据突增，程序很可能会崩溃。数据倾斜是分布式计算中经常面临的一个问题。

（3）容错性

整个系统崩溃重启后，之前的那些计算如何恢复？或者部分节点发生故障，如何将该节点上的计算迁移到其他的节点上？我们需要一个机制来做故障恢复，以增强系统的容错性。

（4）时序错乱

限于网络条件和其他各种潜在影响因素，流处理引擎处理某个事件的时间并不是事件本来发生的时间。比如，你想统计上午 11:00:00 到 11:00:10 的交易情况，然而发生在 11:00:05 的某项交易因网络延迟没能抵达，这时候要直接放弃这项交易吗？绝大多数情况下我们会让程序等待，比如我们会假设数据最晚不会延迟超过 10 分钟，因此程序会等待 10 分钟。等待一次也还能接受，但是如果有多个节点在并行处理呢？每个节点等待一段时间，最后做数据聚合时就要等待更长时间。

批处理框架一般处理一个较长时间段内的数据，数据的时序性对其影响较小。批处理框架用更长的时间来换取更好的准确性。流处理框架对时序错乱更为敏感，框架的复杂程度也因此大大增加。

Flink 是解决上述问题的最佳选择之一。如果用 Flink 去解决前文提到的股票建模问题，只需要设置时间窗口，并在这个时间窗口下做一些数据处理的操作，还可以根据数据量来设置由多少节点并行处理。

1.3 代表性大数据技术

MapReduce 编程模型的提出为大数据分析和处理开创了一条先河，其后涌现出一批知名的开源大数据技术，本节主要对一些流行的技术和框架进行简单介绍。

1.3.1 Hadoop

2004 年，Hadoop 的创始人道格·卡廷（Doug Cutting）和麦克·卡法雷拉（Mike Cafarella）受MapReduce编程模型和Google File System等技术的启发，对其中提及的思想进行了编程实现，Hadoop的名字来源于道格·卡廷儿子的玩具大象。由于道格·卡廷后来加入了雅虎，并在雅虎工作期间做了大量 Hadoop 的研发工作，因此 Hadoop 也经常被认为是雅虎开源的一款大数据框架。时至今日，Hadoop 不仅是整个大数据领域的先行者和领航者，更形成了一套围绕 Hadoop 的生态圈，Hadoop 和它的生态圈是绝大多数企业首选的大数据解决方案。图 1-7 展示了 Hadoop 生态圈一些流行组件。

Hadoop 生态圈的核心组件主要有如下 3 个。

- Hadoop MapReduce：Hadoop 版本的 MapReduce 编程模型，可以处理海量数据，主要面向批处理。

- HDFS：HDFS（Hadoop Distributed File System）是 Hadoop 提供的分布式文件系统，有很好的扩展性和容错性，为海量数据提供存储支持。

- YARN：YARN（Yet Another Resource Negotiator）是 Hadoop 生态圈中的资源调度器，可以管理一个 Hadoop 集群，并为各种类型的大数据任务分配计算资源。

这三大组件中，数据存储在 HDFS 上，由 MapReduce 负责计算，YARN 负责集群的资源管理。除了三大核心组件，Hadoop 生态圈还有很多其他著名的组件，部分如下。

- Hive：借助 Hive，用户可以编写结构化查询语言（Structured Query Language，SQL）语句来查询 HDFS 上的结构化数据，SQL 语句会被转化成 MapReduce 运行。

- HBase：HDFS 可以存储海量数据，但访问和查询速度比较慢，HBase 可以提供给用户毫秒级的实时查询服务，它是一个基于 HDFS 的分布式数据库。HBase 最初受 Google Bigtable 技术的启发。

- Kafka：Kafka 是一款流处理框架，主要用作消息队列。

- ZooKeeper：Hadoop 生态圈中很多组件使用动物来命名，形成了一个大型"动物园"，ZooKeeper 是这个动物园的管理者，主要负责分布式环境的协调。

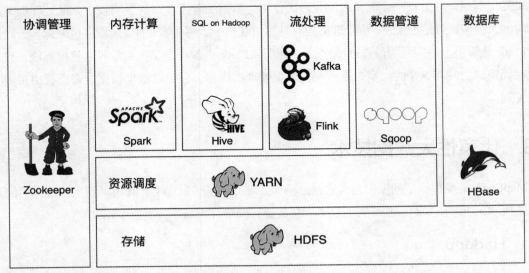

图 1-7　Hadoop 生态圈

1.3.2　Spark

2009 年，Spark 诞生于加州大学伯克利分校，2013 年被捐献给 Apache 基金会。实际上，Spark 的创始团队本来是为了开发集群管理框架 Apache Mesos（以下简称 Mesos）的，其功能类似 YARN，Mesos 开发完成后，需要一个基于 Mesos 的产品运行在上面以验证 Mesos 的各种功能，于是他们接着开发了 Spark。Spark 有火花、鼓舞之意，创始团队希望用 Spark 来证明在 Mesos 上从零开始创造一个项目非常简单。

Spark 是一款大数据处理框架，其开发初衷是改良 Hadoop MapReduce 的编程模型和提高运行速度，尤其是提升大数据在机器学习方向上的性能。与 Hadoop 相比，Spark 的改进主要有如下两点。

- 易用性：MapReduce 模型比 MPI 更友好，但仍然不够方便。因为并不是所有计算任务都可以被简单拆分成 Map 和 Reduce，有可能为了解决一个问题，要设计多个 MapReduce 任务，任务之间相互依赖，整个程序非常复杂，导致代码的可读性和可维护性差。Spark 提供更加方便易用的接口，提供 Java、Scala、Python 和 R 语言 API，支持 SQL、机器学习和图计算，覆盖了绝大多数计算场景。

- 速度快：Hadoop 的 Map 和 Reduce 的中间结果都需要存储到磁盘上，而 Spark 尽量将大部分计算放在内存中。加上 Spark 有向无环图的优化，在官方的基准测试中，Spark 比 Hadoop 快一百倍以上。

Spark 的核心在于计算，主要目的在于优化 Hadoop MapReduce 计算部分，在计算层面提供更细致的服务。

Spark 并不能完全取代 Hadoop，实际上，从图 1-7 可以看出，Spark 融入了 Hadoop 生态圈，成为其中的重要一员。一个 Spark 任务很可能依赖 HDFS 上的数据，向 YARN 申请计算资源，将结果输出到 HBase 上。当然，Spark 也可以不用依赖这些组件，独立地完成计算。Spark 生态圈如图 1-8 所示。

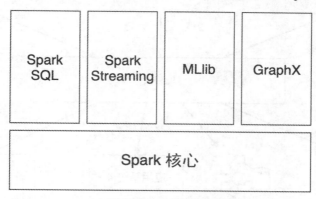

图 1-8　Spark 生态圈

Spark 主要面向批处理需求，因其优异的性能和易用的接口，Spark 已经是批处理界绝对的"王者"。Spark 的子模块 Spark Streaming 提供了流处理的功能，它的流处理主要基于 mini-batch 的思想。如图 1-9 所示，Spark Streaming 将输入数据流切分成多个批次，每个批次使用批处理的方式进行计算。因此，Spark 是一款集批处理和流处理于一体的处理框架。

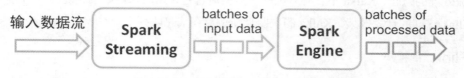

图 1-9　Spark Streaming mini-batch 处理

1.3.3　Apache Kafka

2010 年，LinkedIn 开始了其内部流处理框架的开发，2011 年将该框架捐献给了 Apache 基金会，取名 Apache Kafka（以下简称 Kafka）。Kafka 的创始人杰·克雷普斯（Jay Kreps）觉得这个框架主要用于优化读写，应该用一个作家的名字来命名，加上他很喜欢作家卡夫卡的文学作品，觉得这个名字对一个开源项目来说很酷，因此取名 Kafka。

Kafka 也是一种面向大数据领域的消息队列框架。在大数据生态圈中，Hadoop 的 HDFS 或 Amazon S3 提供数据存储服务，Hadoop MapReduce、Spark 和 Flink 负责计算，Kafka 常常用来连接不同的应用系统。

如图 1-10 所示，企业中不同的应用系统作为数据生产者会产生大量数据流，这些数据流还需要进入不同的数据消费者，Kafka 起到数据集成和系统解耦的作用。系统解耦是让某个应用系统专注于一个目标，以降低整个系统的维护难度。在实践上，一个企业经常拆分出很多不同的应用系统，系统之间需要建立数据流管道（Stream Pipeline）。假如没有 Kafka 的消息队列，M 个生产者和 N 个消费者之间要建立 $M \times N$ 个点对点的数据流管道，Kafka 就像一个中介，让数据管道的个数变为 $M+N$，大大减小了数据流管道的复杂程度。

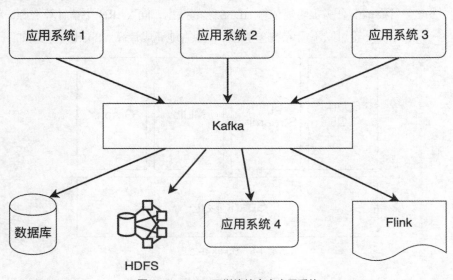

图 1-10　Kafka 可以连接多个应用系统

从批处理和流处理的角度来讲，数据流经 Kafka 后会持续不断地写入 HDFS，积累一段时间后可提供给后续的批处理任务，同时数据流也可以直接流入 Flink，被用于流处理。

随着流处理的兴起，Kafka 不甘心只做一个数据流管道，开始向轻量级流处理方向努力，但相比 Spark 和 Flink 这样的计算框架，Kafka 的主要功能侧重在消息队列上。

1.3.4　Flink

Flink 是由德国 3 所大学发起的学术项目，后来不断发展壮大，并于 2014 年年末成为 Apache 顶级项目之一。在德语中，"flink" 表示快速、敏捷，以此来表征这款计算框架的特点。

Flink 主要面向流处理，如果说 Spark 是批处理界的"王者"，那么 Flink 就是流处理领域冉冉升起的"新星"。流处理并不是一项全新的技术，在 Flink 之前，不乏流处理引擎，比较著名的有 Storm、Spark Streaming，图 1-11 展示了流处理框架经历的三代演进。

2011 年成熟的 Apache Strom（以下简称 Storm）是第一代被广泛采用的流处理引擎。它是以数据流中的事件为最小单位来进行计算的。以事件为单位的框架的优势是延迟非常低，可以提供毫秒级的延迟。流处理结果依赖事件到达的时序准确性，Storm 并不能保障处理结果的一致性和准确性。Storm 只支持至少一次（At-Least-Once）和至多一次（At-Most-Once），即数据流里的事件投递只能保证至少一次或至多一次，不能保证只有一次（Exactly-Once）。在多项基准测试中，Storm 的数据吞吐量和延迟都远逊于 Flink。对于很多对数据准确性要求较高的应用，Storm 有一定劣势。此外，Storm 不支持 SQL，不支持中间状态（State）。

图 1-11 流处理框架演进

2013 年成熟的 Spark Streaming 是第二代被广泛采用的流处理框架。1.3.2 小节中提到，Spark 是 "一统江湖"的大数据处理框架，Spark Streaming 采用微批次（mini-batch）的思想，将数据流切分成一个个小批次，一个小批次里包含多个事件，以接近实时处理的效果。这种做法保证了"Exactly-Once"的事件投递效果，因为假如某次计算出现故障，重新进行该次计算即可。Spark Streaming 的 API 相比第一代流处理框架更加方便易用，与 Spark 批处理集成度较高，因此 Spark 可以给用户提供一个流处理与批处理一体的体验。但因为 Spark Streaming 以批次为单位，每次计算一小批数据，比起以事件为单位的框架来说，延迟从毫秒级变为秒级。

与前两代引擎不同，在 2015 年前后逐渐成熟的 Flink 是一个支持在有界和无界数据流上做有状态计算的大数据处理框架。它以事件为单位，支持 SQL、状态、水位线（Watermark）等特性，支持 "Exactly-Once"。比起 Storm，它的吞吐量更高，延迟更低，准确性能得到保障；比起 Spark Streaming，它以事件为单位，达到真正意义上的实时计算，且所需计算资源相对更少。具体而言，Flink 的优点如下。

- 支持事件时间（Event Time）和处理时间（Processing Time）多种时间语义。即使事件乱序到达，Event Time 也能提供准确和一致的计算结果。Procerssing Time 适用于对延迟敏感的应用。
- Exactly-Once 投递保障。
- 毫秒级延迟。
- 可以扩展到上千台节点、在阿里巴巴等大公司的生产环境中进行过验证。
- 易用且多样的 API，包括核心的 DataStream API 和 DataSet API 以及 Table API 和 SQL。
- 可以连接大数据生态圈各类组件，包括 Kafka、Elasticsearch、JDBC、HDFS 和 Amazon S3。可以运行在 Kubernetes、YARN、Mesos 和独立（Standalone）集群上。

1.4 从 Lambda 到 Kappa：大数据处理平台的演进

前文已经提到，流处理框架经历了 3 代的更新迭代，大数据处理也随之经历了从 Lambda 架构到

Kappa 架构的演进。本节以电商平台的数据分析为例,来解释大数据处理平台如何支持企业在线服务。电商平台会将用户在 App 或网页的搜索、点击和购买行为以日志的形式记录下来,用户的各类行为形成了一个实时数据流,我们称之为用户行为日志。

1.4.1 Lambda 架构

当以 Storm 为代表的第一代流处理框架成熟后,一些互联网公司为了兼顾数据的实时性和准确性,采用图 1-12 所示的 Lambda 架构来处理数据并提供在线服务。Lambda 架构主要分为 3 部分:批处理层、流处理层和在线服务层。其中数据流来自 Kafka 这样的消息队列。

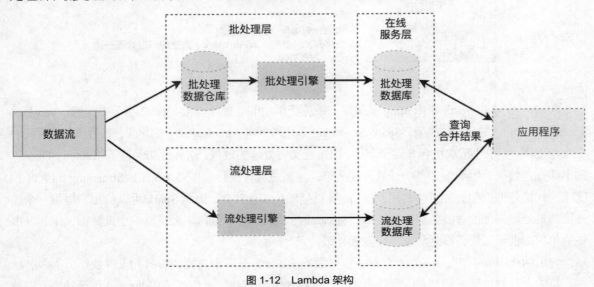

图 1-12　Lambda 架构

1. 批处理层

在批处理层,数据流首先会被持久化保存到批处理数据仓库中,积累一段时间后,再使用批处理引擎来进行计算。这个积累时间可以是一小时、一天,也可以是一个月。处理结果最后导入一个可供在线应用系统查询的数据库上。批处理层中的批处理数据仓库可以是 HDFS、Amazon S3 或其他数据仓库,批处理引擎可以是 MapReduce 或 Spark。

假如电商平台的数据分析部门想查看全网某天哪些商品购买次数最多,可使用批处理引擎对该天数据进行计算。像淘宝、京东这种级别的电商平台,用户行为日志数据量非常大,在这份日志上进行一个非常简单的计算都可能需要几小时。批处理引擎一般会定时启动,对前一天或前几小时的数据进行处理,将结果输出到一个数据库中。与动辄几小时的批处理的处理时间相比,直接查询一个在线数据库中的数据只需要几毫秒。使用批处理生成一个预处理结果,将结果输出到在线服务层的数据库中,是很多企业仍在采用的办法。

这里计算购买次数的例子相对比较简单,在实际的业务场景中,一般需要做更为复杂的统计分析或机器学习计算,比如构建用户画像时,根据用户年龄和性别等人口统计学信息,分析某类用户最有可能购买的是哪类商品,这类计算耗时更长。

批处理层能保证某份数据的结果的准确性，而且即使程序运行失败，直接重启即可。此外，批处理引擎一般扩展性好，即使数据量增多，也可以通过增加节点数量来横向扩展。

2．流处理层

很明显，假如整个系统只有一个批处理层，会导致用户必须等待很久才能获取计算结果，一般有几小时的延迟。电商数据分析部门只能查看前一天的统计分析结果，无法获取当前的结果，这对实时决策来说是一个巨大的时间鸿沟，很可能导致管理者错过最佳决策时机。因此，在批处理层的基础上，Lambda 架构增加了一个流处理层，用户行为日志会实时流入流处理层，流处理引擎生成预处理结果，并导入一个数据库。分析人员可以查看前一小时或前几分钟内的数据结果，这大大增强了整个系统的实时性。但数据流会有事件乱序等问题，使用早期的流处理引擎，只能得到一个近似准确的计算结果，相当于牺牲了一定的准确性来换取实时性。

1.3.4 小节曾提到，早期的流处理引擎有一些缺点，由于准确性、扩展性和容错性的不足，流处理层无法直接取代批处理层，只能给用户提供一个近似结果，还不能为用户提供一个一致准确的结果。因此 Lambda 架构中，出现了批处理和流处理并存的现象。

3．在线服务层

在线服务层直接面向用户的特定请求，需要将来自批处理层准确但有延迟的预处理结果和流处理层实时但不够准确的预处理结果做融合。在融合过程中，需要不断将流处理层的实时数据覆盖批处理层的旧数据。很多数据分析工具在数据合并上下了不少功夫，如 Apache Druid，它可以融合流处理与批处理结果。当然，我们也可以在应用程序中人为控制预处理结果的融合。存储预处理结果的数据库可能是关系型数据库 MySQL，也可能是 Key-Value 键值数据库 Redis 或 HBase。

4．Lambda 架构的优缺点

Lambda 架构在实时性和准确性之间做了一个平衡，能够解决很多大数据处理的问题，它的优点如下。

- 批处理的准确度较高，而且在数据探索阶段可以对某份数据试用不同的方法，反复对数据进行实验。另外，批处理的容错性和扩展性较强。
- 流处理的实时性较强，可以提供一个近似准确的结果。

Lambda 架构的缺点也比较明显，如下。

- 使用两套大数据处理引擎，如果两套大数据处理引擎的 API 不同，有任何逻辑上的改动，就需要在两边同步更新，维护成本高，后期迭代的时间周期长。
- 早期流处理层的结果只是近似准确。

1.4.2　Kappa 架构

Kafka 的创始人杰·克雷普斯认为在很多场景下，维护一套 Lambda 架构的大数据处理平台耗时耗力，于是提出在某些场景下，没有必要维护一个批处理层，直接使用一个流处理层即可满足需求，即图 1-13 所示的 Kappa 架构。

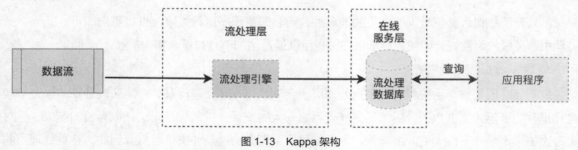

图 1-13　Kappa 架构

Kappa 架构的兴起主要有如下两个原因。

- Kafka 可以保存更长时间的历史数据，它不仅起到消息队列的作用，也可以存储数据，替代数据库。
- Flink 流处理引擎解决了事件乱序下计算结果的准确性问题。

Kappa 架构相对更简单，实时性更好，所需的计算资源远小于 Lambda 架构，随着实时处理需求的不断增长，更多的企业开始使用 Kappa 架构。

Kappa 架构的流行并不意味着不再需要批处理，批处理在一些特定场景上仍然有自己的优势。比如，进行一些数据探索、机器学习实验，需要使用批处理来反复验证不同的算法。Kappa 架构适用于一些逻辑固定的数据预处理流程，比如统计一个时间段内商品的曝光和购买次数、某些关键词的搜索次数等，这类数据处理需求已经固定，无须反复试验迭代。

Flink 以流处理见长，但也实现了批处理的 API，是一个集流处理与批处理于一体的大数据处理引擎，为 Kappa 架构提供更可靠的数据处理性能，未来 Kappa 架构将在更多场景下逐渐替换 Lambda 架构。

1.5　流处理基础概念

前文已经多次提到，在某些场景下，流处理打破了批处理的一些局限。Flink 作为一款以流处理见长的大数据引擎，相比其他流处理引擎具有众多优势。本节将对流处理的一些基本概念进行细化，这些概念是入门流处理的必备基础，至此你将正式进入数据流的世界。

1.5.1　延迟和吞吐

在批处理场景中，我们主要通过一次计算的总耗时来评价性能。在流处理场景，数据源源不断地流入系统，大数据框架对每个数据的处理越快越好，大数据框架能处理的数据量越大越好。例如1.2.3 小节中提到的股票交易案例，如果系统只能处理一两只股票或处理时间长达一天，那么说明这个系统非常不靠谱。衡量流处理的"快"和"量"两方面的性能，一般用延迟（Latency）和吞吐（Throughput）这两个指标。

1. 延迟

延迟表示一个事件被系统处理的总时间，一般以毫秒为单位。根据业务不同，我们一般关心平均延迟（Average Latency）和分位延迟（Percentile Latency）。假设一个食堂的自助取餐流水线是一个流处理系统，每个就餐者前来就餐是它需要处理的事件，从就餐者到达食堂到他拿到所需菜品并付费离开的总耗时，就是这个就餐者的延迟。如果正赶上午餐高峰期，就餐者极有可能排队，这个排队时间也要算在延迟中。例如，99 分位延迟表示对所有就餐者的延迟进行统计和排名，取排名第 99% 位的就餐者延迟。一般商业系统更关注分位延迟，因为分位延迟比平均延迟更能反映这个系统的一些潜在问题。还是以食堂的自助餐流水线为例，该流水线的平均延迟可能不高，但是在就餐高峰期，延迟一般会比较高。如果延迟过高，部分就餐者会因为等待时间过长而放弃排队，用户体验较差。通过检查各模块分位延迟，能够快速定位到哪个模块正在"拖累"整个系统的性能。

延迟对于很多流处理系统非常重要，比如欺诈检测系统、告警监控系统等。Flink 可以将延迟降到毫秒级别。如果用 mini-batch 的思想处理同样的数据流，很可能有分钟级到小时级的延迟，因为批处理引擎必须等待一批数据达到才开始进行计算。

2. 吞吐

吞吐表示一个系统最多能处理多少事件，一般以单位时间处理的事件数量为标准。需要注意的是，吞吐除了与引擎自身设计有关，也与数据源发送过来的事件数据量有关，有可能流处理引擎的最大吞吐量远小于数据源的数据量。比如，自助取餐流水线可能在午餐时间的需求最高，很可能出现大量排队的情况，但另外的时间几乎不需要排队等待。假设一天能为 1 000 个人提供就餐服务，共计 10 小时，那么它的平均吞吐量为 100 人/小时；仅午间 2 小时的高峰期就提供了 600 人，它的峰值吞吐量是 300 人/小时。比起平均吞吐量，峰值吞吐量更影响用户体验，如果峰值吞吐量低，会导致就餐者等待时间过长而放弃排队。排队的过程被称作缓存（Buffering）。如果排队期间仍然有大量数据进入缓存，很可能超出系统的极限，就会出现反压（Backpressure）问题，这时候就需要一些优雅的策略来处理类似问题，否则会造成系统崩溃，用户体验较差。

3. 延迟与吞吐

延迟与吞吐其实并不是相互孤立的，它们相互影响。如果延迟高，那么很可能吞吐较低，系统处理不了太多数据。为了优化这两个指标，首先提高自助取餐流水线的行进速度，加快取餐各个环节的进程。当用户量大到超过流水线的瓶颈时，需要再增加一个自助取餐流水线。这就是当前大数据系统都在采用的两种加速方式，第一是优化单节点内的计算速度，第二是使用并行策略，分而治之地处理数据。如果一台计算机做不了或做得不够快，那就用更多的计算机一起来做。

综上，延迟和吞吐是衡量流处理引擎的重要指标。如何保证流处理系统保持高吞吐和低延迟是一项非常有挑战性的工作。

1.5.2 窗口与时间

1. 不同窗口模式

比起批处理，流处理对窗口（Window）和时间概念更为敏感。在批处理场景下，数据已经按照某个时间维度被分批次地存储了。一些公司经常将用户行为日志按天存储，一些开放数据集都会说明数据采集的时间始末。因此，对于批处理任务，处理一个数据集，其实就是对该数据集对应的时间窗口内的数据进行处理。在流处理场景下，数据以源源不断的流的形式存在，数据一直在产生，没有始末。我们要对数据进行处理时，往往需要明确一个时间窗口，比如，数据在"每秒""每小时""每天"的维度下的一些特性。窗口将数据流切分成多个数据块，很多数据分析都是在窗口上进行操作，比如连接、聚合以及其他时间相关的操作。

图 1-14 展示了 3 种常见的窗口形式：滚动窗口、滑动窗口、会话窗口。

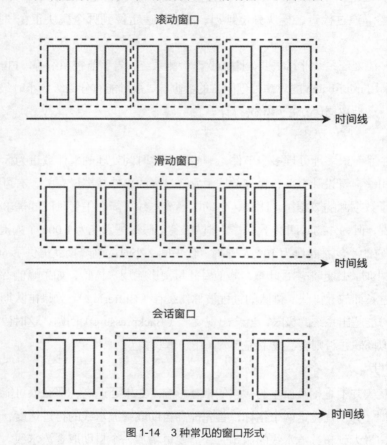

图 1-14　3 种常见的窗口形式

滚动窗口（Tumbling Window）模式一般定义一个固定的窗口长度，长度是一个时间间隔，比如小时级的窗口或分钟级的窗口。窗口像车轮一样，滚动向前，任意两个窗口之间不会包含同样的数据。

滑动窗口（Sliding Window）模式也设有一个固定的窗口长度。假如我们想每分钟开启一个窗口，统计 10 分钟内的股票价格波动，就使用滑动窗口模式。当窗口的长度大于滑动的间隔，可能会导致两个窗口之间包含同样的事件。其实，滚动窗口模式是滑动窗口模式的一个特例，滚动窗口模式中滑动的间隔正好等于窗口的大小。

会话（Session）本身是一个用户交互概念，常常出现在互联网应用上，一般指用户在某 App 或某网站上短期内产生的一系列行为。比如，用户在手机淘宝上短时间大量的搜索和点击的行为，这系列行为事件组成了一个会话。接着可能因为一些其他因素，用户暂停了与 App 的交互，过一会用户又使用 App，经过一系列搜索、点击、与客服沟通，最终下单。

会话窗口（Session Window）模式的窗口长度不固定，而是通过一个间隔来确定窗口，这个间隔被称为会话间隔（Session Gap）。当两个事件之间的间隔大于会话间隔，则两个事件被划分到不同的窗口中；当事件之间的间隔小于会话间隔，则两个事件被划分到同一窗口。

2. 时间语义

（1）Event Time 和 Processing Time

"时间"是平时生活中最常用的概念之一，在流处理中需要额外注意它，因为时间的语义不仅与窗口有关，也与事件乱序、触发计算等各类流处理问题有关。常见的时间语义如下。

- Event Time：事件实际发生的时间。
- Processing Time：事件被流处理引擎处理的时间。

对于一个事件，自其发生起，Event Time 就已经确定不会改变。因各类延迟、流处理引擎各个模块先后处理顺序等因素，不同节点、系统内不同模块、同一数据不同次处理都会产生不同的 Processing Time。

（2）"一分钟"真的是一分钟吗？

在很多应用场景中，时间有着不同的语义，"一分钟"真的是一分钟吗？很多手机游戏中多玩家在线实时竞技，假设我们在玩某款手机游戏，该游戏将数据实时发送给游戏服务器，服务器计算一分钟内玩家的一些操作，这些计算影响用户该局游戏的最终得分。当游戏正酣，我们进入了电梯，手机信号丢失，一分钟后才恢复信号；幸好手机在电梯期间缓存了掉线时的数据，并在信号恢复后将缓存数据传回了服务器，图 1-15 展示了这个场景的流处理过程。在丢失信号的这段时间，你的数据没有被计算进去，显然这样的计算不公平。当信号恢复时，数据重传到服务器，再根据 Event Time 重新计算一次，那就非常公平了。我们可以根据 Event Time 复现一个事件序列的实际顺序。因此，使用 Event Time 是最准确的。

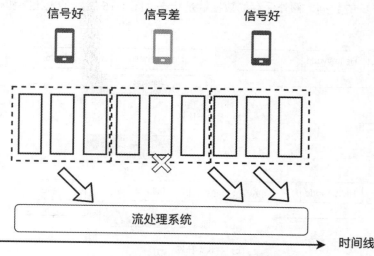

图 1-15 数据传输过程恰好遇到信号丢失

3. Watermark

虽然使用 Event Time 更准确，但问题在于，因为各种不可控因素，事件上报会有延迟，那么最多要等待多长时间呢？从服务器的角度来看，在事件到达之前，我们也无法确定是否有事件发生了延迟，如何设置等待时间是一个很难的问题。比如刚才的例子，我们要统计一分钟内的实时数据，考虑到事件的延迟，如何设置合理的等待时间，以等待一分钟内所有事件都到达服务器？也正因为这个问题，流处理与批处理在准确性上有差距，因为批处理一般以更长的一段时间为一个批次，一个批次内延迟上报的数据比一个流处理时间窗口内延迟上报的数据相对更少。比如电商平台上，对于计算一件商品每分钟点击次数，使用一天的总数除以分钟数，比使用一分钟时间窗口实时的点击次数更准确。可以看到，数据的实时性和准确性二者不可兼得，必须取一个平衡。

Watermark 是一种折中解决方案，它假设某个时间点上，不会有比这个时间点更晚的上报数据。当流处理引擎接收到一个 Watermark 后，它会假定之后不会再接收到这个时间窗口的内容，然后会触发对当前时间窗口的计算。比如，一种 Watermark 策略等待延迟上报的时间非常短，这样能保证低延迟，但是会导致错误率上升。在实际应用中，Watermark 设计为多长非常有挑战性。还是以手机游戏为例，系统不知道玩家这次掉线的原因是什么，可能是在穿越隧道，可能是有事退出了该游戏，还有可能是坐飞机进入飞行模式。

那既然 Event Time 似乎可以解决一切问题，为什么还要使用 Processing Time？前文也提到了，为了处理延迟上报或事件乱序，需要使用一些机制来等待，这样会导致延迟提高。某些场景可能对准确性要求不高，但是对实时性要求更高，在这些场景下使用 Processing Time 就更合适一些。

1.5.3 状态与检查点

状态是流处理区别于批处理的特有概念。如果我们对一个文本数据流进行处理，把英文大写字母都改成英文小写字母，这种处理是无状态的，即系统不需要记录额外的信息。如果我们想统计这个数据流一分钟内的单词出现次数，一方面要处理每一瞬间新流入的数据，另一方面要保存之前一分钟内已经进入系统的数据，额外保存的数据就是状态。图 1-16 展示了无状态和有状态两种不同类型的计算。

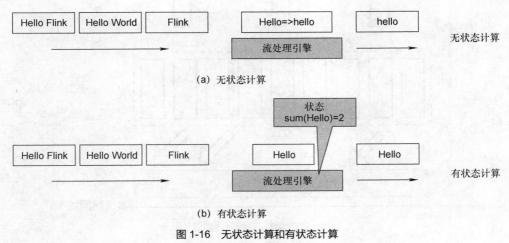

图 1-16 无状态计算和有状态计算

状态在流处理中经常被用到。再举一个温度报警的例子，当系统在监听到"高温"事件后 10 分钟内又监听到"冒烟"事件，系统必须及时报警。在这个场景下，流处理引擎把"高温"事件作为状态记录下来，并判断这个状态接下来十分钟内是否有"冒烟"事件。

流处理引擎在数据流上做有状态计算主要有以下挑战。

- 设计能够管理状态的并行算法极具挑战。前文已经多次提到，大数据需要在多节点上分布式计算，一般将数据按照某个 Key 进行切分，将相同的 Key 切分到相同的节点上，系统按照 Key 维护对应的状态。
- 如果状态数据不断增长，最后就会造成数据爆炸。因此可使用一些机制来限制状态的数据总量，或者将状态数据从内存输出到磁盘或文件系统上，持久化保存起来。
- 系统可能因各种错误而出现故障，重启后，必须能够保证之前保存的状态数据也能恢复，否则重启后很多计算结果有可能是错误的。

检查点（Checkpoint）机制其实并不是一个新鲜事物，它广泛存在于各类计算任务上，主要作用是将中间数据保存下来。当计算任务出现问题，重启后可以根据 Checkpoint 中保存的数据重新恢复任务。在流处理中，Checkpoint 主要保存状态数据。

1.5.4　数据一致性保障

流处理任务可能因为各种原因出现故障，比如数据量暴涨导致内存溢出、输入数据发生变化而无法解析、网络故障、集群维护等。事件进入流处理引擎，如果遇到故障并重启，该事件是否被成功处理了呢？一般有如下 3 种结果。

- At-Most-Once：每个事件最多被处理一次，也就是说，有可能某些事件直接被丢弃，不进行任何处理。这种投递保障最不安全，因为一个流处理系统完全可以把接收到的所有事件都丢弃。
- At-Least-Once：无论遇到何种状况，流处理引擎能够保证接收到的事件至少被处理一次，有些事件可能被处理多次。例如，我们统计文本数据流中的单词出现次数，事件被处理多次会导致统计结果并不准确。
- Exactly-Once：无论是否有故障重启，每个事件只被处理一次。Exactly-Once 意味着事件不能有任何丢失，也不能被多次处理。比起前两种保障，Exactly-Once 的实现难度非常高。如遇故障重启，Exactly-Once 就必须确认哪些事件已经被处理、哪些还未被处理。Flink 在某些情况下能提供 Exactly-Once 的保障。

1.6　编程语言的选择

大数据编程一般会使用 Java、Scala 和 Python 等编程语言，Flink 目前也支持上述 3 种语言，本节从大数据编程的角度来分析几种编程语言的优劣。

1.6.1　Java 和 Scala

Java 是"老牌"企业级编程语言。Java 相比 C/C++更易上手，支持多线程，其生态圈中可用的第三方库众多。Java 虚拟机（Java Virtval Machine，JVM）保证了程序的可移植性，可以快速部署到不同计算机上，是很多分布式系统首选的编程语言,比如 Hadoop 和 Flink 的绝大多数代码都是用 Java 编写的，这些框架提供了丰富的文档，网络社区的支持好。因此，进行大数据编程，Java 编程是必备的技能。相比一些新型编程语言，Java 的缺点是代码有点冗长。

Scala 是一门基于 JVM 的编程语言。相比 Java，Scala 的特色是函数式编程。函数式编程非常适合大数据处理，我们将在第 2 章进一步介绍函数式编程思想。在并行计算方面，Scala 支持 Actor 模型，Actor 模型是一种更为先进的并行计算编程模型，很多大数据框架都基于 Actor 模型。Spark、Flink 和 Kafka 都是基于 Actor 模型的大数据框架。Scala 可以直接调用 Java 的代码，相比 Java，Scala 代码更为简洁和紧凑。凡事都有两面性，Scala 虽然灵活简洁，但是不容易掌握，即使是有一定 Java 基础的开发者，也需要花一定时间系统了解 Scala。

另外，Java 和 Scala 在互相学习和借鉴。Java 8 开始引入了 Lambda 表达式和链式调用，能够支持函数式编程，部分语法与 Scala 越来越接近，代码也更加简洁。

这里的 Lambda 表达式与 1.4.1 小节介绍的 Lambda 架构不同。Lambda 表达式基于函数式编程，是一种编写代码的方式。Lambda 架构主要指如何同时处理流批数据，是一种大数据架构。

Flink 的核心代码由 Java 和 Scala 编写，为这两种语言提供丰富强大的 API，程序员可根据自己和团队的习惯从 Java 和 Scala 中选择。本书基于以下两点考虑，决定主要以 Java 来演示 Flink 的编程。

- Flink 目前绝大多数代码和功能均由 Java 实现，考虑到本书会展示一些 Flink 中基于 Java 的源码和接口，为了避免读者在 Java 和 Scala 两种语言间混淆，将主要使用 Java 展示一些 Flink 的核心概念。
- 不同读者的编程语言基础不一样，Scala 用户往往有一定的 Java 编程基础，而 Java 用户可能对 Scala 并不熟悉。而且 Scala 的语法非常灵活，一不小心可能出现莫名其妙的错误，初学者难以自行解决，而 Scala 相对应的书籍和教程不多。或者说 Scala 用户一般能够兼容 Java，而 Java 用户学习 Scala 的成本较高。

此外，由于大多数 Spark 作业基于 Scala，很多大数据工程师要同时负责 Spark 和 Flink 两套业务逻辑，加上 Flink 的 Scala API 与 Spark 比较接近，本书也会在一些地方提示 Scala 用户在使用 Flink 时的必要注意事项，并在随书附赠的工程中提供 Java 和 Scala 两个版本的代码，方便读者学习。

1.6.2 Python

Python 无疑是近几年来编程语言界的"明星"。Python 简单易用，有大量第三方库，支持 Web、科学计算和机器学习，被广泛应用到人工智能领域。大数据生态圈的各项技术对 Python 支持力度也很大，Hadoop、Spark、Kafka、HBase 等技术都有 Python 版本的 API。鉴于 Python 在机器学习和大数据领域的流行程度,Flink 社区非常重视对 Python API 的支持,正在积极完善 Flink 的 Python 接口。

相比 Java 和 Scala，Python API 还处于完善阶段，迭代速度非常快。Flink 的 Python API 名为 PyFlink，是在 1.9 版本之后逐渐完善的，但相比 Java 和 Scala 还不够完善。考虑到 Python 和 Java/Scala 有较大区别，本书的绝大多数内容均基于 Java 相关知识，且 PyFlink 也在不断迭代、完善，本书暂时不探讨 PyFlink。

1.6.3　SQL

严格来说，SQL 并不是一种全能的编程语言，而是一种在数据库上对数据进行操作的语言，相比 Java、Scala 和 Python，SQL 的上手门槛更低，它在结构化数据的查询上有绝对的优势。一些非计算机相关专业出身的读者可以在短期内掌握 SQL，并进行数据分析。随着数据科学的兴起，越来越多的岗位开始要求候选人有 SQL 技能，包括数据分析师、数据产品经理和数据运营等岗位。Flink 把这种面向结构化查询的需求封装成了表（Table），对外提供 Table API 和 SQL 的调用接口，提供了非常成熟的 SQL 支持。SQL 的学习和编写成本很低，利用它能够处理相对简单的业务逻辑，其非常适合在企业内被大规模推广。本书第 8 章将重点介绍 Table API 和 SQL 的使用方法。

1.7　案例实战　使用 Kafka 构建文本数据流

尽管本书主题是 Flink，但是对数据流的整个生命周期有一个更全面的认识有助于我们理解大数据和流处理。1.3.3 小节简单介绍了 Kafka 这项技术，本节将介绍如何使用 Kafka 构建实时文本数据流，读者可以通过本节了解数据流管道的大致结构：数据生产者源源不断地生成数据流，数据流通过消息队列投递，数据消费者异步地对数据流进行处理。

1.7.1　Kafka 和消息队列相关背景知识

1. 消息队列的功能

消息队列一般使用图 1-6 所示的"生产者-消费者"模型来解决问题：生产者生成数据，将数据发送到一个缓存区域，消费者从缓存区域中消费数据。消息队列可以解决以下问题。

- 系统解耦。很多企业内部有众多系统，一个 App 也包含众多模块，如果将所有的系统和模块都放在一起作为一个庞大的系统来开发，未来则会很难维护和扩展。如果将各个模块独立出来，模块之间通过消息队列来通信，未来可以轻松扩展每个独立模块。另外，假设没有消息队列，M 个生产者和 N 个消费者通信，会产生 $M \times N$ 个数据管道，消息队列将这个复杂度降到了 $M+N$。
- 异步处理。同步是指如果模块 A 向模块 B 发送消息，必须等待返回结果后才能执行接下来的业务逻辑。异步是消息发送方模块 A 无须等待返回结果即可继续执行，只需要向消息队列中发送消息，至于谁去处理这些消息、消息等待多长时间才能被处理等一系列问题，都由消费者负责。异步处理更像是发布通知，发送方不用关心谁去接收通知、如何对通知做出响应等问题。

- 流量削峰。电商促销、抢票等场景会对系统造成巨大的压力，瞬时请求暴涨，消息队列的缓存就像一个蓄水池，以很低的成本将上游的洪峰缓存起来，下游的数据处理模块按照自身处理能力从缓存中拉取数据，避免数据处理模块崩溃。
- 数据冗余。很多情况下，下游的数据处理模块可能发生故障，消息队列将数据缓存起来，直到数据被处理，一定程度上避免了数据丢失风险。

Kafka 作为一个消息队列，主要提供如下 3 种核心能力。

- 为数据的生产者提供发布功能，为数据的消费者提供订阅功能，即传统的消息队列的能力。
- 将数据流缓存在缓存区域，为数据提供容错性，有一定的数据存储能力。
- 提供了一些轻量级流处理能力。

可见 Kafka 不仅是一个消息队列，也有数据存储和流处理的功能，确切地说，Kafka 是一个流处理系统。

2. Kafka 的一些核心概念

Kafka 涉及不少概念，包括 Topic、Producer、Consumer 等，这里从 Flink 流处理的角度出发，只对与流处理关系密切的核心概念做简单介绍。

（1）Topic

Kafka 按照 Topic 来区分不同的数据。以淘宝这样的电商平台为例，某个 Topic 发布买家用户在电商平台的行为日志，比如搜索、点击、聊天、购买等行为；另外一个 Topic 发布卖家用户在电商平台上的行为日志，比如上新、发货、退货等行为。

（2）Producer

多个 Producer 将某份数据发布到某个 Topic 下。比如电商平台的多台线上服务器将买家行为日志发送到名为 user_behavior 的 Topic 下。

（3）Consumer

多个 Consumer 被分为一组，名为 Cosumer Group，一组 Consumer Group 订阅一个 Topic 下的数据。通常我们可以使用 Flink 编写的程序作为 Kafka 的 Consumer 来对一个数据流做处理。

1.7.2　使用 Kafka 构建一个文本数据流

1. 下载和安装

如前文所述，绝大多数的大数据框架基于 Java，因此在进行开发之前要先搭建 Java 编程环境，主要是下载和配置 Java 开发工具包（Java Development Kit，JDK）。网络上针对不同操作系统的相关教程已经很多，这里不赘述。

从 Kafka 官网下载二进制文件形式的软件包，软件包扩展名为 .tgz。Windows 用户可以使用 7Zip 或 WinRAR 软件解压 .tgz 文件，Linux 和 macOS 用户需要使用命令行工具，进入该下载目录。

```
$ tar -xzf kafka_2.12-2.3.0.tgz
$ cd kafka_2.12-2.3.0
```

注意 ▶

$符号表示该行命令在类 UNIX 操作系统（macOS 和 Linux）命令行中执行，而不是在 Python 交互命令界面或其他任何交互界面中。Windows 的命令行提示符是大于号>。

解压之后的文件夹中，bin 目录默认为 Linux 和 macOS 设计。Windows 用户要进入 bin\windows\来启动相应脚本，且脚本文件扩展名为.bat。

---

2. 启动服务

Kafka 使用 ZooKeeper 来管理集群，因此需要先启动 ZooKeeper。刚刚下载的 Kafka 包里已经包含了 ZooKeeper 的启动脚本，可以使用这个脚本快速启动一个 ZooKeeper 服务。

```
$ bin/zookeeper-server-start.sh config/zookeeper.properties
```

启动成功后，对应日志将被输出到屏幕上。

接下来再开启一个命令行会话，启动 Kafka：

```
$ bin/kafka-server-start.sh config/server.properties
```

以上两个操作均使用 config 文件夹下的默认配置文件，需要注意配置文件的路径是否写错。生产环境中的配置文件比默认配置文件复杂得多。

3. 创建 Topic

开启一个命令行会话，创建一个名为 Shakespeare 的 Topic：

```
$ bin/kafka-topics.sh --create --bootstrap-server localhost:9092
--replication-factor 1 --partitions 1 --topic Shakespeare
```

也可以使用命令查看已有的 Topic：

```
$ bin/kafka-topics.sh --list --bootstrap-server localhost:9092
Shakespeare
```

4. 发送消息

接下来我们模拟 Producer，假设这个 Producer 是莎士比亚（Shakespeare）本人，它不断向 "Shakespeare" 这个 Topic 发送自己的最新作品：

```
$ bin/kafka-console-producer.sh --broker-list localhost:9092 --topic Shakespeare
>To be, or not to be, that is the question:
```

每一行作为一条消息事件，被发送到了 Kafka 集群上，虽然这个集群只有本机这一台服务器。

5. 消费数据

另外一些人想了解莎士比亚向 Kafka 发送过哪些新作，所以需要使用一个 Consumer 来消费刚刚发送的数据。我们开启一个命令行会话来模拟 Consumer：

```
$ bin/kafka-console-consumer.sh --bootstrap-server localhost:9092 --topic
Shakespeare --from-beginning
    To be, or not to be, that is the question:
```

Producer 端和 Consumer 端在不同的命令行会话中，我们可以在 Producer 端的命令行会话里不断输入一些文本。切换到 Consumer 端后，可以看到相应的文本被发送了过来。

至此，我们模拟了一个实时数据流数据管道：不同人可以创建 Topic，发布属于自己的内容；其他人可以订阅一个或多个 Topic，根据需求设计后续处理逻辑。

使用 Flink 做流处理时，我们很可能以消息队列作为输入数据源，进行一定处理后，再输出到消息队列、数据库或其他组件上。

本章小结

大数据数据量大、产生速度快、类型多，为了获取数据背后价值还需要注意数据的真实性。业界普遍基于分治法，使用分布式系统以应对各类技术挑战。大数据生态圈历经十几年发展，已经日渐完善，不同技术分别面向存储、计算和在线服务等不同的需求。随着业界对数据实时性要求越来越高，数据处理正在由批处理向流处理发展。

Flink 提供了高吞吐、低延迟的性能，有效解决了状态管理和故障恢复等流处理领域非常棘手的问题，并且 Flink 也提供批处理能力，是一款流处理与批处理一体的大数据处理引擎。

第 2 章　大数据必备编程知识

在正式介绍 Flink 编程之前，我们先回顾和复习一下必备的编程知识，了解这些编程知识有助于我们快速读懂各类源码，深刻理解 Flink API 及其背后的原理。本章所涉及的主要内容如下。

- 继承和多态。
- 泛型。
- 函数式编程。

本章的案例实践将带领读者从零开始搭建 Flink 开发环境。

如第 1 章所述，本书主要基于 Java 的相关知识，也会在必要的地方兼顾 Scala 的相关知识。像 Java 和 Scala 这样的编程语言经过多年的发展，可谓博大精深，本书无法覆盖编程语言的所有特性，只选取了一些与 Flink 开发密切相关的知识点，目的是帮助读者熟悉相关的接口，便于在阅读后文的过程中能够快速上手。或者当读者在后文遇到一些编程语言上的问题时，可以回过头来翻阅本章内容。

2.1 继承和多态

继承和多态是现代编程语言中最为重要的概念。继承和多态允许用户将一些代码进行抽象，以达到复用的目的。Flink 开发过程中会涉及大量的继承和多态相关问题。

2.1.1 继承、类和接口

继承在现实世界中无处不在。比如我们想描述动物和它们的行为，可以先创建一个动物类别，动物类别又可以分为狗和鱼，这样的一种层次结构其实就是编程语言中的继承关系。动物类涵盖了每种动物都有的属性，比如名字、描述信息等。从动物类衍生出的众多子类，比如鱼类、狗类等都具备动物的基本属性。不同类型的动物又有自己的特点，比如鱼会游泳、狗会吼叫。继承关系保证所有动物都具有动物的基本属性，这样就不必在创建一个新的子类的时候，将它们的基本属性（名字、描述信息）再复制一遍。同时，子类更加关注自己区别于其他类的特点，比如鱼所特有的游泳动作。

图 2-1 所示为对动物进行的简单的建模。其中，每个动物都有一些基本属性，即名字（name）和描述（description）；有一些基本方法，即 getName() 和 eat()，这些基本功能共同组成了 Animal 类。在 Animal 类的基础上，可以衍生出各种各样的子类、子类的子类等。比如，Dog 类有自己的 dogData 属性和 bark() 方法，同时也可以使用父类的 name 等属性和 eat() 方法。

我们将图 2-1 所示的 Animal 类继承关系转化为代码，一个 Animal 公共父类可以抽象如代码清单 2-1 所示。

```
public class Animal {

    private String name;
    private String description;

    public Animal(String myName, String myDescription) {
        this.name = myName;
        this.description = myDescription;
    }

    public String getName() {
        return this.name;
    }

    public void eat(){
        System.out.println(name + "正在吃");
    }
}
```

代码清单 2-1 一个简单的 Animal 类

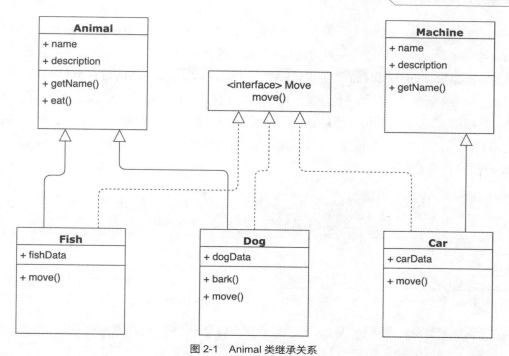

图 2-1　Animal 类继承关系

　　子类可以拥有父类非 private 的属性和方法，同时可以扩展属于自己的属性和方法。比如 Dog 类或 Fish 类可以继承 Animal 类，可以直接复用 Animal 类里定义的属性和方法。这样就不存在代码的重复问题，整个工程的可维护性更好。在 Java 和 Scala 中，子类继承父类时都要使用 extends 关键字。代码清单 2-2 实现了一个 Dog 类，并在里面添加了 Dog 类的一些特有成员。

```java
public class Dog extends Animal implements Move {

    private String dogData;

    public Dog(String myName, String myDescription, String myDogData) {
        this.name = myName;
        this.description = myDescription;
        this.dogData = myDogData
    }

    @Override
    public void move(){
        System.out.println(name + "正在奔跑");
    }

    public void bark(){
        System.out.println(name + "正在叫");
    }
}
```

代码清单 2-2　Dog 类继承 Animal 类，并实现了一些特有的成员

29

不过，Java 只允许子类继承一个父类，或者说 Java 不支持多继承。class A extends B, C 这样的语法在 Java 中是不允许的。另外，有一些方法具有更普遍的意义，比如 move()方法，不仅动物会移动，一些机器（比如 Machine 类和 Car 类）也会移动。因此让 Animal 类和 Machine 类都继承一个 Mover 类在逻辑上没有太大意义。对于这种场景，Java 提供了接口，以关键字 interface 标注，可以将一些方法进一步抽象出来，对外提供一种功能。不同的子类可以继承相同的接口，实现自己的业务逻辑，也解决了 Java 不允许多继承的问题。代码清单 2-2 的 Dog 类也实现了这样一个名为 Move 的接口。

Move 接口的定义如下。

```
public interface Move {
    public void move();
}
```

注意 ●

在 Java 中，一个类可以实现多个接口，并使用 implements 关键字。

```
class ClassA implements Move, InterfaceA, InterfaceB {
  ...
}
```

在 Scala 中，一个类实现第一个接口时使用关键字 extends，后面则使用关键字 with。

```
class ClassA extends Move with InterfaceA, InterfaceB {
  ...
}
```

接口与类的主要区别在于，从功能上来说，接口强调特定功能，类强调所属关系；从技术实现上来说，接口里提供的都是抽象方法，类中只有用 abstract 关键字定义的方法才是抽象方法。抽象方法是指只定义了方法签名，没有定义具体实现的方法。实现一个子类时，遇到抽象方法必须去做自己的实现。继承并实现接口时，要实现里面所有的方法，否则会报错。

在 Flink API 调用过程中，绝大多数情况下都继承一个父类或接口。对于 Java 用户来说，如果继承一个接口，就要使用 implements 关键字；如果继承一个类，要使用 extends 关键字。对于 Scala 用户来说，绝大多数情况使用 extends 关键字就足够了。

2.1.2 重写与重载

1. 重写

子类可以用自己的方式实现父类和接口的方法，比如前文提到的 move()方法。子类的方法会覆盖父类中已有的方法，实际执行时，Java 会调用子类方法，而不是使用父类方法，这个过程被称为重写（Override）。在实现重写时，需要使用@Override 注解（Annotation）。重写可以概括为，外壳不变，核心重写；或者说方法签名等都不能与父类有变化，只修改花括号内的逻辑。

虽然 Java 没有强制开发者使用这个注解，但是@Override 会检查该方法是否正确重写了父类方法，如果发现其父类或接口中并没有该方法时，会报编译错误。像 IntelliJ IDEA 之类的集成开发环境也会有相应的提示，帮助我们检查方法是否正确重写。这里强烈建议开发者在继承并实现方法时养成使用@Override 的习惯。

```java
public class ClassA implements Move {
    @Override
    public void move(){
        ...
    }
}
```

在 Scala 中，在方法前添加一个 override 关键字可以起到重写提示的作用。

```scala
class ClassA extends Move {
    override def move(): Unit = {
        ...
    }
}
```

2.　重载

一个很容易和重写混淆的概念是重载（Overload）。重载是指，在一个类里有多个同名方法，这些方法名字相同、参数不同、返回类型不同。

```java
public class Overloading {

    // 无参数，返回值为 int 类型
    public int test(){
        System.out.println("test");
        return 1;
    }

    // 有一个参数
    public void test(int a){
        System.out.println("test " + a);
    }

    // 有两个参数和一个返回值
    public String test(int a, String s){
        System.out.println("test " + a + " " + s);
        return a + " " + s;
    }
}
```

这段代码演示了名为 test() 的方法的多种不同的具体实现，每种实现在参数和返回值类型上都有区别。包括 Flink 在内，很多框架的源码和 API 应用了大量的重载，目的是给开发者提供多种不同的调用接口。

2.1.3 继承和多态小结

本节简单总结了 Java/Scala 的继承和多态基本原理和使用方法，包括数据建模、关键字的使用、方法的重写等。从 Flink 开发的角度来说，需要注意以下两点。

- 对于 Java 的一个子类，可以用 extends 关键字继承一个类，用 implements 关键字实现一个接口。如果需要覆盖父类的方法，则需要使用@Override 注解。
- 对于 Scala 的一个子类，可以用 extends 关键字继承一个类或接口。如果需要覆盖父类的方法，则需要在方法前添加一个 override 关键字。

2.2 泛型

泛型（Generic）是强类型编程语言中经常使用的一种技术。很多框架的代码中都会大量使用泛型，比如在 Java 中我们经常看到如下的代码。

```
List<String> strList = new ArrayList<String>();
List<Double> doubleList = new LinkedList<Double>();
```

在这段代码中，ArrayList 是一个泛型类，List 是一个泛型接口，它们提供给开发者一个放置不同类型的集合容器，我们可以向这个集合容器中添加 String、Double 以及其他各类数据类型。无论内部存储的是什么类型，集合容器提供给开发者的功能都是相同的，比如 add()，get()等方法。有了泛型，我们就没必要创建 StringArrayList、DoubleArrayList 等类了，否则代码量太大，维护起来成本极高。

2.2.1 Java 中的泛型

在 Java 中，泛型一般有 3 种使用方式：泛型类、泛型接口和泛型方法。一般使用尖括号<>来接收泛型参数。

1. Java 泛型类

如代码清单 2-3 所示，我们定义一个泛型类 MyArrayList，这个类可以简单支持初始化和数据写入。只要在类名后面加上<T>就可以让这个类支持泛型，类内部的一些属性和方法都可以使用泛型 T。或者说，类的泛型会作用到整个类。

```
public class MyArrayList<T> {

    private int size;
    T[] elements;

    public MyArrayList(int capacity) {
        this.size = capacity;
        this.elements = (T[]) new Object[capacity];
    }
```

```
    public void set(T element, int position) {
        elements[position] = element;
    }


    @Override
    public String toString() {
        String result = "";
        for (int i = 0; i < size; i++) {
            result += elements[i].toString();
        }
        return result;
    }

    public static void main(String[] args){
        MyArrayList<String> strList = new MyArrayList<String>(2);
        strList.set("first", 0);
        strList.set("second", 1);

        System.out.println(strList.toString());
    }
}
```

代码清单 2-3　一个名为 MyArrayList 的泛型类，它可以支持简单的数据写入

当然我们也可以给这个类添加多个泛型参数，比如<K,V>，<T,E,K>等。泛型一般使用大写字母表示，Java 为此提供了一些大写字母使用规范，如下。

- T 代表一般的任何类。
- E 代表元素（Element）或异常（Exception）。
- K 或 KEY 代表键（Key）。
- V 代表值（Value），通常与 K 一起配合使用。

我们也可以从父类中继承并扩展泛型，比如 Flink 源码中有这样一个类定义，子类继承了父类的 T，同时自己增加了泛型 K：

```
public class KeyedStream<T, K> extends DataStream<T> {
  ...
}
```

2. Java 泛型接口

Java 泛型接口的定义和 Java 泛型类基本相同。下面的代码展示了在 List 接口中定义 subList()方法，该方法对数据做截取。

```
public interface List<E> {
    ...
    public List<E> subList(int fromIndex, int toIndex);
}
```

继承并实现这个接口的代码如下。

```
public class ArrayList<E> implements List<E> {
    ...
    public List<E> subList(int fromIndex, int toIndex) {
        ...
        // 返回一个 List<E> 类型值
    }
}
```

这个例子中，要实现的 ArrayList 依然是泛型的。需要注意的是，class ArrayList<E> implements List<E> 这句声明中，ArrayList 和 List 后面都要加上<E>，表明要实现的子类是泛型的。还有另外一种情况，要实现的子类不是泛型的，而是有确定类型的，如下面的代码。

```
public class DoubleList implements List<Double> {
    ...
    public List<Double> subList(int fromIndex, int toIndex) {
        ...
        // 返回一个 List<Double> 类型值
    }
}
```

3. Java 泛型方法

泛型方法可以存在于泛型类中，也可以存在于普通的类中。

```
public class MyArrayList<T> {
    ...
    // public 关键字后的<E>表明该方法是一个泛型方法
    // 泛型方法中的类型 E 和泛型类中的类型 T 可以不一样
    public <E> E processElement(E element) {
        ...
        return E;
    }
}
```

从上面的代码可以看出，public 或 private 关键字后的<E>表示该方法一个泛型方法。泛型方法的类型 E 和泛型类中的类型 T 可以不一样。或者说，如果泛型方法是泛型类的一个成员，泛型方法既可以继续使用类的类型 T，也可以自己定义新的类型 E。

4. 通配符

除了用 <T>表示泛型，还可用 <?>这种形式。<?> 被称为通配符，用来适应各种不同的泛型。此外，一些代码中还会涉及通配符的边界问题，主要是为了对泛型做一些安全性方面的限制。有兴趣的读者可以自行了解泛型的通配符和边界。

5. 类型擦除

Java 的泛型有一个遗留问题，那就是类型擦除（Type Erasure）。我们先看一下下面的代码。

```
Class<?> strListClass = new ArrayList<String>().getClass();
Class<?> intListClass = new ArrayList<Integer>().getClass();
// 输出: class java.util.ArrayList
System.out.println(strListClass);
// 输出: class java.util.ArrayList
System.out.println(intListClass);
// 输出: true
System.out.println(strListClass.equals(intListClass));
```

虽然声明时我们分别使用了 String 和 Integer，但运行时关于泛型的信息被擦除了，我们无法区别 strListClass 和 intListClass 这两个类型。这是因为，**泛型信息只存在于代码编译阶段，当程序运行到 JVM 上时，与泛型相关的信息会被擦除**。类型擦除对于绝大多数应用系统开发者来说影响不太大，但是对于一些框架开发者来说，必须要注意。比如，Spark 和 Flink 的开发者都使用了一些办法来解决类型擦除问题，对于 API 调用者来说，受到的影响不大。

2.2.2　Scala 中的泛型

对 Java 的泛型有了基本了解后，我们接着来了解一下 Scala 中的泛型。相比而言，Scala 的类型系统更复杂，这里只介绍一些简单语法，使读者能够读懂一些源码。

Scala 中，泛型放在了方括号[]中。或者我们可以简单地理解为，原来 Java 的泛型类<T>，现在改为[T]即可。

在代码清单 2-4 中，我们创建了一个名为 Stack 的泛型类，并实现了两个简单的方法，类中各成员和方法都可以使用泛型 T。我们也定义了一个泛型方法，形如 isStackPeekEquals[T]()，方法中可以使用泛型 T。

```
object MyStackDemo {

  // Stack 泛型类
  class Stack[T] {
   private var elements: List[T] = Nil
   def push(x: T) { elements = x :: elements }
   def peek: T = elements.head
  }

  // 泛型方法，检查两个 Stack 顶部是否相同
  def isStackPeekEquals[T](p: Stack[T], q: Stack[T]): Boolean = {
   p.peek == q.peek
  }

  def main(args: Array[String]): Unit = {
   val stack = new Stack[Int]
```

```
    stack.push(1)
    stack.push(2)
    println(stack.peek)

    val stack2 = new Stack[Int]
    stack2.push(2)
    val stack3 = new Stack[Int]
    stack3.push(3)
    println(isStackPeekEquals(stack, stack2))
    println(isStackPeekEquals(stack, stack3))
  }
}
```

代码清单 2-4　使用 Scala 实现一个简易的 Stack 泛型类

2.2.3　泛型小结

本节简单总结了 Java 和 Scala 的泛型知识。对于初学者来说，泛型的语法有时候让人有些眼花缭乱，但其目的是接受不同的数据类型，增强代码的复用性。

泛型给开发者提供了不少便利，尤其是保证了底层代码简洁性。因为这些底层代码通常被封装为一个框架，会有各种各样的上层应用调用这些底层代码，进行特定的业务处理，每次调用都可能涉及泛型问题。包括 Spark 和 Flink 在内的很多框架都需要开发者基于泛型进行 API 调用。开发者非常有必要了解泛型的基本用法。

2.3　函数式编程

函数式编程（Functional Programming）是一种编程范式，因其更适合做并行计算，近年来开始受到大数据开发者的广泛关注。Python、JavaScript 等语言对函数式编程的支持都不错；Scala 更是以函数式编程的优势在大数据领域 "攻城略地"；即使是 Java，也为了适应函数式编程，加强对函数式编程的支持。未来的程序员或多或少都要了解一些函数式编程思想。这里抛开一些数学推理等各类复杂的概念，仅从 Flink 开发的角度带领读者熟悉函数式编程。

2.3.1　函数式编程思想简介

在介绍函数式编程前，我们可以先回顾传统的编程范式如何解决一个数学问题。假设我们想求解一个数学表达式：

$$(x+y)\times z$$

一般的编程思路如下。

```
    addResult = x + y
    result = addResult * z
```

在这个例子中，我们要先求解中间结果，将其存储到中间变量，再进一步求得最终结果。这仅仅是一个简单的例子，在更多的编程实践中，程序员必须告诉计算机每一步执行什么命令、需要声明哪些中间变量等。因为计算机无法理解复杂的概念，只能听从程序员的指挥。

中学时代，我们的老师在数学课上曾花费大量时间讲解函数，函数 $y = f(x)$ 指对于自变量 x 的映射。函数式编程的思想正是基于数学中对函数的定义。其基本思想是，在使用计算机求解问题时，我们可以把整个计算过程定义为不同的函数。比如，将这个问题转化为：

```
result = multiply(add(x, y), z)
```

我们再对其做进一步的转换：

```
result = add(x, y).multiply(z)
```

传统思路中要创建中间变量，要分步执行，而函数式编程的形式与数学表达式形式更为相似。人们普遍认为，这种函数式的描述更接近人类自然语言。

如果要实现这样一个函数式程序，主要需要如下两步。

① 实现单个函数，将零到多个输入转换成零到多个输出。比如 add() 这种带有映射关系的函数，它将两个输入转化为一个输出。

② 将多个函数连接起来，实现所需业务逻辑。比如，将 add()、multiply() 连接到一起。

接下来我们通过 Java 代码来展示如何实践函数式编程思想。

2.3.2　Lambda 表达式的内部结构

数理逻辑领域有一个名为 λ 演算的形式系统，主要研究如何使用函数来表达计算。一些编程语言将这个概念应用到自己的平台上，期望能实现函数式编程，取名为 Lambda 表达式（λ 的英文拼写为 Lambda）。

我们先看一下 Java 的 Lambda 表达式的语法规则。

```
(parameters) -> {
  body
}
```

Lambda 表达式主要包括一个箭头符号->，其两边连接着输入参数和函数体。我们再看看代码清单 2-5 中的几个 Java Lambda 表达式。

```
// 1. 无参数，返回值为 5
() -> 5

// 2. 接收 1 个 int 类型参数，将其乘以 2，返回一个 int 类型值
x -> 2 * x

// 3. 接收 2 个 int 类型参数，返回它们的差
(x, y) -> x - y
```

```
// 4. 接收 2 个 int 类型参数，返回它们的和
(int x, int y) -> x + y

// 5. 接收 1 个 String 类型参数，将其输出到控制台，不返回任何值
(String s) -> { System.out.print(s); }

// 6. 参数为圆半径，返回圆面积，返回值为 double 类型
(double r) -> {
    double pi = 3.1415;
    return r * r * pi;
}
```

代码清单 2-5 Java Lambda 表达式

可以看到，这几个例子都有一个->，表示这是一个函数式的映射，相对比较灵活的是左侧的输入参数和右侧的函数体。图 2-2 所示为 Java Lambda 表达式的拆解，这很符合数学中对一个函数做映射的思维方式。

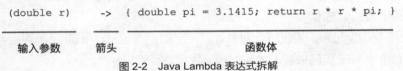

图 2-2 Java Lambda 表达式拆解

接下来我们来了解一下输入参数和函数体的一些使用规范。

1. 输入参数

- Lambda 表达式可以接收零到多个输入参数。
- 程序员可以提供输入类型，也可以不提供类型，让代码根据上下文去推断。
- 参数可以放在圆括号()中，多个参数通过英文逗号，隔开。如果只有一个参数，且类型可以被推断，可以不使用圆括号()。空的圆括号表示没有输入参数。

2. 函数体

- 函数体可以有一到多行语句，是函数的核心处理逻辑。
- 当函数体只有一行内容，且该内容正是需要输出的内容时，可以不使用花括号{}，直接输出。
- 当函数体有多行内容，必须使用花括号{}。
- 输出的类型与所需要的类型相匹配。

至此，我们可以大致看出，Lambda 表达式能够实现将零到多个输入转换为零到多个输出的映射，即实现了函数式编程的第一步：定义单个的函数。

2.3.3 函数式接口

通过前文的几个例子，我们大概知道 Lambda 表达式的内部结构了，那么 Lambda 表达式到底是什么类型呢？在 Java 中，Lambda 表达式是有类型的，它是一种接口。确切地说，Lambda 表达式实

现了一个函数式接口（Functional Interface），或者说，前文提到的一些 Lambda 表达式都是函数式接口的具体实现。

函数式接口是一种接口，并且它只有一个虚函数。因为这种接口只有一个虚函数，因此其对应英文为 Single Abstract Method（SAM）。SAM 表示这个接口对外只提供这一个函数的功能。如果我们想自己设计一个函数式接口，我们应该给这个接口添加@FunctionalInterface 注解。编译器会根据这个注解确保该接口是函数式接口，当我们尝试往该接口中添加超过一个虚函数时，编译器会报错。在代码清单 2-6 中，我们设计一个加法的函数式接口 AddInterface，然后实现这个接口。

```java
@FunctionalInterface
interface AddInterface<T> {
    T add(T a, T b);
}


public class FunctionalInterfaceExample {

    public static void main( String[] args ) {

        AddInterface<Integer> addInt = (Integer a, Integer b) -> a + b;
        AddInterface<Double> addDouble = (Double a, Double b) -> a + b;

        int intResult;
        double doubleResult;

        intResult = addInt.add(1, 2);
        doubleResult = addDouble.add(1.1d, 2.2d);
    }
}
```

代码清单 2-6 一个能够实现加法功能的函数式接口

Lambda 表达式实际上是在实现函数式接口中的虚函数，Lambda 表达式的输入类型和返回类型要与虚函数定义的类型相匹配。

假如没有 Lambda 表达式，我们仍然可以实现这个函数式接口，只不过代码比较"臃肿"。首先，我们需要声明一个类来实现这个接口，可以是下面的类。

```java
public static class MyAdd implements AddInterface<Double> {
    @Override
    public Double add(Double a, Double b) {
        return a + b;
    }
}
```

然后，在业务逻辑中这样调用：doubleResult = new MyAdd().add(1.1d, 2.2d);。或者是使用匿名类，省去 MyAdd 这个名字，直接实现 AddInterface 并调用：

```
doubleResult = new AddInterface<Double>(){
    @Override
    public Double add(Double a, Double b) {
        return a + b;
    }
}.add(1d, 2d);
```

声明类并实现接口和使用匿名类这两种方法是 Lambda 表达式出现之前，Java 开发者经常使用的两种方法。实际上我们想实现的逻辑仅仅是一个 a + b，其他代码其实都是冗余的，都是为了给编译器看的，并不是为了给程序员看的。有了比较我们就会发现，Lambda 表达式的简洁优雅的优势就凸显出来了。

为了方便大家使用，Java 内置了一些函数式接口，放在 java.util.function 包中，比如 Predicate、Function 等，开发者可以根据自身需求实现这些接口。这里简单展示一下这两个接口。

Predicate 对输入进行判断，符合给定逻辑则返回 true，否则返回 false。

```
@FunctionalInterface
public interface Predicate<T> {
    // 判断输入的真假，返回 boolean 类型值
    boolean test(T t);
}
```

Function 接收一个类型 T 的输入，返回一个类型 R 的输出。

```
@FunctionalInterface
public interface Function<T, R> {
    // 接收一个类型 T 的输入，返回一个类型 R 的输出
    R apply(T t);
}
```

部分底层代码提供了一些函数式接口供开发者调用，很多框架的 API 就是类似上面的函数式接口，开发者通过实现接口来完成自己的业务逻辑。Spark 和 Flink 对外提供的 Java API 其实就是这种函数式接口。

2.3.4　Java Stream API

Stream API 是 Java 8 的一大亮点，它与 java.io 包里的 InputStream 和 OutputStream 是完全不同的概念，也不是 Flink、Kafka 等大数据流处理框架中的数据流。它专注于对集合（Collection）对象的操作，是借助 Lambda 表达式的一种应用。通过 Java Stream API，我们可以体验到 Lambda 表达式带来的编程效率的提升。

我们看一个简单的例子，代码清单 2-7 首先过滤出非空字符串，然后求得每个字符串的长度，最终返回为一个 List<Integer> 类型值。代码使用了 Lambda 表达式来完成对应的逻辑。

```
List<String> strings = Arrays.asList(
    "abc", "", "bc", "12345",
```

```
            "efg", "abcd","", "jkl");

List<Integer> lengths = strings
  .stream()
  .filter(string -> !string.isEmpty())
  .map(s -> s.length())
  .collect(Collectors.toList());

lengths.forEach((s) -> System.out.println(s));
```

代码清单 2-7　使用 Lambda 表达式来完成对 String 类型列表的操作

这段代码中，数据先经过 stream()方法被转换为一个 Stream 类型，后经过 filter()、map()、collect()等处理逻辑，生成我们所需的输出。各个操作之间使用英文点号.来连接，这种方式被称作方法链（Method Chaining）或者链式调用。链式调用可以被抽象成一个管道（Pipeline），将代码清单 2-7 进行抽象，可以形成图 2-3 所示的 Stream 管道。

图 2-3　Stream 管道

我们深挖一下 Lambda 表达式的源码，发现 filter()的参数是前文所述的 Predicate 函数式接口，map()的参数是前文提到的 Function 函数式接口。

```
Stream<T> filter(Predicate<? super T> predicate);
<R> Stream<R> map(Function<? super T, ? extends R> mapper);
```

当处理具体的业务时，我们需要使用 Lambda 表达式来实现这些函数式接口。

Java Stream API 是应用 Lambda 表达式的最佳案例，Stream 管道和链式调用解决了 2.3.1 小节提到的函数式编程第二个步骤：将多个函数连接起来。通过代码清单 2-7 中的代码，我们可以把函数式接口、Lambda 表达式以及链式调用等多个概念融会贯通。包括 Spark 和 Flink 在内的一些框架对外提供的 API 也与 Java Stream API 极其相似，初学者在使用时要注意不要相互混淆，它们的区别如下。

- Java Stream API 是面向集合的操作，比如循环一个列表。我们可以理解为在单个 JVM 之上进行的各类数据操作。
- Spark 和 Flink 的 API 是面向数据集或数据流的操作。这些操作分布在大数据集群的多个节点上，并行地分布式执行。

2.3.5　函数式编程小结

函数式编程更符合数学上函数映射的思想。具体到编程语言层面，我们可以使用 Lambda 表达式来快速编写函数映射，函数之间通过链式调用连接到一起，完成所需业务逻辑。Java 的 Lambda 表达式是后来才引入的，而 Scala 天生就是为函数式编程所设计。由于在并行处理方面的优势，函数式编程正在被大量应用于大数据处理领域。

对 Lambda 表达式、Java Stream API 以及 Flink API 有了基本了解后，我们也应该注意不要将 Java Stream API 与 Flink API 混淆。

2.4 案例实战 Flink 开发环境搭建

本案例实战主要带领读者完成对 Flink 开发环境的搭建。

2.4.1 准备所需软件

在 1.7 节中我们简单提到了 Kafka 的安装部署所需的软件环境，这里我们再次梳理一下 Flink 开发所需的软件环境。

1. 操作系统

目前，我们可以在 Linux、macOS 和 Windows 操作系统上开发和运行 Flink。类 UNIX 操作系统（Linux 或 macOS）是大数据首选的操作系统，它们对 Flink 的支持更好，适合进行 Flink 学习和开发。后文会假设读者已经拥有了一个类 UNIX 操作系统。Windows 用户为了构建一个类 UNIX 环境，可以使用专门为 Linux 操作系统打造的子系统（Windows subsystem for Linux，即 WSL）或者是 Cygwin，又或者创建一个虚拟机，在虚拟机中安装 Linux 操作系统。

2. JDK

和 Kafka 一样，Flink 开发基于 JDK，因此也需要提前安装好 JDK 1.8 +（Java 8 或更高的版本），配置好 Java 环境变量。

3. 其他工具

其他的工具因开发者习惯不同来安装，不是 Flink 开发所必需的，但这里仍然建议提前安装好以下工具。

（1）Apache Maven 3.0+

Apache Maven 是一个项目管理工具，可以对 Java 或 Scala 项目进行构建及依赖管理，是进行大数据开发必备的工具。这里推荐使用 Maven 是因为 Flink 源码工程和本书的示例代码工程均使用 Maven 进行管理。

（2）IntelliJ IDEA

IntelliJ IDEA 是一个非常强大的编辑器和开发工具，内置了 Maven 等一系列工具，是大数据开发必不可少的利器。Intellij IDEA 本来是一个商业软件，它提供了社区免费版本，免费版本已经基本能满足绝大多数的开发需求。

除 IntelliJ IDEA 之外，还有 Eclipse IDE 或 NetBeans IDE 等开发工具，读者可以根据自己的使用习惯选择。由于 IntelliJ IDEA 对 Scala 的支持更好，本书建议读者使用 IntelliJ IDEA。

2.4.2　下载并安装 Flink

从 Flink 官网下载编译好的 Flink 程序，把下载的.tgz 压缩包放在你想放置的目录。在下载时，Flink 提供了不同的选项，包括 Scala 2.11、Scala 2.12、源码版等。其中，前两个版本是 Flink 官方提供的可执行版，解压后可直接使用，无须从源码开始编译打包。Scala 不同版本间兼容性较差，对于 Scala 开发者来说，需要选择自己常用的版本，对于 Java 开发者来说，选择哪个 Scala 版本区别不大。本书写作时，使用的是 Flink 1.11 和 Scala 2.11，读者可以根据自身情况下载相应版本。

按照下面的方式，解压该压缩包，进入解压目录，并启动 Flink 集群。

```
$ tar -zxvf flink-1.11.2-bin-scala_2.11.tgz # 解压
$ cd flink-1.11.2-bin-scala_2.11 # 进入解压目录
$ ./bin/start-cluster.sh # 启动 Flink 集群
```

成功启动后，打开浏览器，输入 http://localhost:8081，可以进入 Flink 集群的仪表盘（WebUI），如图 2-4 所示。Flink WebUI 可以对 Flink 集群进行管理和监控。

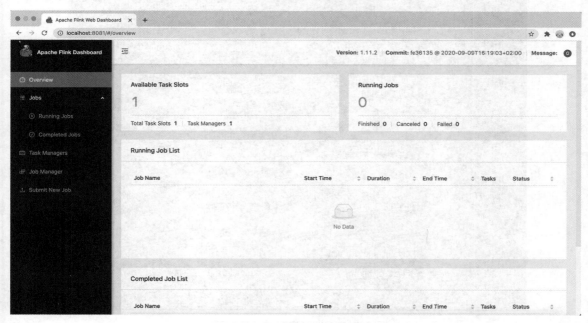

图 2-4　Flink WebUI

现在，你就已经拥有了一个 Flink 集群，虽然它只有一台节点。

2.4.3　创建 Flink 工程

我们使用 Maven 从零开始创建一个 Flink 工程。

```
$ mvn archetype:generate \
    -DarchetypeGroupId=org.apache.flink \
    -DarchetypeArtifactId=flink-quickstart-java \
```

```
-DarchetypeVersion=1.11.2 \
-DgroupId=com.myflink \
-DartifactId=flink-study-scala \
-Dversion=0.1 \
-Dpackage=quickstart \
-DinteractiveMode=false
```

archetype 是 Maven 提供的一种项目模板，是别人提前准备好了的项目的结构框架，用户只需要使用 Maven 工具下载这个模板，在这个模板的基础上丰富并完善代码逻辑。主流框架一般都准备好了 archetype，如 Spring、Hadoop 等。

不熟悉 Maven 的读者可以先使用 IntelliJ IDEA 内置的 Maven 工具，熟悉 Maven 的读者可直接跳过这部分。

如图 2-5 所示，在 IntelliJ IDEA 里依次单击 "File" → "New" → "Project"，创建一个新工程。

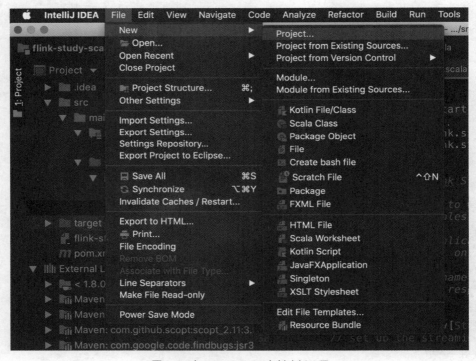

图 2-5　在 IntelliJ IDEA 中创建新工程

如图 2-6 所示，选择左侧的 "Maven"，并勾选 "Create from archetype"，并单击右侧的 "Add Archetype" 按钮。

如图 2-7 所示，在弹出的窗口中填写 archetype 信息。其中 GroupId 为 org.apache.flink，ArtifactId 为 flink-quickstart-java，Version 为 1.11.2，然后单击 "OK"。这里主要是告诉 Maven 去资源库中下载哪个版本的模板。随着 Flink 的迭代开发，Version 也在不断更新，读者可以在 Flink 的 Maven 资源库中查看最新的版本。GroupId、ArtifactId、Version 可以唯一表示一个发布出来的 Java 程序包。配置好后，单击 "Next" 按钮进入下一步。

图 2-6　添加 Maven 项目

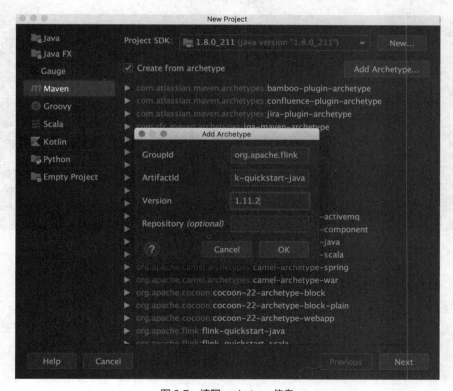

图 2-7　填写 archetype 信息

如图 2-8 所示，这一步是建立你自己的 Maven 工程，以区别其他 Maven 工程，GroupId 是你的公司或部门名称（可以随意填写），ArtifactId 是工程发布时的 Java 归档（Java Archive，JAR）包名，Version 是工程的版本。这些配置主要用于区别不同公司所发布的不同包，这与 Maven 和版本控制相关，Maven 的教程中都会介绍这些概念，这里不赘述。

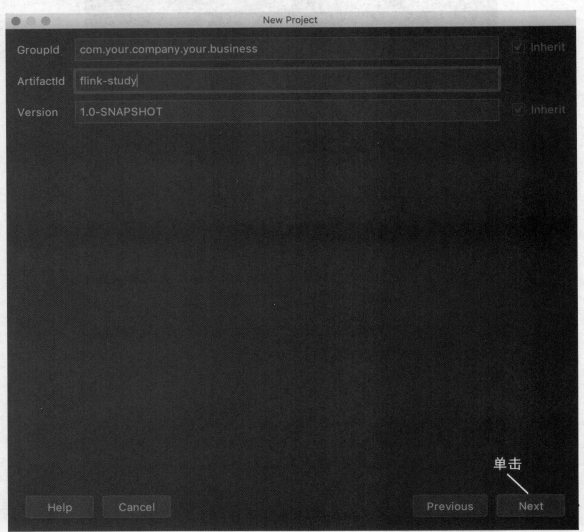

图 2-8　配置你的工程信息

接下来可以继续单击"Next"按钮，注意最后一步选择你的工程所在的磁盘位置，单击"Finish"按钮，如图 2-9 所示。至此，一个 Flink 模板就下载好了。

工程结构如图 2-10 所示。左侧的"Project"栏是工程结构，其中 src/main/java 文件夹是 Java 代码文件存放位置，src/main/scala 是 Scala 代码文件存放位置。我们可以在 StreamingJob 这个文件上继续修改，也可以重新创建一个新文件。

注意，开发前要单击右下角的"Import Changes"，让 Maven 导入所依赖的包。

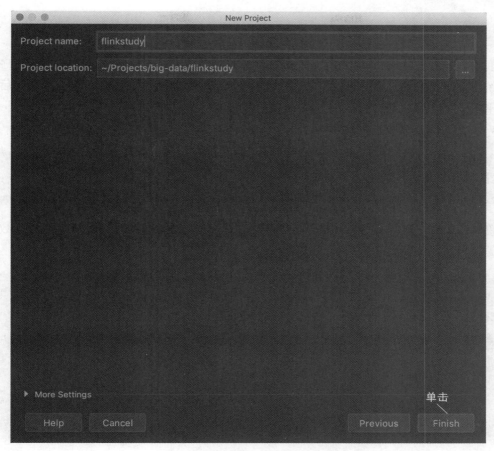

图 2-9　配置本工程的位置

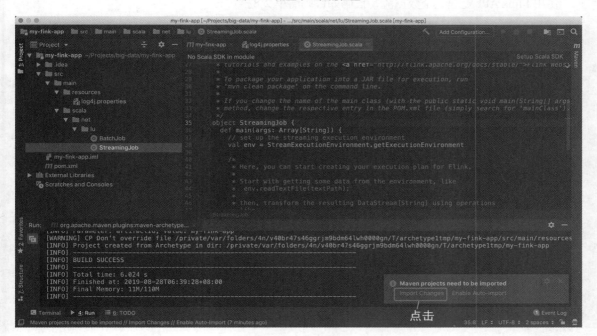

图 2-10　工程结构

2.4.4 调试和运行 Flink 程序

我们创建一个新的文件，名为 WordCountKafkaInStdOut.java，开始编写第一个 Flink 程序——流式词频统计（WordCount）程序。这个程序接收一个 Kafka 文本数据流，进行词频统计，然后输出到标准输出上。这里先不对程序做深入分析，后文中将会做更详细的解释。

首先要设置 Flink 的运行环境。

```
// 设置 Flink 运行环境
StreamExecutionEnvironment env =
StreamExecutionEnvironment.getExecutionEnvironment();
```

设置 Kafka 相关参数，连接对应的服务器和端口号，读取名为 Shakespeare 的 Topic 中的数据源，将数据源命名为 stream。

```
// Kafka 参数
Properties properties = new Properties();
properties.setProperty("bootstrap.servers", "localhost:9092");
properties.setProperty("group.id", "flink-group");
String inputTopic = "Shakespeare";
// Source
FlinkKafkaConsumer<String> consumer =
            new FlinkKafkaConsumer<String>(inputTopic, new SimpleStringSchema(),
properties);
DataStream<String> stream = env.addSource(consumer);
```

使用 Flink API 处理这个数据流，代码如代码清单 2-8。

```
// Transformation
// 使用 Flink API 对输入流的文本进行操作
//切词转换、分组、设置时间窗口、聚合
DataStream<Tuple2<String, Integer>> wordCount = stream
  .flatMap((String line, Collector<Tuple2<String, Integer>> collector) -> {
    String[] tokens = line.split("\\s");
    // 输出结果
    for (String token : tokens) {
      if (token.length() > 0) {
        collector.collect(new Tuple2<>(token, 1));
      }
    }
  })
  .returns(Types.TUPLE(Types.STRING, Types.INT))
  .keyBy(0)
  .timeWindow(Time.seconds(5))
  .sum(1);
```

代码清单 2-8　WordCount 程序涉及的 Transformation

这里使用的是 Flink 提供的 DataStream 级别的 API，主要包括转换、分组、设置时间窗口和聚合等操作。

将数据流输出。

```
// Sink
wordCount.print();
```

最后运行该程序。

```
// execute
env.execute("kafka streaming word count");
```

env.execute() 是启动 Flink 作业所必需的，只有在 execute() 方法被调用时，之前调用的各个操作才会被提交到集群上或本地计算机上运行。

该程序的完整代码如代码清单 2-9 所示。

```
import org.apache.flink.api.common.serialization.SimpleStringSchema;
import org.apache.flink.api.common.typeinfo.Types;
import org.apache.flink.api.java.tuple.Tuple2;
import org.apache.flink.streaming.api.datastream.DataStream;
import org.apache.flink.streaming.api.environment.StreamExecutionEnvironment;
import org.apache.flink.streaming.api.windowing.time.Time;
import org.apache.flink.streaming.connectors.kafka.FlinkKafkaConsumer;
import org.apache.flink.util.Collector;

import java.util.Properties;

public class WordCountKafkaInStdOut {

    public static void main(String[] args) throws Exception {

        // 设置 Flink 执行环境
        StreamExecutionEnvironment env =
StreamExecutionEnvironment.getExecutionEnvironment();

        // Kafka 参数
        Properties properties = new Properties();
        properties.setProperty("bootstrap.servers", "localhost:9092");
        properties.setProperty("group.id", "flink-group");
        String inputTopic = "Shakespeare";
        String outputTopic = "WordCount";

        // Source
        FlinkKafkaConsumer<String> consumer =
            new FlinkKafkaConsumer<String>(inputTopic, new SimpleStringSchema(),
properties);
```

49

```
        DataStream<String> stream = env.addSource(consumer);

        // Transformation
        // 使用 Flink  API 对输入流的文本进行操作
        // 按空格切词、计数、分区、设置时间窗口、聚合
        DataStream<Tuple2<String, Integer>> wordCount = stream
            .flatMap((String line, Collector<Tuple2<String, Integer>> collector) -> {
                String[] tokens = line.split("\\s");
                // 输出结果
                for (String token : tokens) {
                    if (token.length() > 0) {
                        collector.collect(new Tuple2<>(token, 1));
                    }
                }
            })
            .returns(Types.TUPLE(Types.STRING, Types.INT))
            .keyBy(0)
            .timeWindow(Time.seconds(5))
            .sum(1);

        // Sink
        wordCount.print();

        // execute
        env.execute("kafka streaming word count");

    }
}
```

代码清单 2-9　流式 WordCount 程序完整代码

代码写完后，我们还要在 Maven 的项目对象模型（Project Object Model，POM）文件中引入下面的依赖，让 Maven 可以引用 Kafka。

```
<dependency>
  <groupId>org.apache.flink</groupId>
  <artifactId>flink-connector-kafka_${scala.binary.version}</artifactId>
  <version>${flink.version}</version>
</dependency>
```

其中，${scala.binary.version}是所用的 Scala 版本号，可以是 2.11 或 2.12，${flink.version}是所用的 Flink 的版本号，比如 1.11.2。

2.4.5　运行程序

我们在 1.7 节中展示过如何启动一个 Kafka 集群，并向某个 Topic 内发送数据流。在本次 Flink

作业启动之前，我们还要按照 1.7 节提到的方式启动一个 Kafka 集群、创建对应的 Topic，并向 Topic 中写入数据。

1. **在 IntelliJ IDEA 中运行程序**

在 IntelliJ IDEA 中，单击绿色运行按钮，运行这个程序。图 2-11 所示的两个绿色运行按钮中的任意一个都可以运行这个程序。

```java
public class WordCountKafkaInStdOut {

    public static void main(String[] args) throws Exception {

        // 设置Flink运行环境
        StreamExecutionEnvironment env = StreamExecutionEnvironment.getExecutionEnvi

        // Kafka参数
        Properties properties = new Properties();
```

图 2-11　在 IntelliJ IDEA 中运行 Flink 程序

IntelliJ IDEA 下方的 "Run" 栏会显示程序的输出，包括本次需要输出的结果，如图 2-12 所示。

```
6> (to,1)
8> (is,1)
8> ('tis,1)
6> (to,1)
4> (nobler,1)
7> (Whether,1)
5> (the,1)
6> (suffer,1)
7> (mind,1)
7> (in,1)
8> (Flink,1)
2> (World,1)
1> (Hello,2)
```

图 2-12　WordCount 程序运行结果

恭喜你，你的第一个 Flink 程序运行成功！

如果在 Intellij IDEA 中运行程序时遇到 java.lang.NoClassDefFoundError 报错，这是因为没有把依赖的类都加载进来。在 Intellij IDEA 中单击 "Run" -> "Edit configurations..."，在 "Use classpath of module" 选项上选择当前工程，并且勾选 "Include dependencies with 'Provided' Scope"。

2. 向集群提交作业

目前，我们学会了先下载并启动本地集群，接着在模板的基础上添加代码，并在 IntelliJ IDEA 中运行程序。而在生产环境中，我们一般需要将代码编译打包，提交到集群上。我们将在第 9 章详细介绍如何向 Flink 集群提交作业。

注意，这里涉及两个目录：一个是我们存放刚刚编写代码的工程目录，简称工程目录；另一个是从 Flink 官网下载解压的 Flink 主目录，主目录下的 bin 目录中有 Flink 提供的命令行工具。

进入工程目录，使用 Maven 命令行将代码编译打包。

```
# 使用 Maven 命令行将代码编译打包
# 打好的包一般放在工程目录的 target 目录下
$ mvn clean package
```

回到 Flink 主目录，使用 Flink 提供的命令行工具 flink，将打包好的作业提交到集群上。命令行的参数--class 用来指定哪个主类作为入口。我们之后会介绍命令行的具体使用方法。

```
$ bin/flink run --class
com.flink.tutorials.java.api.projects.wordcount.WordCountKafkaInStdOut
/Users/luweizheng/Projects/big-data/flink-tutorials/target/flink-tutorials-0.1.jar
```

如图 2-13 所示，这时，Flink WebUI 上就多了一个 Flink 作业。

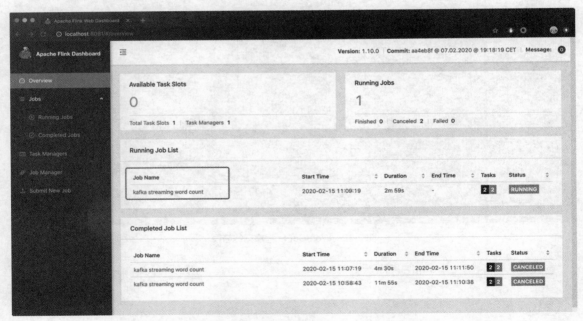

图 2-13　Flink WebUI 中多了一个 Flink 作业

程序的输出会保存到 Flink 主目录下面的 log 目录下的.out 文件中，可以使用下面的命令查看结果。

```
$ tail -f log/flink-*-taskexecutor-*.out
```

必要时，可以使用下面的命令关停本地集群。

```
$ ./bin/stop-cluster.sh
```

Flink 开发和调试过程中，一般有如下几种方式运行程序。

- 使用 IntelliJ IDEA 内置的绿色运行按钮。这种方式主要在本地调试时使用。
- 使用 Flink 提供的命令行工具向集群提交作业，包括 Java 和 Scala 程序。这种方式更适合生产环境。
- 使用 Flink 提供的其他命令行工具，比如针对 Scala、Python 和 SQL 的交互式环境。

对于新手，可以先使用 IntelliJ IDEA 提供的内置运行按钮，熟练后再使用命令行工具。

本章小结

本章中，我们回顾了 Flink 开发经常用到的继承和多态、泛型和函数式编程等概念，在本地搭建了一个 Flink 集群，创建了第一个 Flink 工程，并学会了如何运行 Flink 程序。

03

第 3 章　Flink 的设计与运行原理

要想熟练掌握一个大数据框架，仅仅学习一些网络上的样例程序是远远不够的，我们必须系统地了解它背后的设计和运行原理。

本章将以 2.4 节中所演示的 WordCount 程序为主线，介绍 Flink 的设计与运行原理，主要内容如下。

- Flink 的数据流图。
- Flink 分布式架构与核心组件。
- 任务执行与资源划分。

本章的实验中，在 WordCount 程序的基础上，我们将做一些优化和改动。阅读完本章后，读者可以对 Flink 的设计和运行原理有一个全面的认识。

3.1 Flink 数据流图简介

3.1.1 Flink 程序和数据流图

第 2 章的案例中，我们尝试构建了一个文本数据流管道，这个 Flink 程序（WordCount 程序）可以计算数据流中单词出现的频次。如果输入数据流是"Hello Flink Hello World"，这个程序将计算出"Hello"的出现频次为 2，"Flink"和"World"的出现频次为 1。在大数据领域，WordCount 程序就像是一门编程语言的"Hello World"程序，它展示了一个大数据引擎的基本规范。"麻雀虽小，五脏俱全"，从这个程序中，我们可以一窥 Flink 设计和运行原理。

如图 3-1 所示，Flink 程序分为三大部分，第 1 部分读取数据源（Source），第 2 部分对数据做转换操作（Transformation），第 3 部分将转换结果输出到一个目的地（Sink）。

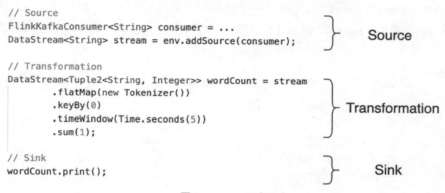

图 3-1 Flink 程序

代码中 sum()、flatMap()、keyBy()、timeWindow()这些方法被称为函数（Function），是 Flink 提供给程序员的接口，程序员需要调用并实现这些函数，对数据进行操作，进而变成特定的业务逻辑。通常一到多个函数会组成一个算子（Operator）、算子执行对数据的操作（Operation）。在 WordCount 的例子中，有以下 3 类算子。Source 算子读取数据源中的数据，数据源可以是数据流，也可以存储在文件系统中的文件。Transformation 算子对数据进行必要的计算处理。Sink 算子将处理结果输出，数据一般被输出到数据库、文件系统或消息队列。

我们可以把算子理解为"1 + 2"运算中的"+"，"+"是这个算子的一个符号表示，它表示对数字 1 和数字 2 做加法运算。同样，在 Flink 或 Spark 这样的大数据框架中，算子对数据进行某种操作，程序员可以根据自己的需求调用合适的算子，完成计算任务。Flink 常用的函数有 map()、flatMap()、keyBy()、timeWindow()等，它们分别对数据流执行不同类型的操作。

我们先对这个程序中各个函数做一个简单的介绍，关于这些函数的具体使用方式将在后文中详细说明。

（1）flatMap

flatMap()对输入进行处理，生成零到多个输出。本例中它执行一个简单的分词过程，对一行字符串按照空格切分，生成一个(word，1)的 Key-Value 二元组。

（2）keyBy

keyBy()根据某个 Key 对数据重新分组。本例中是将二元组(word,1)中第一项作为 Key 进行分组，相同的单词会被分到同一组。

（3）timeWindow

timeWindow()是时间窗口函数，用来界定对多长时间之内的数据做统计。

（4）sum

sum()为求和函数。sum(1)表示对二元组中第二个元素求和，因为经过前面的 keyBy()算子将所有相同的单词都分到了一组，因此，在这个分组内，将单词出现的次数相加，就得到出现的总次数。

在程序实际执行前，Flink 会将用户编写的代码做一个简单处理，生成一个如图 3-2 所示的逻辑视图。图 3-2 展示了 WordCount 程序中，数据在不同算子间流动的情况。图中，圆圈代表算子，圆圈间的空心箭头代表数据流，数据流在 Flink 程序中经过不同算子的计算，最终生成结果。其中，keyBy()、timeWindow()和 sum()共同组成了一个时间窗口上的聚合操作，被归结为一个算子 Window Aggregation。我们可以在 Flink 的 WebUI 中，单击一个作业，查看这个作业的逻辑视图。

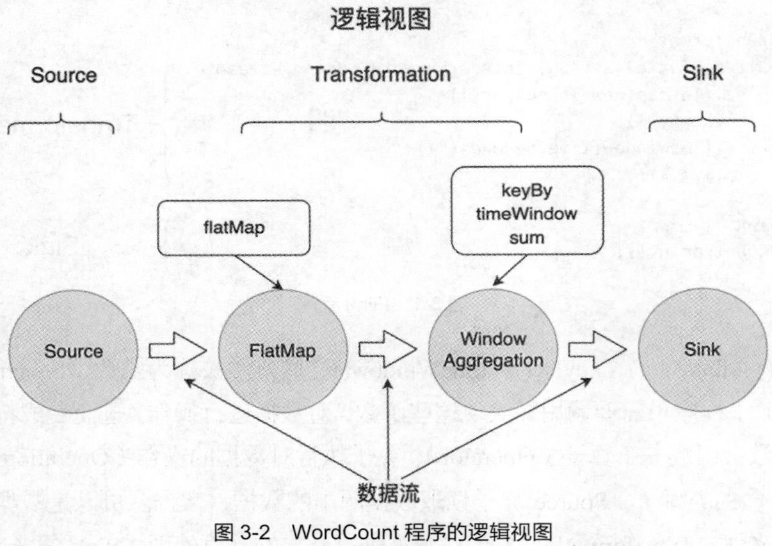

图 3-2　WordCount 程序的逻辑视图

对于 WordCount 程序，逻辑上来讲无非是对数据流中的单词做提取，然后使用一个 Key-Value 二元组对单词做词频计数，最后输出结果即可。这样的逻辑本可以用几行代码完成，改成使用算子形式，反而让人看得一头雾水。为什么一定要用算子的形式来写程序呢？实际上，算子进化成当前这个形态，就像人类从石块计数，到手指计数、算盘计数，再到计算机计数这样的进化过程一样，尽管更低级的方式可以完成一定的计算任务，但是随着计算规模的增长，古老的计数方式存在着低效的弊端，无法完成更高级别和更大规模的计算需求。试想，如果我们不使用大数据处理框架提供的算子，而是自己实现一套上述的计算逻辑，尽管我们可以快速完成当前的词频统计的任务，但是当面临一个新计算任务时，我们需要重新编写程序，完成一整套计算任务。我们自己编写代码的横向扩展性可能很差，当输入数据暴增时，我们需要做很大改动，以部署在更多节点上。

大数据框架的算子对计算做了一些抽象，对于人们来说有一定学习成本，而一旦掌握这门技术，人们所能处理的数据规模将成倍增加。算子的出现，正是针对大数据场景下，人们需要一种统一的计算描述语言来对数据做计算而进化出的新计算形态。基于 Flink 的算子，我们可以定义一个数据流的逻辑视图，以此完成对大数据的计算。剩下那些数据交换、横向扩展、故障恢复等问题可交由大数据框架来解决。

3.1.2　从逻辑视图转化为物理执行图

在绝大多数的大数据处理场景下，一个节点无法处理所有数据，数据会被切分到多个节点上。在大数据领域，当数据量大到超过单个节点处理能力时，需要将一份数据切分到多个分区（Partition）上，每个分区分布在一台虚拟机或物理机上。

3.1.1 小节已经提到，大数据框架的算子提供了编程接口，我们可以使用算子构建数据流的逻辑视图。考虑到数据分布在多个节点的情况，逻辑视图只是一种抽象，需要将逻辑视图转化为物理执行图，才能在分布式环境下执行。

图 3-3 所示为 WordCount 程序的物理执行图，数据流分布在 2 个分区上。空心箭头部分表示数据流分区，圆圈部分表示算子在分区上的算子子任务（Operator Subtask）。从逻辑视图变为物理执行图后，FlatMap 算子在每个分区都有一个算子子任务，以处理该分区上的数据：FlatMap[1/2]算子子任务处理第一个数据流分区上的数据，以此类推。

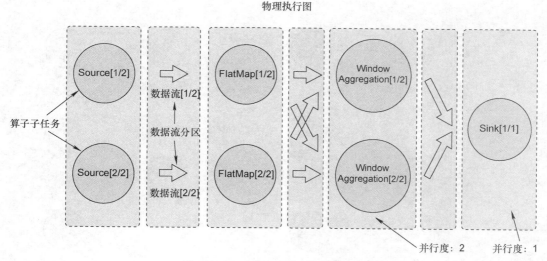

图 3-3　WordCount 程序的物理执行图

在分布式计算环境下，执行计算的单个节点（物理机或虚拟机）被称为实例，一个算子在并行执行时，算子子任务会分布到多个节点上，所以算子子任务又被称为算子实例（Instance）。即使输入数据增多，我们也可以通过部署更多的算子子任务来进行横向扩展。从图 3-3 中可以看到，除去 Sink 外的算子都被分成了 2 个算子子任务，它们的并行度（Parallelism）为 2，Sink 算子的并行度为 1。并行度是可以被设置的，当设置某个算子的并行度为 2 时，也就意味着这个算子有 2 个算子子任务（或者说 2 个算子实例）并行执行。实际应用中一般根据输入数据量的大小、计算资源的多少等多方面的因素来设置并行度。

注意

在本例中，为了演示，我们把所有算子的并行度设置为 2，即 "env.setParallelism(2);"，把 Sink 算子的并行度设置成了 1，即 "wordCount.print().setParallelism(1);"。如果不单独设置 Sink 算子的并行度，它的并行度也是 2。

算子子任务是 Flink 物理执行的基本单元，算子子任务之间是相互独立的，某个算子子任务有自己的线程，不同算子子任务可能分布在不同的节点上。后文中，我们还会重点介绍算子子任务。

在一些其他资料中，会使用分区或实例来描述算子子任务的概念，本书为了统一概念，尽量用算子子任务描述算子的并行切分。

3.1.3　数据交换策略

图 3-3 中出现了数据流动的现象，即数据在不同的算子子任务上进行数据交换。无论是 Hadoop、Spark 还是 Flink，都会涉及数据交换策略。常见的数据交换策略有 4 种，如图 3-4 所示。

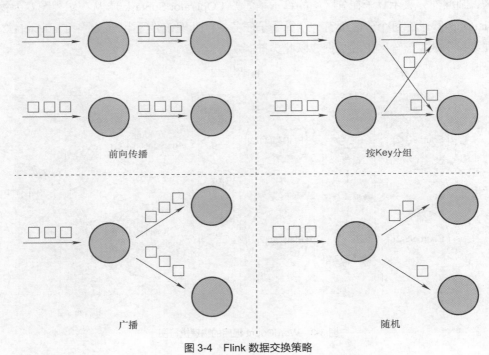

前向传播　　　　　　　　　　　　按Key分组

广播　　　　　　　　　　　　随机

图 3-4　Flink 数据交换策略

- 前向传播（Forward）：前一个算子子任务将数据直接传递给后一个算子子任务，数据不存在跨分区的交换，也避免了因数据交换产生的各类开销，图 3-3 中 Source 和 FlatMap 之间就是这样的情形。
- 按 Key 分组（Key-Based）：数据以(Key, Value)二元组形式存在，该策略将所有数据按照 Key 进行分组，相同 Key 的数据会被分到一组、发送到同一个分区上。WordCount 程序中，keyBy() 将单词作为 Key，把相同单词都发送到同一分区，以方便后续算子的聚合统计。

- 广播（Broadcast）：将某份数据发送到所有分区上，这种策略涉及了数据在全局的复制，因此非常消耗资源。
- 随机（Random）：该策略将所有数据随机均匀地发送到多个分区上，以保证数据平均分配到不同分区上。该策略通常为了防止数据倾斜到某些分区，导致部分分区数据稀疏，另外一些分区数据拥堵的情况发生。

3.2　Flink 分布式架构与核心组件

为了支持分布式执行，Flink 跟其他大数据框架一样，采用了主从（Master-Worker）架构。Flink 执行时主要包括如下两个组件。

- Master 是一个 Flink 作业的主进程。它起到了协调管理的作用。
- TaskManager，又被称为 Worker 或 Slave，是执行计算任务的进程。它拥有 CPU、内存等计算资源。Flink 作业需要将计算任务分发到多个 TaskManager 上并行执行。

下面将从作业执行层面来分析 Flink 各个模块如何工作。

3.2.1　Flink 作业提交过程

Flink 为适应不同的基础环境（Standalone 集群、YARN、Kubernetes），在不断迭代开发过程中已经逐渐形成了一个兼容性很强的架构。不同的基础环境对计算资源的管理方式略有不同，不过都大同小异，图 3-5 所示为以 Standalone 集群为例，分析作业的提交过程。Standalone 模式指 Flink 独占该集群，集群上无其他任务。

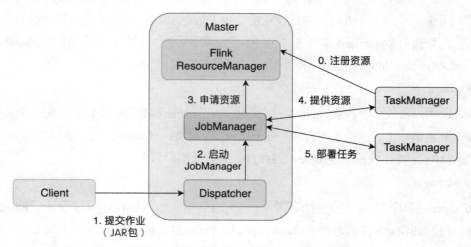

图 3-5　Standalone 模式下，Flink 作业提交过程

在一个作业提交前，Master 和 TaskManager 等进程需要先被启动。我们可以在 Flink 主目录中执行脚本来启动这些进程：bin/start-cluster.sh。Master 和 TaskManager 被启动后，TaskManager 需要将自己注册给 Master 中的 ResourceManager。这个初始化和资源注册过程发生在单个作业提交前，我们称之为第 0 步。

接下来我们逐步分析一个 Flink 作业如何被提交，如下所述。

① 用户编写应用程序代码，并通过 Flink 客户端（Client）提交作业。程序一般为 Java 或 Scala 语言，调用 Flink API，构建逻辑视图。代码和相关配置文件被编译打包，被提交到 Master 的 Dispatcher，形成一个应用作业（Application）。

② Dispatcher 接收到这个作业，启动 JobManager，这个 JobManager 会负责本次作业的各项协调工作。

③ JobManager 向 ResourceManager 申请本次作业所需资源。

④由于在第 0 步中 TaskManager 已经向 ResourceManager 中注册了资源，这时闲置的 TaskManager 会被反馈给 JobManager。

⑤ JobManager 将用户作业中的逻辑视图转化为图 3-3 所示的并行化的物理执行图，将计算任务分发部署到多个 TaskManager 上。至此，一个 Flink 作业就开始执行了。

TaskManager 在执行计算任务过程中可能会与其他 TaskManager 交换数据，会使用图 3-4 中的一些数据交换策略。同时，TaskManager 也会将一些任务状态信息反馈给 JobManager，这些信息包括任务启动、执行或终止的状态，快照的元数据等。

3.2.2 Flink 核心组件

有了这个作业提交流程，读者对各组件的功能应该有了更全面的认识，接下来我们再对涉及的各个组件进行更为详细的介绍。

1. Client

用户一般使用 Client 提交作业，比如 Flink 主目录下 bin 目录中提供的命令行工具。Client 会对用户提交的 Flink 作业进行预处理，并把作业提交到 Flink 集群上。Client 提交作业时需要配置一些必要的参数，比如使用 Standalone 集群还是 YARN 集群等。整个作业被打成了 JAR 包，DataStream API 被转换成了 JobGraph，JobGraph 是一种类似图 3-2 所示的逻辑视图。

2. Dispatcher

Dispatcher 可以接收多个作业，每接收一个作业，Dispatcher 都会为这个作业分配一个 JobManager。Dispatcher 对外提供一个表述性状态转移（Representational State Transfer，REST）式的接口，以超文本传输协议（Hyper Text Transfer Protocal，HTTP）来对外提供服务。

3. JobManager

JobManager 是单个 Flink 作业的协调者，一个作业会有一个 JobManager 来负责。JobManager 会将 Client 提交的 JobGraph 转化为 ExecutionGraph，ExecutionGraph 是类似图 3-3 所示的并行的物理执行图。JobManager 会向 ResourceManager 申请必要的资源，当获取足够的资源后，JobManager 将 ExecutionGraph 以及具体的计算任务分发部署到多个 TaskManager 上。同时，JobManager 还负责管理多个 TaskManager，包括收集作业的状态信息、生成检查点、必要时进行故障恢复等。

早期，Flink Master 被命名为 JobManager，负责绝大多数 Master 进程的工作。随着迭代和开发，出现了名为 JobMaster 的组件，JobMaster 负责单个作业的执行。本书中，我们仍然使用 JobManager

的概念，表示负责单个作业的组件。一些 Flink 文档也可能使用 JobMaster 的概念，读者可以将 JobMaster 等同于 JobManager 来看待。

4. ResourceManager

如前文所述，Flink 现在可以部署在 Standalone、YARN 或 Kubernetes 等环境上，不同环境中对计算资源的管理模式略有不同，Flink 使用一个名为 ResourceManager 的模块来统一处理资源分配上的问题。在 Flink 中，计算资源的基本单位是 TaskManager 上的任务槽位（Task Slot，简称 Slot）。ResourceManager 的职责主要是从 YARN 等资源提供方获取计算资源，当 JobManager 有计算需求时，将空闲的 Slot 分配给 JobManager。当计算任务结束时，ResourceManager 还会重新收回这些 Slot。

5. TaskManager

TaskManager 是实际负责执行计算的节点。一般地，一个 Flink 作业是分布在多个 TaskManager 上执行的，单个 TaskManager 上提供一定量的 Slot。一个 TaskManager 启动后，相关 Slot 信息会被注册到 ResourceManager 中。当某个 Flink 作业提交后，ResourceManager 会将空闲的 Slot 提供给 JobManager。JobManager 获取到空闲的 Slot 后会将具体的计算任务部署到空闲 Slot 之上，任务开始在这些 Slot 上执行。在执行过程，由于要进行数据交换，TaskManager 还要和其他 TaskManager 进行必要的数据通信。

总之，TaskManager 负责具体计算任务的执行，启动时它会将 Slot 资源向 ResourceManager 注册。

3.2.3　Flink 组件栈

了解 Flink 的主从架构、作业提交以及核心组件等知识后，我们再从更宏观的角度来对 Flink 的组件栈分层剖析。如图 3-6 所示，Flink 的组件栈分为 4 层：部署层、运行时层、API 层和上层工具。

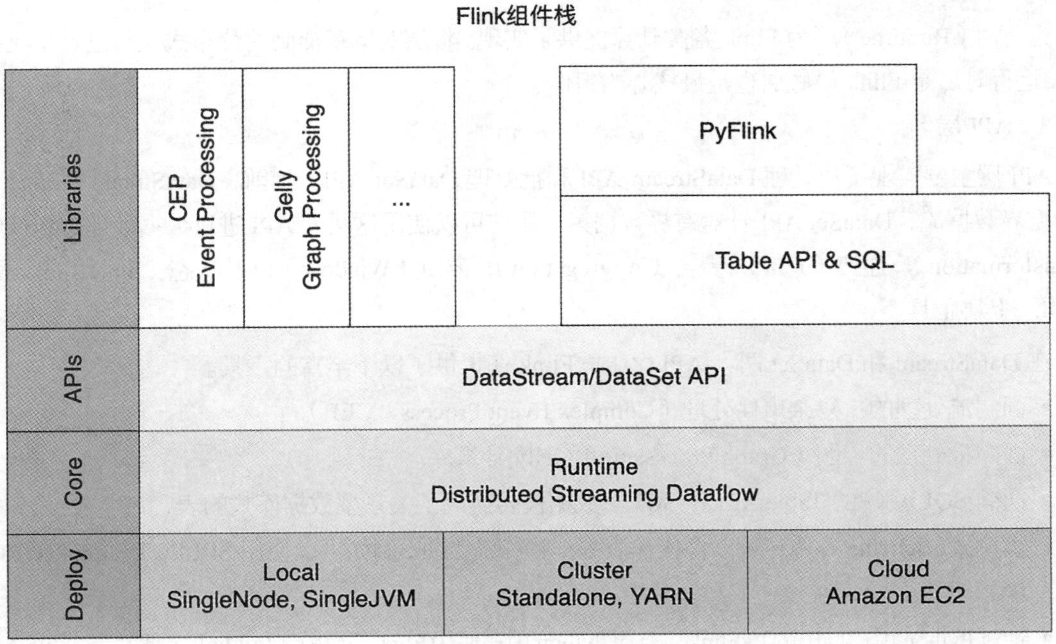

Flink组件栈

图 3-6　Flink 组件栈

1. 部署层

Flink 支持多种部署模式，可以部署在单机（Local）、集群（Cluster），以及云（Cloud）上。

（1）Local 模式

Local 模式有两种不同的模式，一种是单节点（SingleNode），一种是单虚拟机（SingleJVM）。

Local-SingleJVM 模式大多是开发和测试时使用的部署方式，该模式下 JobManager 和 TaskManager 都在同一个 JVM 里。

Local-SingleNode 模式下，JobManager 和 TaskManager 等所有角色都运行在一个节点上，虽然是按照分布式集群架构进行部署，但是集群的节点只有 1 个。该模式大多是在测试或者 IoT 设备上进行部署时使用的。

（2）Cluster 模式

一般使用 Cluster 模式将 Flink 作业投入到生产环境中，生产环境可以是 Standalone 的独立集群，也可以是 YARN 或 Kubernetes 集群。

对于一个 Standalone 集群，我们需要在配置文件中配置好 JobManager 和 TaskManager 对应的节点，然后使用 Flink 主目录下的脚本启动一个 Standalone 集群。我们将在 9.1.1 小节详细介绍如何部署一个 Flink Standalone 集群。Standalone 集群上只运行 Flink 作业。除了 Flink，绝大多数企业的生产环境运行包括 MapReduce、Spark 等各种各样的计算任务，一般都会使用 YARN 或 Kubernetes 等方式对计算资源进行管理和调度。Flink 目前已经支持了 YARN、Mesos 以及 Kubernetes，开发者提交作业的方式变得越来越简单。

（3）Cloud 模式

Flink 也可以部署在各大云平台上，包括 AWS、谷歌云和阿里云。

2. 运行时层

运行时（Runtime）层为 Flink 各类计算提供了实现。该层对本章提到的分布式执行进行了支持。Flink 运行时层是 Flink 最底层也是最核心的组件。

3. API 层

API 层主要实现了流处理 DataStream API 和批处理 DataSet API。目前，DataStream API 针对有界和无界数据流，DataSet API 针对有界数据集。用户可以使用这两大 API 进行数据处理，包括转换（Transformation）、连接（Join）、聚合（Aggregation）、窗口（Window）以及状态（State）的计算。

4. 上层工具

在 DataStream 和 DataSet 两大 API 之上，Flink 还提供了以下丰富的工具。

- 面向流处理的：复杂事件处理（Complex Event Process，CEP）。
- 面向批处理的：图（Graph Processing）Gelly 计算库。
- 面向 SQL 用户的 Table API 和 SQL。数据被转换成了关系型数据库式的表，每个表拥有一个表模式（Schema），用户可以像操作表那样操作流数据，例如可以使用 SELECT、JOIN、GROUP BY 等操作。
- 针对 Python 用户推出的 PyFlink，方便 Python 用户使用 Flink。目前，PyFlink 主要基于 Table API。

3.3　任务执行与资源划分

3.3.1　再谈逻辑视图到物理执行图

　　了解了 Flink 的分布式架构和核心组件，这里我们从更细粒度上来介绍从逻辑视图转化为物理执行图的过程，该过程可以分成 4 层：StreamGraph→JobGraph→ExecutionGraph→物理执行图。我们根据图 3-7 来大致了解这些图的功能。

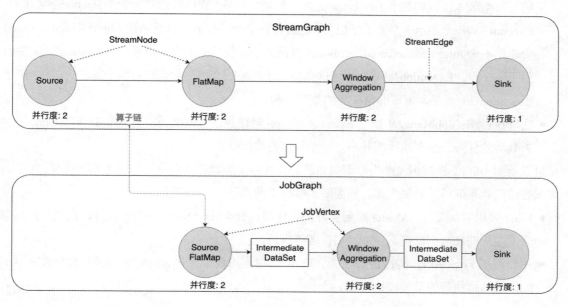

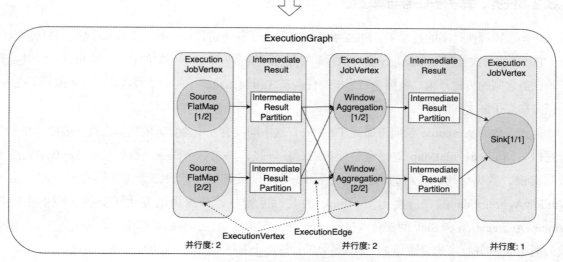

图 3-7　数据流图的转化过程

- StreamGraph：根据用户编写的代码生成的最初的图，用来表示一个 Flink 流处理作业的拓扑结构。在 StreamGraph 中，节点 StreamNode 就是算子。

- JobGraph：JobGraph 是被提交给 JobManager 的数据结构。StreamGraph 经过优化后生成了 JobGraph，主要的优化为，将多个符合条件的节点链接在一起作为一个 JobVertex 节点，这样可以减少数据交换所需要的传输开销。这个链接的过程叫算子链（Operator Chain），我们会在 3.3.2 小节继续介绍算子链。JobVertex 经过算子链后，会包含一到多个算子，它的输出是 IntermediateDataSet，这是经过算子处理产生的数据集。

- ExecutionGraph：JobManager 将 JobGraph 转化为 ExecutionGraph。ExecutionGraph 是 JobGraph 的并行化版本：假如某个 JobVertex 的并行度是 2，那么它将被划分为 2 个 ExecutionVertex，ExecutionVertex 表示一个算子子任务，它监控着单个子任务的执行情况。每个 ExecutionVertex 会输出一个 IntermediateResultPartition，这是单个子任务的输出，再经过 ExecutionEdge 输出到下游节点。ExecutionJobVertex 是这些并行子任务的合集，它监控着整个算子的执行情况。ExecutionGraph 是调度层非常核心的数据结构。

- 物理执行图：JobManager 根据 ExecutionGraph 对作业进行调度后，在各个 TaskManager 上部署具体的任务，物理执行图并不是一个具体的数据结构。

可以看到，Flink 在数据流图上可谓煞费苦心，仅各类图就有 4 种之多。对于新人来说，可以不用太关心这些非常细节的底层实现，只需要了解以下两点。

- Flink 采用主从架构，Master 起着管理协调作用，TaskManager 负责物理执行，在执行过程中会发生一些如数据交换、生命周期管理等事情。

- 用户调用 Flink API，构造逻辑视图，Flink 会对逻辑视图优化，并转化为并行化的物理执行图，最后被执行的是物理执行图。

3.3.2　任务、算子子任务与算子链

在构造物理执行图的过程中，Flink 会将一些算子子任务链接在一起，组成算子链。链接后以任务（Task）的形式被 TaskManager 调度执行。使用算子链是一个非常有效的优化，它可以有效减少算子子任务之间的传输开销。链接之后形成的任务是 TaskManager 中的一个线程。图 3-8 展示了任务、子任务和算子链之间的关系。

例如，数据从 Source 前向传播到 FlatMap，这中间没有发生跨分区的数据交换，因此，我们完全可以将 Source、FlatMap 这两个子任务组合在一起，形成一个任务。数据经过 keyBy() 发生了数据交换，数据会跨越分区，因此无法将 keyBy() 以及其后面的窗口聚合、链接到一起。由于 WindowAggregation 的并行度为 2、Sink 的并行度为 1，数据再次发生了交换，我们不能把 WindowAggregation 和 Sink 两部分链接到一起。3.1 节中提到，Sink 的并行度被人为设置为 1，如果我们把 Sink 的并行度也设置为 2，那么是可以让这两个算子链接到一起的。

默认情况下，Flink 会尽量将更多的子任务链接在一起，这样能减少一些不必要的数据传输开销。但一个子任务有超过一个输入或发生数据交换时，链接就无法建立。两个算子能够链接到一起是有一些规则的，感兴趣的读者可以阅读 Flink 源码中 org.apache.flink.streaming.api.graph.StreamingJobGraphGenerator

中的 isChainable() 方法。StreamingJobGraphGenerator 类的作用是将 StreamGraph 转换为 JobGraph。

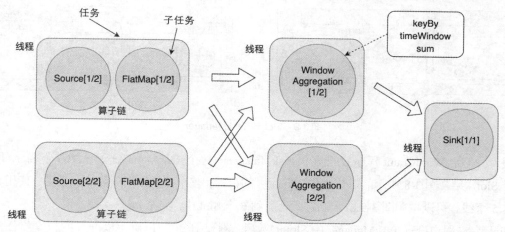

图 3-8　任务、子任务与算子链

尽管将算子链接到一起会减少一些传输开销，但是也有一些情况并不需要太多链接。比如，有时候我们需要将一个非常长的算子链拆开，这样我们就可以将原来集中在一个线程中的计算拆分到多个线程中来并行计算。Flink 允许开发者手动配置是否启用算子链，或者对哪些算子使用算子链。我们也将在 9.3.1 小节讨论算子链的具体使用方法。

3.3.3　Slot 与计算资源

1. Slot

根据前文的介绍，我们已经了解到 TaskManager 负责具体的任务执行。在程序执行之前，经过优化，部分子任务被链接在一起，组成一个任务。

TaskManager 是一个 JVM 进程，在 TaskManager 中可以并行执行一到多个任务。每个任务是一个线程，需要 TaskManager 为其分配相应的资源，TaskManager 使用 Slot 给任务分配资源。

在解释 Flink 的 Slot 的概念前，我们先回顾一下进程与线程的概念。在操作系统层面，进程（Process）是进行资源分配和调度的一个独立单位，线程（Thread）是 CPU 调度的基本单位。比如，我们常用的 Office Word 软件，在启动后就占用操作系统的一个进程。Windows 上可以使用任务管理器来查看当前活跃的进程，Linux 上可以使用 top 命令来查看。线程是进程的一个子集，一个线程一般专注于处理一些特定任务，不独立拥有系统资源，只拥有一些执行中必要的资源，如程序计数器。一个进程至少有一个线程，也可以有多个线程。多线程场景下，每个线程都处理一个任务，多个线程以高并发的方式同时处理多个任务，可以提高处理能力。

回到 Flink 的 Slot 分配机制上，一个 TaskManager 是一个进程，TaskManager 可以管理一至多个任务，每个任务是一个线程，占用一个 Slot。每个 Slot 的资源是整个 TaskManager 资源的子集，比如图 3-9 所示的 TaskManager 下有 3 个 Slot，每个 Slot 占用 TaskManager 1/3 的内存，第一个 Slot 中的任务不会与第二个 Slot 中的任务互相争抢内存资源。

注意，在分配资源时，Flink 并没有将 CPU 资源明确分配给各个 Slot。

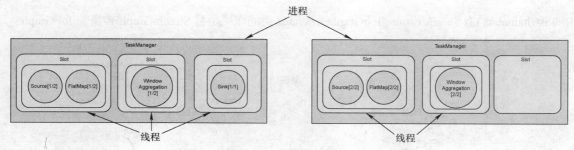

图 3-9　Slot 与 TaskManager

假设我们给 WordCount 程序分配两个 TaskManager，每个 TaskManager 又分配 3 个 Slot，所以共有 6 个 Slot。结合图 3-8 所示的对这个作业并行度的设置，整个作业被划分为 5 个任务，使用 5 个线程，这 5 个线程可以按照图 3-9 所示的方式分配到 6 个 Slot 中。

Flink 允许用户设置 TaskManager 中 Slot 的数目，这样用户就可以确定以怎样的粒度将任务做相互隔离。如果每个 TaskManager 只包含一个 Slot，那么该 Slot 内的任务将独享 JVM。如果 TaskManager 包含多个 Slot，那么多个 Slot 内的任务可以共享 JVM 资源，比如共享 TCP 连接、心跳信息、部分数据结构等。官方建议将 Slot 数目设置为 TaskManager 下可用的 CPU 核心数，那么平均下来，每个 Slot 都能获得 1 个 CPU 核心。

2. 槽位共享

图 3-9 展示了任务的一种资源分配方式，默认情况下，Flink 还提供了一种槽位共享（Slot Sharing）的优化机制，进一步减少数据传输开销，充分利用计算资源。将图 3-9 所示的任务做槽位共享优化后，结果如图 3-10 所示。

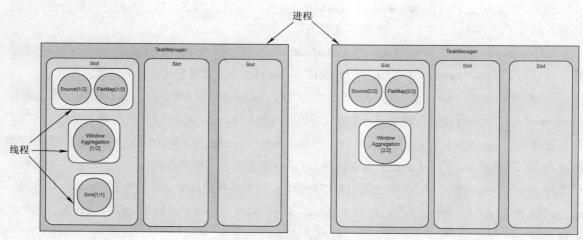

图 3-10　槽位共享优化结果

开启槽位共享后，Flink 允许多个任务共享一个 Slot。如图 3-10 所示，最左侧的数据流，一个作业从 Source 到 Sink 的所有子任务都可以放置在一个 Slot 中，这样数据交换成本更低。而且，对于一个数据流图来说，Source、FlatMap 等算子的计算量相对不大，WindowAggregation 算子的计算量比较大，计算量较大的算子子任务与计算量较小的算子子任务可以互补，空出更多的槽位，分配给更多任务，这样可以更好地利用资源。如果不开启槽位共享，如图 3-9 所示，计算量小的 Source、FlatMap 算子子任务独占槽位，造成一定的资源浪费。

图 3-9 所示的方式共占用 5 个 Slot，支持槽位共享后，如图 3-10 所示，只占用 2 个 Slot。为了充分利用空 Slot，剩余的 4 个空 Slot 可以分配给别的作业，也可以通过修改并行度来分配给该作业。例如，该作业的输入数据量非常大，我们可以把并行度设为 6，更多的算子子任务会将这些 Slot 填充，如图 3-11 所示。

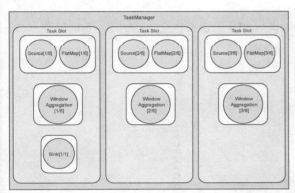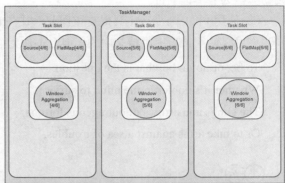

图 3-11　槽位共享后，增大并行度，可以部署更多算子子任务

综上，Flink 的一个 Slot 中可以执行一个算子子任务、也可以是被链接的多个子任务组成的任务，或者是共享 Slot 的多个任务，具体这个 Slot 上执行哪些计算由算子链和槽位共享两个优化措施决定。我们将在 9.3 节再次讨论算子链和槽位共享这两个优化选项。

并行度和 Slot 数目的概念可能容易让人混淆，这里再次阐明一下。用户使用 Flink 提供的 API 算子可以构建一个逻辑视图，需要将任务并行才能被物理执行。一个算子将被切分为多个子任务，每个子任务处理整个作业输入数据的一部分。如果输入数据过大，增大并行度可以让算子切分为更多的子任务，加快数据处理速度。可见，并行度是 Flink 对任务并行切分的一种描述。Slot 数目是在资源设置时，对单个 TaskManager 的资源切分粒度。关于并行度、Slot 数目等配置，将在 9.2.2 小节中详细说明。

3.4　实验 WordCount 程序迭代和完善

一、实验目的

熟悉 Flink 开发环境，可对 Flink WordCount 程序进行简单的修改。

二、实验内容

对 Flink WordCount 程序做简单修改。

三、实验要求

2.4 节展示了如何使用 Flink 编写 WordCount 程序、如何调试和提交作业。在此基础上，你可以尝试如下操作。

① 修改 WordCount 程序：2.4 节中的 WordCount 程序将输入按照空格隔开，真实世界中的文本通常包含各类标点符号，请修改代码，使你的程序不仅可以用空格切分输入，也可以用包括逗号、句号、冒号在内的标点符号（非单词字符）切分输入，并统计词频。提示：可以使用正则表达式来判断哪些为非单词字符。

② 使用 Flink 命令行工具提交该作业，并在 Flink WebUI 上查看作业执行状态、Slot 的数量。你可以使用《哈姆雷特》中的经典台词作为输入数据。

To be, or not to be: that is the question:

Whether it's nobler in the mind to suffer

The slings and arrows of outrageous fortune,

Or to take arms against a sea of troubles,

我们可以在 IntelliJ IDEA 的本地环境上进行本实验，无须启动一个 Flink 集群，执行环境的设置如下所示，打开相应链接也可以查看 Flink WebUI。如果输入依赖了 Kafka，需要提前启动 Kafka 集群，并向对应 Topic 里填充数据。

```
Configuration conf = new Configuration();
// 访问 http://localhost:8082 可以看到 Flink WebUI
conf.setInteger(RestOptions.PORT, 8082);
// 设置本地执行环境，并度为 2
StreamExecutionEnvironment env =
StreamExecutionEnvironment.createLocalEnvironment(2, conf);
```

四、实验报告

将思路和代码整理成实验报告。实验报告中包括你的代码、输入不同数据集时的输出内容、Flink WebUI 的运行截屏。

本章小结

本章我们以 WordCount 案例为主线分析了 Fink 的设计和运行原理。我们重点介绍了一个作业从数据流图到物理执行图的转化过程，并介绍了转化过程中所涉及的数据结构。Fink 是基于主从架构的，我们通过一个作业提交的案例，介绍了 Fink 的核心组件各自的主要功能，包括 Client、

Dispatcher、JobManager、ResourceManager 和 TaskManager。最后，我们介绍了 Fink 的任务执行和资源划分原理，重点分析了算子子任务是如何部署到 Task Slot 上。Flink 提供了算子链和槽位共享等方式，允许开发者优化资源划分过程。

04

第 4 章　DataStream API 的介绍和使用

经过前文的介绍，我们已经对 Flink 的 DataStream API 以及分布式执行环境有了初步的认识，本章将详细介绍 DataStream API 中各函数的使用方法，主要内容如下。

- Flink 程序的骨架结构。
- 各函数的功能和使用方法。
- Flink 的数据类型和序列化。
- 用户自定义函数。

本章的实验中我们以股票交易为例，将 DataStream API 应用到实战中。读者阅读完本章之后，可掌握 Flink DataStream API 的使用方法。

4.1　Flink 程序的骨架结构

在进行详细的 API 介绍前，我们先回顾一下 WordCount 程序，通过 WordCount 程序的代码结构，读者可以了解 Flink 程序的骨架结构。

我们知道，一个 Java 或 Scala 的程序入口一般是一个静态（static）的 main 函数。在 main 函数中，还需要定义下面几个核心步骤。

① 设置执行环境。

② 读取一到多个数据源。

③ 根据业务逻辑对数据流进行转换。

④ 将结果输出到 Sink。

⑤ 调用作业执行函数。

接下来我们对这 5 个步骤进行分析。

4.1.1　设置执行环境

一个 Flink 作业必须依赖于一个执行环境。

```
// 设置Flink 执行环境
StreamExecutionEnvironment env =
StreamExecutionEnvironment.getExecutionEnvironment();
```

上述代码可以设置一个 Flink 流处理执行环境。Flink 一般执行在一个集群上，执行环境是 Flink 程序执行的上下文，它提供了一系列作业与集群交互的方法，比如作业如何与外部世界交互。当调用 getExecutionEnvironment() 方法时，假如我们是在一个集群上提交作业，则返回集群的上下文；假如我们是在本地执行，则返回本地的上下文。

本例中我们进行流处理，在批处理场景则要设置 DataSet API 中的批处理执行环境。流处理和批处理的执行环境不同，流处理的执行环境名为 org.apache.flink.streaming.api.environment. StreamExecutionEnvironment，批处理的执行环境名为 org.apache.flink.api.java.ExecutionEnvironment。

Scala 和 Java 所需要引用的包也不相同，Scala 需要调用 org.apache.flink.streaming.api.scala. StreamExecutionEnvironment 和 org.apache.flink.api.scala.ExecutionEnvironment，分别对应 Scala 的流处理和批处理执行环境。

图 4-1 所示为批处理和流处理两种场景下，Java 和 Scala 两种编程语言所需要引用的包。刚刚接触 Flink 的读者很可能因为错误的引用导致莫名其妙的错误，一定要注意是否引用正确的包。

使用 Scala API 时，应该按照下面的方式引用，否则会出现一些问题。

```
import org.apache.flink.streaming.api.scala._
```

Scala 中的 _ 就像 Java 中的 *，是一种通配符。在这里使用 _ 会引用 org.apache.flink.streaming.api.scala 下面的所有内容。

图 4-1　流处理和批处理两种场景下，相关包的引用

回到执行环境上，我们可以在执行环境上进行很多设置。比如，env.setParallelism(2)告知执行环境整个作业的并行度为 2；env.disableOperatorChaining()关闭算子链功能。

使用下面的代码可以设置一个基于本地的执行环境，这样我们使用 IntelliJ IDEA 执行程序时，可以直接打开浏览器进入 Flink WebUI 查看执行的任务，方便本地调试。

```
Configuration conf = new Configuration();
// 访问 http://localhost:8082 可以看到 Flink WebUI
conf.setInteger(RestOptions.PORT, 8082);
// 设置本地执行环境，并行度为 2
StreamExecutionEnvironment env =
StreamExecutionEnvironment.createLocalEnvironment(2, conf);
```

此外，还可以在执行环境中设置一些时间属性、配置 Checkpoint 等，我们将在后文中介绍这些功能。总之，执行环境是开发者和 Flink 交互的一个重要入口。

4.1.2　读取数据源

我们需要使用执行环境提供的方法读取数据源，读取数据源的部分统称为 Source。数据源一般是消息队列或文件，我们也可以根据业务需求重写数据源，比如定时爬取网络中某处的数据。在本例中，我们使用 DataStream<String> stream = env.addSource(consumer);来读取数据源，其中 consumer 是一个 Kafka 消费者，我们消费 Kafka 中的数据作为 Flink 的输入数据。绝大多数流处理实战场景可能都是消费其他消息队列作为 Source。我们将在第 7 章介绍如何使用各类 Source。

4.1.3　进行转换操作

此时，我们已经获取了一个文本数据流，接下来我们就可以在数据流上进行有状态的计算了，这些计算一般被统称为转换（Transformation）。我们一般调用 Flink 提供的各类函数，使用链式调用的方式，对一个数据流进行操作。在 Transformation 转换过程中，DataStream 可能被转换为 KeyedStream、WindowedStream、JoinedStream 等不同的数据流结构。相比 Spark RDD 的数据结构，Flink 的数据流结构确实更加复杂。

本例中，我们先对一行文本进行了分词，形成(word,1)这样的 Key,Value 二元组，然后以单词为 Key 进行分组，并开启一个时间窗口，统计该窗口中某个单词出现的次数。在这个过程中，涉及对数据流的分组、窗口和聚合操作。其中，窗口相关操作涉及如何将数据流中的元素划分到不同的窗口，聚合操作涉及使用一个状态来记录单词出现的次数，不断维护更新状态来对数据进行实时处理。本章我们重点介绍一些 DataStream API，第 5 章将介绍时间上的操作，第 6 章将介绍如何使用状态，以及如何做失败恢复。

4.1.4　结果输出

我们需要将前面的计算结果输出到外部系统，目的地可能是一个消息队列、文件系统或数据库，或其他自定义的输出方式。输出结果的部分统称为 Sink。

本例中，我们的结果是窗口内的词频统计，它是一个 DataStream<Tuple2<String, Integer>>的数据结构。我们调用 print()方法将这个数据流输出到标准输出（Standard Output，简称 stdout）上。print()主要是为调试使用的，在实战场景中，计算结果会输出到一个外部的数据库或数据流中。

4.1.5　执行

当定义好程序的 Source、Transformation 和 Sink 的业务逻辑后，程序并不会立即执行这些计算，我们还需要调用执行环境 execute()方法来明确通知 Flink 去执行。Flink 是延迟执行（Lazy Evaluation）的，即当程序明确调用 execute()方法时，Flink 才会将数据流图转化为一个 JobGraph，提交给 JobManager，JobManager 根据当前的执行环境来执行这个作业。如果没有 execute()方法，我们无法得到输出结果。

综上，一个 Flink 程序的核心业务逻辑主要包括：设置执行环境、进行 Source、Transformation 和 Sink 操作，最后要调用执行环境的 execute()方法。

4.2　常见 Transformation 的使用方法

Flink 的 Transformation 主要包括 4 种：单数据流基本转换、基于 Key 的分组转换、多数据流转换和数据重分布转换。Flink 的 Transformation 转换可以对数据流进行处理和转化，多个 Transformation 算子共同组成一个数据流图，DataStream Transformation 是 Flink 流处理非常核心的 API。图 4-2 展示了数据流上的几类操作。本章主要介绍 4 种 Transformation：单数据流基本转换、基于 Key 的分组转换、多数据流转换和数据重分布转换。时间窗口部分将在第 5 章介绍。

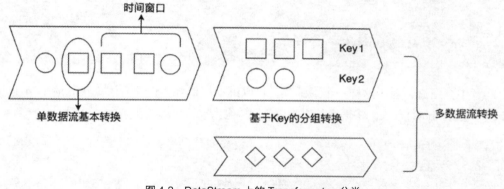

图 4-2　DataStream 上的 Transformaton 分类

Flink 的 Transformation 是对数据流进行操作的，其中数据流涉及的最常用的数据结构是 DataStream，DataStream 由多个相同的元素组成，每个元素是一个单独的事件。在 Java 中，我们使用泛型 DataStream<T>来定义这种组成关系。在 Scala 中，这种泛型对应的数据结构为 DataStream[T]，T 是数据流中每个元素的数据类型。在 WordCount 程序的例子中，数据流中每个元素的类型是 String 类型，整个数据流的数据类型为 DataStream<String>类型。

本书中，我们称 Java/Scala 编程语言层面的接口调用为方法（Method），称 Flink 提供的接口为函数（Function），比如本章将要介绍的 map()、keyBy()等。一到多个函数可以组成数据流图中的一个算子。在使用这些函数时，需要进行用户自定义操作，一般使用 Lambda 表达式或者继承类并重写方法两种方式完成用户自定义的过程。接下来，我们将对 Flink Transformation 的各函数进行详细介绍，并使用大量例子展示具体使用方法。

4.2.1 单数据流基本转换

单数据流基本转换主要对单个数据流上的各元素进行处理。

1. map

map()对一个 DataStream 中的每个元素使用用户自定义的 Mapper 函数进行处理，每个输入元素对应一个输出元素，最终整个数据流被转换成一个新的 DataStream。输出的数据流的 DataStream<OUT>类型可能和输入的数据流 DataStream<IN>不同。图 4-3 展示了 map()的工作原理。

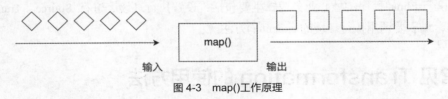

输入　　　　　　　　　　　　　　　　输出

图 4-3　map()工作原理

我们可以重写 MapFunction 或 RichMapFunction 来自定义 map()，MapFunction 在源码的定义为：MapFunction<T,O>，其内部有一个 map()虚方法，我们需要对这个虚方法重写。

```
// 函数式接口
// T 为输入类型，O 为输出类型
@FunctionalInterface
public interface MapFunction<T, O> extends Function, Serializable {
    // 调用该 API 即继承并实现这个虚方法
    O map(T value) throws Exception;
}
```

第 2 章中介绍过，对于这样一个虚函数，可以继承接口并实现虚方法。代码清单 4-1 重写了 MapFunction 中的 map()方法，将输入结果乘以 2，转化为字符串后输出。

```
// 继承并实现 MapFunction
// 第一个泛型是输入类型，第二个泛型是输出类型
public static class DoubleMapFunction implements MapFunction<Integer, String> {
    @Override
```

```
    public String map(Integer input) {
      return "function input : " + input + ", output : " + (input * 2);
    }
  }
```

代码清单 4-1　重写 MapFunction 中的 map()方法

然后在主逻辑中调用这个类。

```
DataStream<String> functionDataStream = dataStream.map(new DoubleMapFunction());
```

我们也可以不用显式定义 DoubleMapFunction 类，而是像代码清单 4-2 一样使用匿名类。

```
// 匿名类
DataStream<String> anonymousDataStream = dataStream.map(new MapFunction<Integer,
String>() {
    @Override
    public String map(Integer input) throws Exception {
      return "anonymous function input : " + input + ", output : " + (input * 2);
    }
});
```

代码清单 4-2　使用匿名类

自定义 map()最简便的操作是使用 Lambda 表达式。

```
// 使用 Lambda 表达式
DataStream<String> lambdaStream = dataStream
      .map(input -> "lambda input : " + input + ", output : " + (input * 2));
```

Scala 的 API 相对更加灵活，可以使用下画线来构造 Lambda 表达式。

```
// 使用 _ 构造 Lambda 表达式
val lambda2 = dataStream.map { _.toDouble * 2 }
```

　　使用 Scala 时，Lambda 表达式可以放在圆括号()中，也可以放在花括号{}中。使用 Java
时，只能使用圆括号。

　　上面的几种方式中，Lambda 表达式更为简洁，重写函数的方式中代码更为臃肿，但定义更清晰。
　　此外，RichMapFunction 类是一种 RichFunction 类，它除了提供 MapFunction 类的基础功能，还提
供了一系列其他方法，包括 open()、close()、getRuntimeContext()和 setRuntimeContext()等方法，重写
这些方法可以创建状态数据、对数据进行广播、获取累加器和计数器等，这部分内容将在后文中介绍。
　　2. filter
　　filter()对每个元素进行过滤，过滤的过程使用一个 Filter 函数进行逻辑判断。图 4-4 中，如果我

75

们想过滤圆圈元素，那么 Filter 函数可以对元素进行判断，如果该元素为圆圈，则返回 False，该元素将被过滤。经过 Filter 函数返回为 True 的，将被保留。

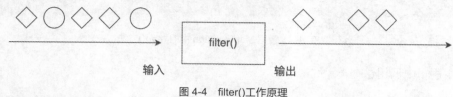

图 4-4   filter()工作原理

我们可以使用 Lambda 表达式过滤小于等于 0 的元素。

```
DataStream<Integer> dataStream = senv.fromElements(1, 2, -3, 0, 5, -9, 8);

// 使用 -> 构造 Lambda 表达式
DataStream<Integer> lambda = dataStream.filter ( input -> input > 0 );
```

也可以继承 FilterFunction 或 RichFilterFunction，然后重写 filter()方法，我们还可以将参数传递给继承后的类。如代码清单 4-3 所示，MyFilterFunction 增加一个构造函数参数 limit，并在 filter()方法中使用这个参数。

```
public static class MyFilterFunction extends RichFilterFunction<Integer> {

    // limit 参数可以从外部传入
    private Integer limit;

    public MyFilterFunction(Integer limit) {
      this.limit = limit;
    }

    @Override
    public boolean filter(Integer input) {
      return input > this.limit;
    }
}

// 继承 RichFilterFunction
DataStream<Integer> richFunctionDataStream = dataStream.filter(new
MyFilterFunction(2));
```

代码清单 4-3   继承 RichFilterFunction 并传入参数

3. flatMap

flatMap()和 map()有些相似，输入都是数据流中的每个元素，与之不同的是，flatMap()的输出可以是零个、一个或多个元素。当输出元素是一个列表时，flatMap()会将列表展平。如图 4-5 所示，输入是包含圆形或正方形的列表，flatMap()过滤掉圆形，正方形列表被展平，以单个元素的形式输出。

图 4-5 flatMap()工作原理

我们可以用切水果的例子来理解 map()和 flatMap()的区别。map()会根据每个输入元素生成一个对应的输出元素。

```
{苹果，梨，香蕉}.map(去皮)
=>
{去皮苹果，去皮梨，去皮香蕉}
```

flatMap()先对每个元素进行相应的操作，生成一个相应的集合，再将集合展平。

```
{苹果，梨，香蕉}.flatMap(切碎)
=>
{[苹果碎片 1，苹果碎片 2]，[梨碎片 1，梨碎片 2，梨碎片 3]，[香蕉碎片 1]}
=>
{苹果碎片 1，苹果碎片 2，梨碎片 1，梨碎片 2，梨碎片 3，香蕉碎片 1}
```

如代码清单 4-4 所示，对字符串进行切词处理。

```
DataStream<String> dataStream =
senv.fromElements("Hello World", "Hello this is Flink");

// split 函数的输入为 "Hello World"，输出为 "Hello" 和 "World" 组成的列表 ["Hello","World"]
// flatMap()将列表中每个元素提取出来
// 最后输出为 ["Hello", "World", "Hello", "this", "is", "Flink"]
DataStream<String> words = dataStream.flatMap (
    (String input, Collector<String> collector) -> {
      for (String word : input.split(" ")) {
        collector.collect(word);
      }
    }).returns(Types.STRING);
```

代码清单 4-4 对字符串进行切词处理

因为 flatMap()可以输出零到多个元素，我们可以将其看作 map()和 filter()的更一般的形式。如果我们只想对长度大于 15 的句子进行处理，可以先在程序判断处理，再输出，如代码清单 4-5 所示。

```
// 只对长度大于 15 的句子进行处理
// 使用匿名函数
DataStream<String> longSentenceWords = dataStream.flatMap(new
FlatMapFunction<String, String>() {
    @Override
    public void flatMap(String input, Collector<String> collector) throws Exception {
```

```
        if (input.length() > 15) {
          for (String word: input.split(" "))
            collector.collect(word);
        }
      }
    });
```

代码清单 4-5　在 flatMap() 中增加判断，使其起到 map() 和 filter() 的作用

虽然 flatMap() 可以完全替代 map() 和 filter()，但 Flink 仍然保留了这 3 个 API，主要因为 map() 和 filter() 的语义更明确：map() 可以表示一对一的转换，代码阅读者能够确认对于一个输入，肯定能得到一个输出；filter() 则明确表示发生了过滤操作。更明确的语义有助于增强代码的可读性。

Scala 的 API 相对更简单一些。

```
val dataStream: DataStream[String] =
senv.fromElements("Hello World", "Hello this is Flink")

val words = dataStream.flatMap ( input => input.split(" ") )

val words2 = dataStream.map { _.split(" ") }
```

4.2.2　基于 Key 的分组转换

对数据分组主要是为了进行后续的聚合操作，即对同组数据进行聚合分析。如图 4-6 所示，keyBy() 会将一个 DataStream 转换为一个 KeyedStream，聚合操作会将 KeyedStream 转换为 DataStream。如果聚合前每个元素数据类型是 T，聚合后的数据类型仍为 T。

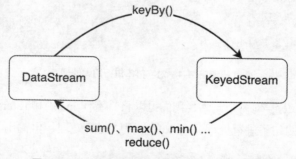

图 4-6　DataStream 和 KeyedStream 的转换关系

1.　keyBy

绝大多数情况，我们要根据事件的某种属性或数据的某个字段进行分组，然后对一个分组内的数据进行处理。如图 4-7 所示，keyBy() 根据元素的形状对数据进行分组，相同形状的元素被分到了

一起，可被后续算子统一处理。比如，对股票数据流处理时，可以根据股票代号进行分组，然后统计同一只股票的价格变动。又如，电商用户行为日志把所有用户的行为都记录了下来，如果要分析某一个用户行为，需要先按用户 ID 进行分组。

keyBy()将 DataStream 转换成一个 KeyedStream。KeyedStream 是一种特殊的 DataStream，事实上，KeyedStream 继承了 DataStream，DataStream 的各元素随机分布在各算子子任务中，KeyedStream 的各元素按照 Key 分组，相同 Key 的数据会被分配到同一算子子任务中。我们需要向 keyBy()传递一个参数，以告知 Flink 以什么作为 Key 进行分组。

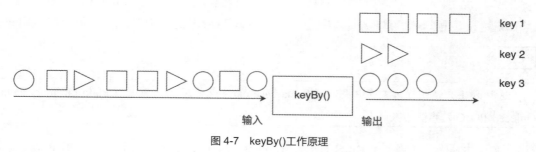

图 4-7　keyBy()工作原理

我们可以使用数字位置来指定 Key，如代码清单 4-6 所示。

```
DataStream<Tuple2<Integer, Double>> dataStream = senv.fromElements(
            Tuple2.of(1, 1.0), Tuple2.of(2, 3.2), Tuple2.of(1, 5.5),
            Tuple2.of(3, 10.0), Tuple2.of(3, 12.5));

// 使用数字位置定义 Key 按照第一个字段进行分组
DataStream<Tuple2<Integer, Double>> keyedStream = dataStream.keyBy(0).sum(1);
```

代码清单 4-6　按照数字位置定义 Key

也可以使用字段名来指定 Key。比如代码清单 4-7 中，我们有一个 Word 类。

```
public class Word {

    public String word;
    public int count;

    public Word() {}

    public Word(String word, int count) {
        this.word = word;
        this.count = count;
    }

    public static Word of(String word, int count) {
        return new Word(word, count);
    }
}
```

```
    @Override
    public String toString() {
        return this.word + ": " + this.count;
    }
}
```

代码清单 4-7　一个 Word 类

我们可以直接用 Word 中的字段名 word 来选择 Key。

```
DataStream<Word> fieldNameStream = wordStream.keyBy("word").sum("count");
```

注意

　　这种方法只适用于 4.3 节中提到的 Scala case class 或普通 Java 对象（Plain Ordinary Java Object，POJO）类型的数据。

指定 Key 本质上是实现一个 KeySelector，在 Flink 源码中，它定义如下。

```
// IN 为数据流元素，KEY 为所选择的 Key
@FunctionalInterface
public interface KeySelector<IN, KEY> extends Function, Serializable {
    // 选择一个字段作为 Key
    KEY getKey(IN value) throws Exception;
}
```

我们可以重写 getKey()方法，如代码清单 4-8 所示。

```
DataStream<Word> wordStream = senv.fromElements(
    Word.of("Hello", 1), Word.of("Flink", 1),
    Word.of("Hello", 2), Word.of("Flink", 2)
);

// 使用 KeySelector
DataStream<Word> keySelectorStream = wordStream.keyBy(new KeySelector<Word, String>() {
    @Override
    public String getKey(Word in) {
        return in.word;
    }
}).sum("count");
```

代码清单 4-8　实现 KeySelector 中的 getKey 方法

　　一旦按照 Key 分组后，我们便可以对每组数据进行时间窗口的处理以及状态的创建和更新。数据流里相同 Key 的数据都可以访问和修改相同的状态，如何使用时间窗口和状态将在后文中分别介绍。

> **注意** ●
>
> ----
>
> 考虑到类型安全，Flink 不推荐"数字位置"和"字段名"两种方式，这两类接口也将逐渐被废弃；更安全的方法是使用 KeySelector。
>
> ----

2. Aggregation

常见的聚合（Aggregation）函数有 sum()、max()、min()等，这些聚合函数统称为聚合。与批处理不同，这些聚合函数对流数据进行统计，流数据是依次进入 Flink 的，聚合函数对流入的数据进行实时统计，并不断输出到下游。

使用聚合函数时，我们需要一个参数来指定按照哪个字段进行聚合。跟 keyBy()相似，我们可以使用数字位置来指定对哪个字段进行聚合，也可以实现一个 KeySelector。

sum()对该字段进行加和，并将结果保存在该字段中，它无法确定其他字段的数值，或者说无法保证其他字段的计算结果。代码清单 4-9 中，sum()对第 2 个字段求和，它只保证了第 2 个字段求和结果的正确性，第 3 个字段的求和结果是不确定的。

```
DataStream<Tuple3<Integer, Integer, Integer>> tupleStream =
senv.fromElements(
            Tuple3.of(0, 0, 0), Tuple3.of(0, 1, 1), Tuple3.of(0, 2, 2),
            Tuple3.of(1, 0, 6), Tuple3.of(1, 1, 7), Tuple3.of(1, 0, 8));

// 按第 1 个字段分组，对第 2 个字段求和，输出结果如下
// (0,0,0)
// (0,1,0)
// (0,3,0)
// (1,0,6)
// (1,1,6)
// (1,1,6)
DataStream<Tuple3<Integer, Integer, Integer>> sumStream =
tupleStream.keyBy(0).sum(1);
```

代码清单 4-9　使用 sum()对某个字段求和

max()对该字段求最大值，并将结果保存在该字段中。对于其他字段，该函数并不能保证其数值的计算结果。代码清单 4-10 对第 3 个字段求最大值，第 2 个字段的最大值是不确定的。

```
// 按第 1 个字段分组，对第 3 个字段求最大值，输出结果如下
// (0,0,0)
// (0,0,1)
// (0,0,2)
// (1,0,6)
// (1,0,7)
// (1,0,8)
```

```
DataStream<Tuple3<Integer, Integer, Integer>> maxStream =
tupleStream.keyBy(0).max(2);
```

代码清单 4-10 使用 max()对某个字段求最大值

maxBy()对该字段求最大值，maxBy()与 max()的区别在于，maxBy()同时保留其他字段的数值，即 maxBy()返回数据流中最大的整个元素，包括其他字段。以代码清单 4-11 输入中 Key 为 1 的数据为例，我们求第 3 个字段的最大值，Flink 首先接收到(1,0,6)，当接收到(1,1,7)时，最大值发生变化，Flink 将(1,1,7)整个元组返回。当(1,0,8)到达时，最大值再次发生变化，Flink 将(1,0,8)整个元组返回。反观 max()，它只负责所求的字段，其他字段概不负责，无法保证其他字段的结果。因此，maxBy()保证的是为最大值的整个元素，max()只保证为最大值的字段。

```
// 按第 1 个字段分组，对第 3 个字段求最大值，输出结果如下
// (0,0,0)
// (0,1,1)
// (0,2,2)
// (1,0,6)
// (1,1,7)
// (1,0,8)
DataStream<Tuple3<Integer, Integer, Integer>> maxByStream =
tupleStream.keyBy(0).maxBy(2);
```

代码清单 4-11 使用 maxBy()对某个字段求最大值，maxBy()返回整个元素

同样，min()和 minBy()的区别在于，min()对某字段求最小值，minBy()返回具有最小值的整个元素。

其实，这些聚合函数里已经使用了状态数据，比如，sum()内部记录了当前的和，max()内部记录了当前的最大值。聚合函数的计算过程其实就是不断更新状态数据的过程。由于内部使用了状态数据，而且状态数据并不会被清除，因此一定要慎重地在一个无限数据流上使用这些聚合函数。

注意

对于一个 KeyedStream，一次只能使用一个聚合函数，无法链式使用多个。

3. reduce

前面几个 Aggregation 函数是较为常用的操作，对 KeyedStream 进行处理更为通用的方法是使用 reduce()。

图 4-8 展示了 reduce()的原理：reduce()在 KeyedStream 上生效，它接受两个输入，生成一个输出，即两两合一地进行汇总操作，生成一个同类型的新元素。

如代码清单 4-12 所示，我们定义一个表示学生分数的 Score 类。

```
public static class Score {
    public String name;
    public String course;
```

```
    public int score;

    public Score(){}

    public Score(String name, String course, int score) {
        this.name = name;
        this.course = course;
        this.score = score;
    }

    public static Score of(String name, String course, int score) {
        return new Score(name, course, score);
    }

    @Override
    public String toString() {
        return "(" + this.name + ", " + this.course + ", " + Integer.toString(this.score)
+ ")";
    }
}
```

代码清单 4-12　一个表示学生分数的 Score 类

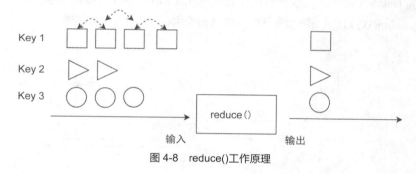

图 4-8　reduce()工作原理

代码清单 4-13 在该类上使用 reduce()。

```
DataStream<Score> dataStream = senv.fromElements(
    Score.of("Li", "English", 90), Score.of("Wang", "English", 88),
    Score.of("Li", "Math", 85), Score.of("Wang", "Math", 92),
    Score.of("Liu", "Math", 91), Score.of("Liu", "English", 87));

// 实现 ReduceFunction
DataStream<Score> sumReduceFunctionStream = dataStream
    .keyBy("name")
    .reduce(new MyReduceFunction());
```

代码清单 4-13　在该类上使用 reduce()

其中 MyReduceFunction 继承并实现了 ReduceFunction。

```
public static class MyReduceFunction implements ReduceFunction<Score> {
    @Override
    public Score reduce(Score s1, Score s2) {
        return Score.of(s1.name, "Sum", s1.score + s2.score);
    }
}
```

使用 Lambda 表达式更简洁一些。

```
// 使用 Lambda 表达式
DataStream<Score> sumLambdaStream = dataStream
        .keyBy("name")
        .reduce((s1, s2) -> Score.of(s1.name, "Sum", s1.score + s2.score));
```

4.2.3 多数据流转换

很多情况下，我们需要对多个数据流进行转换操作。

1. union

在 DataStream 上使用 union() 可以合并多个同类型的数据流，或者说，可以将多个 DataStream<T> 合并为一个新的 DataStream<T>。数据将按照先进先出（First In First Out）的模式合并，且不去重。如图 4-9 所示，union() 对白色和深色两个数据流进行合并，生成一个数据流。

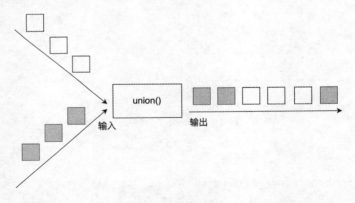

图 4-9　union() 工作原理

假设股票价格数据流来自不同的交易所，我们将其合并成一个数据流。

```
DataStream<StockPrice> shenzhenStockStream = ...
DataStream<StockPrice> hongkongStockStream = ...
DataStream<StockPrice> shanghaiStockStream = ...
DataStream<StockPrice> unionStockStream =
shenzhenStockStream.union(hongkongStockStream, shanghaiStockStream);
```

2. connect

union() 虽然可以合并多个数据流，但有一个限制：多个数据流的数据类型必须相同。connect()

提供了和 union()类似的功能，即连接两个数据流，它与 union()的区别如下。

① connect()只能连接两个数据流，union()可以连接多个数据流。

② connect()所连接的两个数据流的数据类型可以不一致，union()所连接的两个或多个数据流的数据类型必须一致。

③ 两个 DataStream 经过 connect()之后被转化为 ConnectedStreams，ConnectedStreams 会对两个流的数据应用不同的处理方法，且两个流之间可以共享状态。

如图 4-10 所示，connect()经常被应用于使用一个控制流对另一个数据流进行控制的场景，控制流可以是阈值、规则、机器学习模型或其他参数。

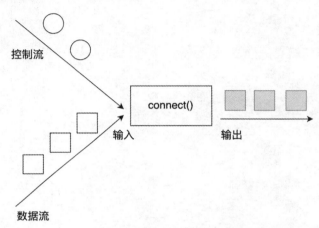

图 4-10　数据流和控制流使用 connect()连接起来

两个 DataStream 经过 connect()之后被转化为 ConnectedStreams。对于 ConnectedStreams，我们需要重写 CoMapFunction 或 CoFlatMapFunction。这两个接口都提供了 3 个泛型。这 3 个泛型分别对应第一个输入流的数据类型、第二个输入流的数据类型和输出流的数据类型。在重写函数时，对于 CoMapFunction，map1()方法处理第一个流的数据，map2()方法处理第二个流的数据；对于 CoFlatMapFunction，flatMap1()方法处理第一个流的数据，flatMap2()方法处理第二个流的数据。下面是 CoFlatMapFunction 在源码中的签名。

```
// IN1 为第一个流的类型
// IN2 为第二个流的类型
// OUT 为输出类型
public interface CoFlatMapFunction<IN1, IN2, OUT> extends Function, Serializable {

    // 处理第一个流的数据
    void flatMap1(IN1 value, Collector<OUT> out) throws Exception;

    // 处理第二个流的数据
    void flatMap2(IN2 value, Collector<OUT> out) throws Exception;
}
```

Flink 并不能保证 map1()/flatMap1()和 map2()/flatMap2()两个方法调用的顺序,两个方法的调用顺序依赖于两个数据流中数据流入的先后顺序，即第一个数据流有数据到达时，map1()方法或 flatMap1()方法会被调用，第二个数据流有数据到达时，map2()方法或 flatMap2()方法会被调用。代码清单 4-14 对一个整数流和一个字符串流使用了 connect()。

```
DataStream<Integer> intStream = senv.fromElements(1, 0, 9, 2, 3, 6);
DataStream<String> stringStream = senv.fromElements("LOW", "HIGH", "LOW", "LOW");

ConnectedStreams<Integer, String> connectedStream =
intStream.connect(stringStream);
DataStream<String> mapResult = connectedStream.map(new MyCoMapFunction());

// CoMapFunction 的 3 个泛型分别对应第一个流的输入类型、第二个流的输入类型，输出类型
public static class MyCoMapFunction implements CoMapFunction<Integer, String, String>
{
    @Override
    public String map1(Integer input1) {
        return input1.toString();
    }

    @Override
    public String map2(String input2) {
        return input2;
    }
}
```

代码清单 4-14　对两个数据流使用 connect()

两个数据流经过 connect()之后，可以使用 FlatMapFunction 或 ProcessFunction 继续处理，可以做到类似 SQL 中的连接（Join）的效果，我们将在 5.2.3 小节讲解如何对两个数据流使用 connect()实现 Join 效果。Flink 也提供了 join()，join()主要作用在时间窗口上，connect()相比而言广义一些，关于 join()的详细用法将在第 5 章中介绍。

4.2.4　并行度与数据重分布

1. 并行度

第 2 章中提到，Flink 使用并行度来定义某个算子被切分为多少个算子子任务。我们编写的大部分 Transformation 操作能够形成一个逻辑视图，当实际执行时，逻辑视图中的算子会被并行切分为一到多个算子子任务，每个算子子任务处理一部分数据，各个算子并行地在多个子任务上执行。假如算子的并行度为 2，那么它有两个子任务。

并行度可以在一个 Flink 作业的执行环境层面统一设置，这样将影响该作业所有算子并行度，也可以对某个算子单独设置其并行度。如果不进行任何设置，默认情况下，一个作业所有算子的并行度会依赖于这个作业的执行环境。如果一个作业在本地执行，那么并行度默认是本机 CPU 核心数。当我们将作业提交到 Flink 集群时，需要使用提交作业的 Client，并指定一系列参数，其中一个参数就是并行度。

下面的代码展示了如何获取执行环境的默认并行度，以及如何更改执行环境的并行度。

```
StreamExecutionEnvironment senv =
StreamExecutionEnvironment.getExecutionEnvironment();

// 获取当前执行环境的默认并行度
int defaultParalleism = senv.getParallelism();

// 设置所有算子的并行度为 4，表示所有算子并行执行的子任务数为 4
senv.setParallelism(4);
```

也可以对某个算子设置并行度。

```
dataStream.map(new MyMapper()).setParallelism(defaultParallelism * 2);
```

2. 数据重分布

默认情况下，数据是自动分配到多个子任务上的。有的时候，我们需要手动在多个子任务上进行数据分布。例如，我们知道某个子任务上的数据过多，其他子任务上的数据较少，产生了数据倾斜，这时需要将数据均匀分布到各个子任务上，以避免部分子任务负载过重。数据倾斜问题会导致整个作业的计算时间过长或者内存不足等问题。

本节涉及的各个数据重分布算子的输入是 DataStream，输出也是 DataStream。keyBy()也有对数据进行分组和数据重分布的功能，但 keyBy()输出的是 KeyedStream。

（1）shuffle

shuffle()基于正态分布，将数据随机分布到下游各算子子任务上。

```
dataStream.shuffle();
```

（2）rebalance 与 rescale

rebalance()使用 Round-Ribon 方法将数据均匀分布到各子任务上。Round-Ribon 是负载均衡领域经常使用的均匀分布的方法，上游的数据会轮询式地均匀分布到下游的所有的子任务上。如图 4-11 所示，上游的算子会将数据轮询发送给下游所有算子子任务。

```
dataStream.rebalance();
```

rescale()与 rebalance()很像，也是将数据均匀分布到下游各子任务上，但它的传输开销更小，因为 rescale()并不是将每个数据轮询地发送给下游每个子任务，而是就近发送给下游子任务，如图 4-12 所示。

```
dataStream.rescale();
```

如图 4-12 所示，当上游有 2 个子任务、下游有 4 个子任务时，上游第 1 个子任务将数据发送给下游第 1 个和第 2 个子任务，上游第 2 个子任务将数据发送给下游第 3 个和第 4 个子任务，相比 rebalance()将数据发送给下游每个子任务，rescale()的传输开销更小。图 4-13 则展示了当上游有 4 个子任务、下游有 2 个子任务时，上游前 2 个子任务将数据发送给下游第 1 个子任务，上游后 2 个子任务将数据发送给下游第 2 个子任务。

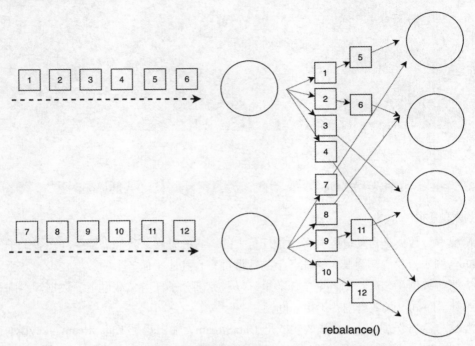

图 4-11 rebalance() 将数据轮询式地分布到下游子任务上

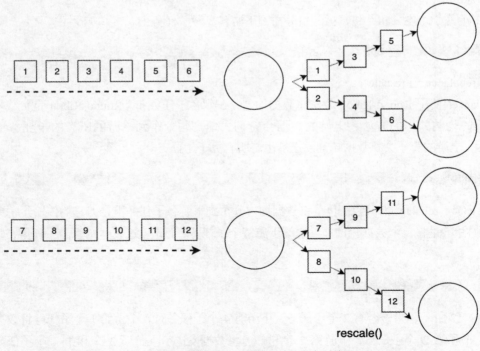

图 4-12 当上游有 2 个子任务、下游有 4 个子任务时使用 rescale()

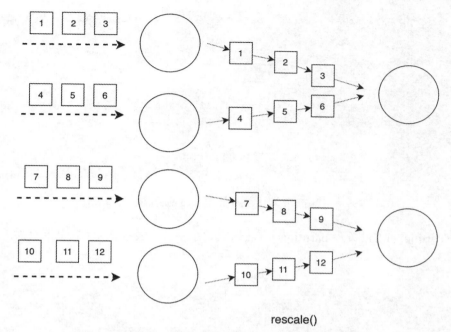

rescale()

图 4-13　当上游有 4 个子任务、下游有 2 个子任务时使用 rescale()

（3）broadcast

"broadcast" 翻译为中文是"广播"，在 Flink 里，数据可被复制并广播发送给下游的所有子任务上。

```
dataStream.broadcast();
```

（4）global

global()会将所有数据发送给下游算子的第一个子任务上，使用 global()时要小心，以免造成严重的性能问题。

```
dataStream.global();
```

（5）partitionCustom

"custom"有自定义的意思，partitionCustom()表示我们可以在 DataStream 上使用 partitionCustom()来自定义数据重分布逻辑。代码清单 4-15 所示为 partitionCustom()的源码，它有两个参数：第一个参数是自定义的 Partitioner，我们需要重写里面的 partition()方法；第二个参数表示对数据流哪个字段使用 partiton()方法。

```
public class DataStream<T> {
    public <K> DataStream<T> partitionCustom(Partitioner<K> partitioner, int field)
{

        ...

    }
```

```
        public <K> DataStream<T> partitionCustom(Partitioner<K> partitioner, String field)
{
            ...
        }

        public <K> DataStream<T> partitionCustom(Partitioner<K> partitioner,
KeySelector<T, K> keySelector) {
            ...
        }
    }
```

代码清单 4-15　partitionCustom()的源码

下面为 Partitioner 的源码，partition()方法返回一个整数，表示该元素将被分配到下游第几个子任务。

```
@FunctionalInterface
public interface Partitioner<K> extends java.io.Serializable, Function {

    // 根据key决定该数据分配到下游第几个子任务
    int partition(K key, int numPartitions);
}
```

Partitioner<K>中泛型 K 表示根据哪个字段进行分布，比如我们要对一个 Score 数据流重分布，希望按照 id 字段均匀分布到下游各子任务，那么泛型 K 就为 id 字段的数据类型 Long。同时，泛型 K 也是 int partition(K key, int numPartitions)方法的第一个参数的数据类型。

```
public class Score {
    public Long id;
    public String name;
    public Double score;
}
```

在调用 partitionCustom(partitioner, field)时，第 1 个参数是我们重写的 Partitioner，第 2 个参数表示按照 id 字段进行处理。

partitionCustom()涉及的类型和函数有点多，通过例子解释更为直观。代码清单 4-16 按照数据流中的第 2 个字段进行数据重分布，当该字段中包含数字时，将被分布到下游算子的前半部分，否则被分布到后半部分。如果设置并行度为 4，表示所有算子的子任务总数为 4，或者说共有 4 个分区，那么如果字符串包含数字时，该元素将被分配到第 0 个和第 1 个子任务上，否则被分配到第 2 个和第 3 个子任务上。

```
public class PartitionCustomExample {

    public static void main(String[] args) throws Exception {
```

```
        StreamExecutionEnvironment senv =
StreamExecutionEnvironment.getExecutionEnvironment();

        // 获取当前执行环境的默认并行度
        int defaultParalleism = senv.getParallelism();

        // 设置所有算子的并行度为 4，表示所有算子并行执行的子任务数为 4
        senv.setParallelism(4);

        DataStream<Tuple2<Integer, String>> dataStream = senv.fromElements(
                Tuple2.of(1, "123"), Tuple2.of(2, "abc"),
                Tuple2.of(3, "256"), Tuple2.of(4, "zyx"),
                Tuple2.of(5, "bcd"), Tuple2.of(6, "666"));

        // 对(Int, String)中的第二个字段使用 MyPartitioner 中的重分布逻辑
        DataStream<Tuple2<Integer, String>> partitioned =
dataStream.partitionCustom(new MyPartitioner(), 1);

        partitioned.print();

        senv.execute("partition custom transformation");
    }

/**
 * Partitioner<T> 其中泛型 T 为指定的字段类型
 * 重写 partition()方法，并根据 T 类型字段对数据流中的所有元素进行数据重分布
 * */
public static class MyPartitioner implements Partitioner<String> {

    private Random rand = new Random();
    private Pattern pattern = Pattern.compile(".*\\d+.*");

    /**
     * 泛型 T 表示根据哪个字段进行数据重分配，本例中是 Tuple2(Int, String)中的 String
     * numPartitions 为当前有多少个并行子任务
     * 函数返回值是一个 int 类型值，表示该元素将被分配给下游第几个子任务
     * */
    @Override
    public int partition(String key, int numPartitions) {
        int randomNum = rand.nextInt(numPartitions / 2);

        Matcher m = pattern.matcher(key);
        if (m.matches()) {
            return randomNum;
        } else {
            return randomNum + numPartitions / 2;
        }
    }
```

```
        }
    }
```

代码清单 4-16　partitionCustom()完整示例

4.3　数据类型和序列化

几乎所有的大数据框架都要面临分布式计算、数据传输和持久化问题。数据传输过程前后要进行数据的序列化和反序列化：序列化就是将一个内存对象转换成二进制串，形成可网络传输或者可持久化的数据流。反序列化将二进制串转换为内存对象，这样就可以直接在编程语言中读/写和操作这个对象。一种最简单的序列化方法就是将复杂数据结构转化成 JavaScript 对象表示法（JavaScript Object Notation，JSON）格式。序列化和反序列化是很多大数据框架必须考虑的问题，在 Java 和大数据生态圈中，已有不少序列化工具，比如 Java 自带的序列化工具、Kryo 等。一些远程过程调用（Remote Procedure Call，RPC）框架也提供序列化功能，比如最初用于 Hadoop 的 Apache Avro、Facebook 开发的 Apache Thrift（以下简称 Thrift）和 Google 开发的 Protobuf，这些工具在速度和压缩比等方面比 JSON 格式有明显的优势。

但是 Flink 依然选择并重新开发了自己的序列化框架，因为序列化和反序列化关乎整个流处理框架各方面的性能，对数据类型了解越多，可以更早地完成数据类型检查，节省数据存储空间。

4.3.1　Flink 支持的数据类型

Flink 支持图 4-14 所示的几种数据类型：基础类型、数组、复合类型、辅助类型、泛型和其他类型。其中，Kryo 是最后的备选方案，如果能够优化，尽量不要使用 Kryo，否则会有大量的性能损失。

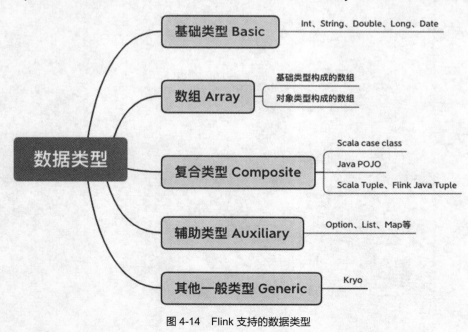

图 4-14　Flink 支持的数据类型

1. 基础类型

Java 和 Scala 的所有基础数据类型，诸如 int、Double、Long（包括 Java 原生类型 int 和装箱后的类型 Integer）、String，以及 Date、BigDecimal 和 BigInteger。

2. 数组

基础类型或其他对象类型组成的数组，如 String[]。

3. 复合类型

（1）Scala case class

Scala case class 是 Scala 的特色，用这种方式定义一个数据结构非常简洁。例如股票价格的数据结构：

```scala
case class StockPrice(symbol: String = "",
                      price: Double = 0d,
                      ts: Long = 0)
```

这样定义的数据结构，所有的子字段都是 public 的，可以直接读取。另外，我们可以不用 new 即可获取一个新的对象。

```scala
val stock = StockPrice("AAPL", 300d, 1582819200000L)
```

（2）Java POJO

与 Scala case class 相对应，在 Java 中可定义 POJO 类。定义 POJO 类有如下注意事项。

- 该类必须用 public 定义。
- 该类必须有一个 public 的无参数的构造函数。
- 该类的所有非静态（non-static）、非瞬态（non-transient）字段必须是 public 的，如果字段不是 public 的则必须有标准的 getter 和 setter 方法，比如对于字段 A a 有 A getA() 和 setA(A a)。
- 所有子字段必须是 Flink 支持的数据类型。

代码清单 4-17 的 3 个例子中，只有第一个是 POJO 类型，其他两个都不是 POJO 类型，非 POJO 类将使用 Kryo 序列化工具。

```java
public class StockPrice {
    public String symbol;
    public double price;
    public long ts;

    public StockPrice() {}
    public StockPrice(String symbol, Long timestamp, Double price){
        this.symbol = symbol;
        this.ts = timestamp;
        this.price = price;
    }

}
```

```
// 非 POJO 类型
public class StockPriceNoGeterSeter {

    // LOGGER 无 getter 和 setter 方法
    private Logger LOGGER =
LoggerFactory.getLogger(StockPriceNoGeterSeter.class);

    public String symbol;
    public double price;
    public long ts;

    public StockPriceNoGeterSeter() {}

    public StockPriceNoGeterSeter(String symbol, long timestamp, Double price){
        this.symbol = symbol;
        this.ts = timestamp;
        this.price = price;
    }
}

// 非 POJO 类型
public class StockPriceNoConstructor {

    public String symbol;
    public double price;
    public long ts;

    // 缺少无参数构造函数

    public StockPriceNoConstructor(String symbol, Long timestamp, Double price){
        this.symbol = symbol;
        this.ts = timestamp;
        this.price = price;
    }
}
```

代码清单 4-17　Java POJO 的三个例子，只有 StockPrice 会被 Flink 认定为 POJO，StockPriceNoGeterSeter 和 StockPriceNoConstrustor 不会被认定为 POJO

如果不确定是否是 POJO 类型，可以使用下面的代码检查。

```
System.out.println(TypeInformation.of(StockPrice.class).createSerializer(new
ExecutionConfig()));
```

返回的结果中，如果这个类在使用 KryoSerializer，说明不是 POJO 类。

此外，使用 Avro 生成的类可以被 Flink 识别为 POJO 类。

（3）Tuple

Tuple 即元组，比如我们可以将刚刚定义的股票价格抽象为一个三元组。Scala 用括号来定义元组，比如一个三元组：(String, Long, Double)。

Scala 访问元组中的元素时，要使用下画线。与其他地方从 0 开始计数不同，元组是从 1 开始计数的，_1 为元组中的第一个元素。代码清单 4-18 是一个 Scala 元组的例子。

```scala
// Scala 元组的例子
def main(args: Array[String]): Unit = {

  val senv: StreamExecutionEnvironment =
StreamExecutionEnvironment.getExecutionEnvironment

  val dataStream: DataStream[(String, Long, Double)] =
  senv.fromElements(("0001", 0L, 121.2), ("0002" ,1L, 201.8),
              ("0003", 2L, 10.3), ("0004", 3L, 99.6))

  dataStream.filter(item => item._3 > 100)

  senv.execute("scala tuple")
}
```

代码清单 4-18　Scala Tuple 例子

Flink 为 Java 专门准备了元组，比如三元组为 Tuple3，最多可支持 25 元组，即 Tuple25。访问元组中的元素时，要使用元组类中的公共字段 f0、f1 等或者使用 getField(int pos)方法，并注意进行类型转换。Flink Java 元组是从 0 开始计数的。代码清单 4-19 是一个 Java 元组的例子。

```java
// Java 元组例子
public static void main(String[] args) throws Exception {

  StreamExecutionEnvironment senv =
StreamExecutionEnvironment.getExecutionEnvironment();

  DataStream<Tuple3<String, Long, Double>> dataStream = senv.fromElements(
    Tuple3.of("0001", 0L, 121.2),
    Tuple3.of("0002" ,1L, 201.8),
    Tuple3.of("0003", 2L, 10.3),
    Tuple3.of("0004", 3L, 99.6)
  );

  dataStream.filter(item -> item.f2 > 100).print();
```

```
    dataStream.filter(item -> ((Double)item.getField(2) > 100)).print();

    senv.execute("Java tuple");
}
```

代码清单 4-19　Java 元组例子

Scala 的元组中所有元素都不可变，如果想改变元组中的值，一般需要创建一个新的对象并赋值。Java 元组中的元素是可以被改变和赋值的，因此在 Java 中使用元组可以充分利用这一特性，这样可以减少垃圾回收的压力。

```
// stock 是一个 Java 三元组
// 获取三元组中第 3 个位置的元素
Double price = stock.getField(2);
// 给第 3 个位置的元素赋值
stock.setField(70, 2);
```

4. 辅助类型

Flink 还支持 Java 的 ArrayList、HashMap 和 Enum，以及 Scala 的 Either 和 Option。

4.3.2　TypeInformation

在 Flink 中，以上如此多的类型统一使用 TypeInformation 类表示。比如，POJO 在 Flink 内部使用 PojoTypeInfo 来表示，PojoTypeInfo 继承 CompositeType，CompositeType 继承 TypeInformation。图 4-15 展示了 TypeInformation 的继承关系，可以看到，前文提到的诸多数据类型，如基础类型、数值、复合类型等，在 Flink 中都有对应的类型。TypeInformation 的一个重要的功能就是创建 TypeSerializer 序列化器，为该类型的数据做序列化。每种类型都有一个对应的序列化器来进行序列化。

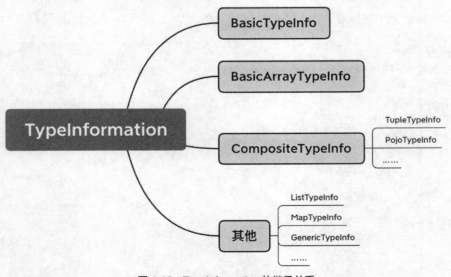

图 4-15　TypeInformation 的继承关系

一般情况下，Flink 会自动探测传入的数据类型，生成对应的 TypeInformation，调用对应的序列化器，因此用户其实无须关心类型推测。比如，Flink 的 map()函数的 Scala 签名为 def map[R: TypeInformation](fun: T => R): DataStream[R]，传入 map()函数的数据类型是 T，生成的数据类型是 R，Flink 会推测 T 和 R 的数据类型，并使用对应的序列化器进行序列化。

图 4-16 展示了 Flink 的类型推测和序列化过程，以一个 String 类型为例，Flink 首先推测该类型，并生成对应的 TypeInformation，然后在序列化时调用对应的序列化器，将一个内存对象写入内存块。

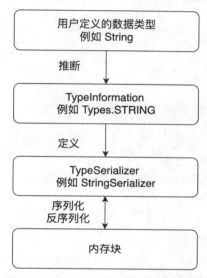

图 4-16　Flink 的类型推测和序列化过程

在上面例子中，Types.STRING 是用来描述字符串的一种 TypeInformation，在 org.apache.flink.api.common.typeinfo.Types 类中，还定义了很多其他的 TypeInformation。代码清单 4-20 截取了部分 Types 类的 Flink 源代码。

```
package org.apache.flink.api.common.typeinfo;

public class Types {

    // java.lang.Void
    public static final TypeInformation<Void> VOID = BasicTypeInfo.VOID_TYPE_INFO;

    // java.lang.String
    public static final TypeInformation<String> STRING = BasicTypeInfo.STRING_TYPE_INFO;

    // java.lang.Boolean
    public static final TypeInformation<Boolean> BOOLEAN = BasicTypeInfo.BOOLEAN_TYPE_INFO;

    // java.lang.Integer
    public static final TypeInformation<Integer> INT = BasicTypeInfo.INT_TYPE_INFO;
```

```
        // java.lang.Long
        public static final TypeInformation<Long> LONG = BasicTypeInfo.LONG_TYPE_INFO;


        ...

    }
```

代码清单 4-20　Flink Java API Types 类源码片段

从以上代码可以看到，Types.STRING 其实就是一种表示 java.lang.String 的 TypeInformation，它被定义为 BasicTypeInfo.STRING_TYPE_INFO。BasicTypeInfo.STRING_TYPE_INFO 是一个基础类型，它明确告诉用户使用哪种序列化器和比较器，代码如下。

```
    public static final BasicTypeInfo<String> STRING_TYPE_INFO =
      new BasicTypeInfo<>(String.class,
                          new Class<?>[]{},
                          StringSerializer.INSTANCE,
                          StringComparator.class);
```

Scala API 和 Table API 也有自己的类型体系。Scala API 的类型与 Java API 基本相似，Scala API 除借鉴了 Java API 中的 org.apache.flink.api.common.typeinfo.Types 外，还增加了一些 Scala 语言特有的类型，比如 Unit，可以在 org.apache.flink.api.scala.typeutils.Types 查看一些源码定义。Table API 的类型体系则相对独立，主要因为 Java API 的 TypeInformation 难以满足所有的 SQL 标准，读者可以在 org.apache.flink.table.api.DataTypes 里查看 Table API 的类型定义。

在实际应用中，数据一般是以类的形式被定义，前面也曾简单介绍了 POJO、Scala case class、元组等复合类型，这些复合类型的使用频次较高。以 POJO 数据类型为例，它在 Flink 中是一种 PojoTypeInfo，PojoTypeInfo 继承自 TypeInformation，对于 POJO 中封装的 int、String 等基础类型，PojoTypeInfo 会使用 Flink 提供好的序列化器，比如 int 对应 IntSerializer、String 对应 StringSerializer。

绝大多数情况，程序员不需要关心使用了何种 TypeInformation，只需要定义自己所需的数据类型，Flink 会帮忙做类型推断，进而选择对应的序列化器。当 Flink 的自动类型推断不起作用时，程序员就需要关注 TypeInformation 了。

4.3.3　注册类

如果传递给 Flink 算子的数据类型是父类，实际执行过程中使用的是子类，子类中有一些父类没有的数据结构和特性，将子类注册可以提高性能。在执行环境上调用 env.registerType(clazz)来注册类。registerType()方法的源码如代码清单 4-21 所示，其中 TypeExtractor 对数据类型进行推测，如果传入的类型是 POJO，则可以被 Flink 识别和注册，否则将使用 Kryo。

```
    // Flink registerType 方法的 Java 源码
    public void registerType(Class<?> type) {
      if (type == null) {
```

```
        throw new NullPointerException("Cannot register null type class.");
    }

    TypeInformation<?> typeInfo = TypeExtractor.createTypeInfo(type);

    if (typeInfo instanceof PojoTypeInfo) {
        config.registerPojoType(type);
    } else {
        config.registerKryoType(type);
    }
}
```

代码清单 4-21　registerType 方法的源码

4.3.4　Avro、Kryo、Thrift 和 Protobuf

另外一种定义类的方式是使用序列化框架，比如 Avro、Thrift 或者 Protobuf。这些框架一般在声明式的文件中描述数据的语义模式（Schema），并提供了工具将声明式文件生成 Java 代码，编译成 Java 可用的类。

1. Avro

Flink 社区提供了对 Avro 的支持，但是需要我们添加依赖到 pom，代码如下。

```
<dependency>
    <groupId>org.apache.flink</groupId>
    <artifactId>flink-avro</artifactId>
    <version>${flink.version}</version>
</dependency>
```

其中，${flink.version}是所依赖的版本，比如 1.11.2。

（1）Avro Specific

Avro 使用 JSON 定义 Schema，再经过工具转换，将 Schema 生成 Java 类，所生成的 Java 类和 POJO 很像，类里面带有 getter 和 setter 方法。比如在代码清单 4-22 中，我们定义一个名为 MyPojo 的 Schema。

```
{
"namespace": "org.apache.flink.tutorials.avro",
    "type": "record",
    "name": "MyPojo",
    "fields": [
        { "name": "id", "type": "int" },
        { "name": "name", "type": "string" }
    ]
}
```

代码清单 4-22　使用 Avro 定义一个名为 MyPojo 的数据结构

使用 Avro 的代码生成工具，会生成 MyPojo 类，如代码清单 4-23 所示：

```
@org.apache.avro.specific.AvroGenerated
public class MyPojo extends org.apache.avro.specific.SpecificRecordBase implements
org.apache.avro.specific.SpecificRecord {
    ...
    public int id;
    public java.lang.CharSequence name;

    public java.lang.Integer getId() {
        return id;
    }

    public void setId(java.lang.Integer value) {
        this.id = value;
    }

    public java.lang.CharSequence getName() {
        return name;
    }

    public void setName(java.lang.CharSequence value) {
        this.name = value;
    }
    ...
}
```

代码清单 4-23　使用 Avro 工具自动生成的 Java 类代码片段

这种将 Avro Schema 转换成 Java 类的方式被称为 Avro Specific 模式。因为 Avro 为我们生成了具体的类，比如代码清单 4-23 中的 MyPojo 类，我们可以像使用其他 POJO 一样，来使用这个 MyPojo 类。无须做其他设置，Flink 可以直接支持 Avro Specific 模式。

（2）Avro Generic

Avro 另一种更为通用的模式是 Avro Generic 模式。Avro Generic 模式不生成具体的 Java 类，而是用一个通用的 GenericRecord 来封装所有用户定义的数据结构。仍然以上面的 Schema 为例，在代码清单 4-24 中，我们不用生成名为 MyPojo 的 Java 类，而是直接在程序中定义 Schema，并将数据写入 GenericRecord。

```
import org.apache.avro.Schema;
import org.apache.avro.generic.GenericData;
import org.apache.avro.generic.GenericRecord;

// schemaFile 为刚才定义的 JSON 文件
final Schema schema = new Schema.Parser().parse(schemaFile);
```

```
// bob 是一个存储 MyPojo 信息的对象
GenericRecord bob = new GenericData.Record(schema);
bob.put("id", 0);
bob.put("name", "bob");


assertEquals("bob", bob.get("name"));
```

代码清单 4-24　使用 GenericRecord 创建和使用对象

在 Avro Generic 模式下，无论具体什么数据结构，数据流使用的是 GenericRecord 这个通用的结构。Flink 并不能自动支持 Avro Generic 模式，因为 Flink 不知道背后具体的数据结构是什么，需要提供具体的 Schema 信息。具体有两种方式：① 在 Source 实现 ResultTypeQueryable<GenericRecord>接口，告知数据的 TypeInformation；② 在 Source 之后，使用 returns()方法告知数据的 TypeInformation。下面用代码演示一下第二种方式。

```
Schema schema = ...

DataStream<GenericRecord> sourceStream =
    env.addSource(new AvroGenericSource())
        .returns(new GenericRecordAvroTypeInfo(schema));
```

2．Kryo

如果 Flink 没有成功推断出数据类型，Flink 将这些无法被推断的数据类型统称为 GenericTypeInfo，GenericTypeInfo 继承自 TypeInformation。如果一个数据类型被识别为 GenericTypeInfo，Flink 会使用 Kryo 作为后备选项进行序列化，Kryo 是 Java 和大数据领域经常使用的序列化框架。使用 Kryo 时，最好对数据类型和序列化器进行注册，注册之后在一定程度上能提升性能。

```
// 将 MyCustomType 类进行注册
env.getConfig().registerKryoType(MyCustomType.class);

// 或者使用下面的方式并且实现自定义序列化器
env.getConfig().registerTypeWithKryoSerializer(MyCustomType.class,
MyCustomSerializer.class);
```

其中 TestClassSerializer 要继承 com.esotericsoftware.kryo.Serializer，并实现 write()和 read()两个方法。代码清单 4-25 所示为一个 Kryo 序列化示例。

```
    static class TestClassSerializer extends Serializer<TestClass> implements
Serializable {

    private static final long serialVersionUID = -3585880741695717533L;

    @Override
    public void write(Kryo kryo, Output output, TestClass testClass) {
      ...
    }
```

```
    @Override
    public TestClass read(Kryo kryo, Input input, Class<TestClass> aClass) {
        ...
    }
}
```

代码清单 4-25　Kryo 序列化示例

相应的包需要添加到 POM 中。

```
<dependency>
    <groupId>com.esotericsoftware.kryo</groupId>
    <artifactId>kryo</artifactId>
    <version>2.24.0</version>
</dependency>
```

Kryo 在有些流处理场景效率不高，有可能造成流数据的积压。

　　我们可以使用 env.getConfig.disableGenericTypes()；来禁用 Kryo。禁用后，Flink 遇到无法处理的数据类型将抛出异常，我们可以定位到具体哪个类的类型无法被推断，然后针对这个类创建更高效的序列化器。这种方法对于调试优化非常有效。

3. Thrift 和 Protobuf

与 Avro Specific 模式相似，Thrift 和 Protobuf 都有一套使用声明式语言来定义 Schema 的方式，可以使用工具将声明式语言转化为 Java 类。对于 Protobuf 和 Thrift 的用户，已经有人将序列化器编写好，我们可以直接拿来使用，代码如下。

```
// Protobuf
// MyCustomType 类是使用 Protobuf 生成的 Java 类
// ProtobufSerializer 是别人实现好的序列化器
env.getConfig().registerTypeWithKryoSerializer(MyCustomType.class,
ProtobufSerializer.class);

// Thrift
// MyCustomType 是使用 Thrift 生成的 Java 类
// TBaseSerializer 是别人实现好的序列化器
env.getConfig().addDefaultKryoSerializer(MyCustomType.class,
TBaseSerializer.class);
```

Protobuf 的 POM。

```
<dependency>
    <groupId>com.twitter</groupId>
    <artifactId>chill-protobuf</artifactId>
```

```xml
        <version>0.7.6</version>
        <exclusions>
          <exclusion>
            <groupId>com.esotericsoftware.kryo</groupId>
            <artifactId>kryo</artifactId>
          </exclusion>
        </exclusions>
    </dependency>
    <dependency>
        <groupId>com.google.protobuf</groupId>
        <artifactId>protobuf-java</artifactId>
        <version>3.7.0</version>
    </dependency>
```

Thrift 的 POM。

```xml
<dependency>
    <groupId>com.twitter</groupId>
    <artifactId>chill-thrift</artifactId>
    <version>0.7.6</version>
    <exclusions>
        <exclusion>
            <groupId>com.esotericsoftware.kryo</groupId>
            <artifactId>kryo</artifactId>
        </exclusion>
    </exclusions>
</dependency>
<dependency>
    <groupId>org.apache.thrift</groupId>
    <artifactId>libthrift</artifactId>
    <version>0.11.0</version>
    <exclusions>
        <exclusion>
            <groupId>Javax.servlet</groupId>
            <artifactId>servlet-api</artifactId>
        </exclusion>
        <exclusion>
            <groupId>org.apache.httpcomponents</groupId>
            <artifactId>httpclient</artifactId>
        </exclusion>
    </exclusions>
</dependency>
```

4.3.5　数据类型的选择

至此，Flink 常见数据类型已经都有所介绍。数据结构的设计和选择通常要考虑诸多因素，比如上下游数据结构和序列化器的性能。通常来说，POJO 和元组等 Flink 内置类型的性能更好一些；如果上下游的数据结构使用了 Avro、Thrift 或者 Protobuf，Flink 也可以支持，性能比 POJO 稍差，但对上下游兼容更好，不需要重新设计一套 POJO 数据结构。

除了上下游兼容性和性能，还要考虑数据结构能否更好地迭代更新。第 6 章将要介绍有状态的计算，一个有状态的 Flink 应用将会不断迭代，程序员会不断修改状态数据的数据结构，POJO 和 Avro 对状态数据的迭代支持更好。

4.4　用户自定义函数

在 4.2 节中介绍了常用的一些操作，可以发现，使用 Flink 的函数必须进行自定义，自定义时可以使用 Lambda 表达式，也可以继承并重写函数类。本节将从源码和案例两方面对用户自定义函数进行总结和梳理。

4.4.1　接口

对于 map()、flatMap()、reduce() 等函数，我们可以实现 MapFunction、FlatMapFunction、ReduceFunction 等接口。这些接口签名中都有泛型参数，用来定义该函数的输入或输出的数据类型。我们要继承这些类，并重写里面的自定义函数。以 flatMap() 对应的 FlatMapFunction 为例，它在源码中的定义如代码清单 4-26 所示。

```
package org.apache.flink.api.common.functions;


@FunctionalInterface
public interface FlatMapFunction<T, O> extends Function, Serializable {
    void flatMap(T value, Collector<O> out) throws Exception;
}
```

代码清单 4-26　FlatMapFunction 在源码中的定义

它是一个函数式接口，继承了 Flink 的 Function 函数式接口。我们在第 2 章中提到了函数式接口，这正是只有一个抽象方法的接口，其目的是方便使用 Java Lambda 表达式。此外，它还继承了 Serializable，以便进行序列化，这是因为这些函数在执行过程中要发送到各个子任务上，发送前后要进行序列化和反序列化。需要注意的是，使用这些函数时，一定要保证函数内的所有内容都可以被序列化。如果有一些不能被序列化的内容，就使用后文介绍的 RichFunction 函数类，或者重写 Java 的序列化和反序列化方法。

进一步观察代码清单 4-26 的 FlatMapFunction，可以发现，这个接口有两个泛型 T 和 O，T 是输入数据类型、O 是输出数据类型。在继承这个接口时，要设置好对应的输入和输出数据类型，否则会报错。我们最终其实是要重写虚方法 flatMap()，flatMap() 的两个参数也与输入、输出的泛型对应。参数 value 是 flatMap() 的输入，数据类型是 T，参数 out 是 flatMap() 的输出，它是一个 Collector。从 Collector 命名可以看出，它起着收集的作用，最终输出成一个数据流，我们需要将类型为 O 的数据写入 Collector。

代码清单 4-27 所示的案例继承 FlatMapFunction，并实现 flatMap()，只对长度大于 limit 的字符串切词。

```
// 使用 FlatMapFunction 实现过滤逻辑，只对长度大于 limit 的字符串进行切词
public static class WordSplitFlatMap implements FlatMapFunction<String, String> {

    private Integer limit;

    public WordSplitFlatMap(Integer limit) {
        this.limit = limit;
    }


    @Override
    public void flatMap(String input, Collector<String> collector) throws Exception {
        if (input.length() > limit) {
            for (String word: input.split(" "))
                collector.collect(word);
        }
    }
}

DataStream<String> dataStream = senv.fromElements("Hello World", "Hello this is
Flink");
DataStream<String> functionStream = dataStream.flatMap(new WordSplitFlatMap(10));
```

代码清单 4-27　实现 FlatMapFunction，对字符串进行切词

4.4.2　Lambda 表达式

当不需要处理非常复杂的业务逻辑时，使用 Lambda 表达式可能是更好的选择，Lambda 表达式能让代码更简洁紧凑。2.3 节提到，Scala 和 Java 都可以支持 Lambda 表达式。

1. Scala 的 Lambda 表达式

我们先看对 Lambda 表达式支持较好的 Scala。对于 flatMap()，Flink 的 Scala 源码有 3 种定义，我们先看一下第 1 种定义。

```
def flatMap[O: TypeInformation](fun: (T, Collector[O]) => Unit): DataStream[O] = {...}
```

flatMap()输入是泛型 T，输出是泛型 O，接收一个名为 fun 的 Lambda 表达式，fun 形如(T, Collector [O] => {...})。Lambda 表达式将数据写到 Collector[O]中。

我们继续以切词为例，程序如代码清单 4-28 所示，flatMap()中的内容是一个 Lambda 表达式。其中的 foreach(out.collect)本质上也是一个 Lambda 表达式。从这个例子可以看出，Scala 无所不在的函数式编程思想。

```
val lambda = dataStream.flatMap{
```

```
    (value: String, out: Collector[String]) => {
      if (value.size > 10) {
        value.split(" ").foreach(out.collect)
      }
    }
  }
```

代码清单 4-28　使用 Scala Lambda 表达式实现 flatMap()，使用 Collector 返回输出内容

然后我们看一下源码中 Scala 的第 2 种定义。

```
def flatMap[O: TypeInformation](fun: T => TraversableOnce[O]): DataStream[O] = {...}
```

与前文所述不同，这里的 Lambda 表达式输入类型是泛型 T，输出是一个 TraversableOnce[O]，TraversableOnce 表示这是一个泛型 O 组成的列表。与之前使用 Collector 收集输出不同，这里直接输出一个列表，Flink 帮我们将列表做了展平。使用 TraversableOnce 导致无论如何都要返回一个列表，即使是一个空列表，否则无法匹配函数的定义。总结一下，这种场景的 Lambda 表达式输入类型是一个泛型 T，无论如何输出都是一个泛型 O 组成的列表，即使是一个空列表。代码清单 4-29 所示为一个切词示例。

```
// 只对长度大于 15 的字符串进行处理
val longSentenceWords = dataStream.flatMap {
  input => {
    if (input.size > 15) {
      // 输出是 TraversableOnce，因此返回必须是一个列表
      // 这里将 Array[String]转成了 Seq[String]
      input.split(" ").toSeq
    } else {
      // 为空时必须返回空列表，否则返回值无法与 TraversableOnce 匹配!
      Seq.empty
    }
  }
}
```

代码清单 4-29　使用 Scala Lambda 表达式实现 flatMap()，以列表返回输出内容

在使用 Lambda 表达式时，我们应该逐渐学会使用 IntelliJ IDEA 的类型检查和匹配功能。比如在本例中，如果返回值不是一个 TraversableOnce，那么 IntelliJ IDEA 会将该行标红，告知我们输入或输出的类型不匹配。

此外，还有第 3 种只针对 Scala 的 Lambda 表达式定义。Flink 为了保持 Java 和 Scala API 的一致性，一些 Scala 独有的特性没有被放入标准的 API，而是被集成到了一个扩展包中。这种 API 支持类型匹配的偏函数（Partial Function），结合 case 关键字，能够在语义上更好地描述数据类型。

```
val data: DataStream[(String, Long, Double)] = ...
data.flatMapWith {
  case (symbol, timestamp, price) => // ...
}
```

使用这种 API 时，需要添加引用。

```
import org.apache.flink.streaming.api.scala.extensions._
```

这种方式给输入定义了变量名和类型，方便读者阅读代码，同时也保留了函数式编程的简洁。Spark 的大多数算子默认都支持此功能，Flink 没有默认支持此功能，而是将这个功能放到了扩展包里，对于 Spark 用户来说，迁移到 Flink 时需要注意这个区别。此外 mapWith()、filterWith()、keyingBy()、reduceWith()分别是其他算子相对应的接口。

使用 flatMapWith()，之前的切词可以实现为代码清单 4-30 所示的程序。

```
val flatMapWith = dataStream.flatMapWith {
  case (sentence: String) => {
    if (sentence.size > 15) {
      sentence.split(" ").toSeq
    } else {
      Seq.empty
    }
  }
}
```

代码清单 4-30　Scala Lambda 表达式结合 case，实现 flatMapWith()

2. Java 的 Lambda 表达式

再来看看 Java，因为一些遗留问题，它的 Lambda 表达式使用起来与 Scala 有一些区别。

第 2 章中提到，Java 有类型擦除问题，void flatMap(IN value, Collector<OUT> out)被编译成了 void flatMap(IN value, Collector out)，擦除了泛型信息，Flink 无法自动获取返回类型，如果不做其他操作，程序会抛出异常。

```
org.apache.flink.api.common.functions.InvalidTypesException: The generic type
parameters of 'Collector' are missing.
    In many cases lambda methods don't provide enough information for automatic type
extraction when Java generics are involved.
    An easy workaround is to use an (anonymous) class instead that implements the
'org.apache.flink.api.common.functions.FlatMapFunction' interface.
    Otherwise the type has to be specified explicitly using type information.
```

这种情况下，根据异常信息，使用一个类实现 FlatMapFunction（包括匿名类），或者添加类型信息。这个类型信息是 4.3 节中所介绍的数据类型。

```
DataStream<String> words = dataStream.flatMap (
```

```
(String input, Collector<String> collector) -> {
    for (String word : input.split(" ")) {
        collector.collect(word);
    }
})
    // 提供类型信息以解决类型擦除问题
    .returns(Types.STRING);
```

通过对 Scala 和 Java Lambda 表达式定义的对比不难发现，Scala 更灵活，Java 更严谨，各有优势。

4.4.3　Rich 函数类

在上面两种自定义方法的基础上，Flink 还提供了 RichFunction 函数类。从名称上来看，这种接口在普通的接口上增加了 Rich 前缀，比如 RichMapFunction、RichFlatMapFunction 或 RichReduceFunction 等。比起不带 Rich 前缀的函数类，Rich 函数类增加了如下方法。

- open() 方法：Flink 在算子调用前会执行这个方法，可以用来进行一些初始化工作。
- close() 方法：Flink 在算子最后一次调用结束后执行这个方法，可以用来释放一些资源。
- getRuntimeContext() 方法：获取运行时上下文。每个并行的算子子任务都有一个运行时上下文，上下文记录了这个算子执行过程中的一些信息，包括算子当前的并行度、算子子任务序号、广播数据、累加器、监控数据。最重要的是，我们可以从上下文里获取状态数据。

我们可以看一下源码中的接口签名。

```
public abstract class RichFlatMapFunction<IN, OUT> extends AbstractRichFunction
implements FlatMapFunction<IN, OUT>
```

它既实现了 FlatMapFunction 接口，又继承了 AbstractRichFunction。其中 AbstractRichFunction 是一个抽象类，有一个成员变量 RuntimeContext，有 open()、close() 和 getRuntimeContext() 等方法。

如代码清单 4-31 所示，我们尝试继承、实现 RichFlatMapFunction 类，并使用一个累加器。首先简单介绍累加器的概念。在单机计算环境下，我们可以用一个 for 循环做累加统计。但是在分布式计算环境下，计算是分布在多个节点上的，每个节点处理一部分数据，因此单纯循环无法满足计算。累加器是大数据框架帮我们实现的一种机制，允许我们在多节点上进行累加统计。

```
// 实现 RichFlatMapFunction 类
// 使用累加器
public static class WordSplitRichFlatMap extends RichFlatMapFunction<String, String> {

    private int limit;

    // 创建一个累加器
    private IntCounter numOfLines = new IntCounter(0);

    public WordSplitRichFlatMap(Integer limit) {
        this.limit = limit;
```

```
    }

    @Override
    public void open(Configuration parameters) throws Exception {
        super.open(parameters);
        // 在 RuntimeContext 中注册累加器
        getRuntimeContext().addAccumulator("num-of-lines", this.numOfLines);
    }

    @Override
    public void flatMap(String input, Collector<String> collector) throws Exception {

        // 执行过程中调用累加器
        this.numOfLines.add(1);

        if(input.length() > limit) {
            for (String word: input.split(" "))
            collector.collect(word);
        }
    }
}
```

代码清单 4-31　继承并实现 RichFlatMapFunction 类

在主逻辑中获取作业执行的结果，得到累加器中的值。

```
// 获取作业执行结果
JobExecutionResult jobExecutionResult = senv.execute("basic flatMap transformation");
// 执行结束后得到累加器中的值
Integer lines = jobExecutionResult.getAccumulatorResult("num-of-lines");
System.out.println("num of lines: " + lines);
```

累加器是 RichFunction 函数类提供的众多功能之一，RichFuncton 函数类最具特色的功能是第 6 章介绍的有状态计算。

4.5　实验 股票价格数据流处理

经过本章的学习，读者应该对 Flink 的 DataStream API 有了初步的认识，本节以股票交易场景来实践所学内容。

一、实验目的

针对具体的业务场景，学习如何定义相关数据结构、如何自定义 Source、如何使用各类 Transformation。

二、实验内容

我们虚构了一只股票交易数据集，如下所示，该数据集中有每笔股票的交易时间、价格和交易量。数据集放置在 src/main/resource/stock 文件夹中。

```
股票代号,交易日期,交易时间（秒）,价格,交易量
US2.AAPL,20200108,093003,297.260000000,100
US2.AAPL,20200108,093003,297.270000000,100
US2.AAPL,20200108,093003,297.310000000,100
```

在 4.3 节中，我们曾介绍 Flink 所支持的数据结构。对于股票价格业务场景，首先要做的是对该业务进行建模，读者需要设计一个 StockPrice 类,能够表示一次交易数据。这个类至少包含以下字段：

```
/*
 * symbol       股票代号
 * ts           时间戳
 * price        价格
 * volume       交易量
 */
```

接下来，我们自定义 Source，这个自定义的类继承 SourceFunction，读取数据集中的元素，并将数据写入 DataStream<StockPrice>中。为了模拟不同交易之间的时间间隔，我们使用 Thread.sleep()方法，等待一定的时间。代码清单 4-32 展示了如何自定义 Source，读取数据集等，读者可以借鉴。

```java
public class StockSource implements SourceFunction<StockPrice> {

    // Source 是否正在执行
    private boolean isRunning = true;
    // 数据集文件名
    private String path;
    private InputStream streamSource;

    public StockSource(String path) {
        this.path = path;
    }

    // 读取数据集中的元素，每隔一定时间发送一次股票数据
    // 使用 SourceContext.collect(T element)发送数据
    @Override
    public void run(SourceContext<StockPrice> sourceContext) throws Exception {
        DateTimeFormatter formatter = DateTimeFormatter.ofPattern("yyyyMMdd HHmmss");
        // 从项目的 resources 目录获取输入
        streamSource = this.getClass().getClassLoader().getResourceAsStream(path);
        BufferedReader br = new BufferedReader(new InputStreamReader(streamSource));
        String line;
```

```
        boolean isFirstLine = true;
        long timeDiff = 0;
        long lastEventTs = 0;
        while (isRunning && (line = br.readLine()) != null) {
            String[] itemStrArr = line.split(",");
            LocalDateTime dateTime = LocalDateTime.parse(itemStrArr[1] + " " +
itemStrArr[2], formatter);
            long eventTs = Timestamp.valueOf(dateTime).getTime();
            if (isFirstLine) {
                // 从第一行数据提取时间戳
                lastEventTs = eventTs;
                isFirstLine = false;
            }
            StockPrice stock = StockPrice.of(itemStrArr[0],
Double.parseDouble(itemStrArr[3]), eventTs, Integer.parseInt(itemStrArr[4]));
            // 输入文件中的时间戳是从小到大排列的
            // 新读入的行如果比上一行大，则等待，以此模拟一个有时间间隔的输入流
            timeDiff = eventTs - lastEventTs;
            if (timeDiff > 0)
                Thread.sleep(timeDiff);
            sourceContext.collect(stock);
            lastEventTs = eventTs;
        }
    }

    // 停止发送数据
    @Override
    public void cancel() {
        try {
            streamSource.close();
        } catch (Exception e) {
            System.out.println(e.toString());
        }
        isRunning = false;
    }
}
```

代码清单 4-32　自定义 Source，读取数据集，生成股票价格数据

对于代码清单 4-32 中自定义的 Source，我们可以使用下面的时间语义。

```
env.setStreamTimeCharacteristic(TimeCharacteristic.ProcessingTime);
```

接下来，基于 DataStream API，按照股票代号分组，对股票数据流进行分析和处理。

三、实验要求

完成数据结构定义和数据流处理部分的代码编写。其中数据流处理部分需要实现如下程序。

- 程序 1：价格最大值。

实时计算某只股票的价格最大值。

- 程序 2：汇率转换。

数据中股票价格以美元结算，假设美元和人民币的汇率为 7，使用 map() 进行汇率转换，折算成人民币。

- 程序 3：大额交易过滤。

数据集中有交易量字段，给定某个阈值，过滤出交易量大于该阈值的数据，生成一个大额交易数据流。

四、实验报告

将思路和程序撰写成实验报告。

本章小结

本章中，我们介绍了 Flink DataStream API 的基本使用方法。我们从 Flink 的骨架程序开始，分析了编写 Flink 程序的必备步骤。我们详细介绍了 Flink 的常见 Transformation 的使用方法。同时，我们也详细介绍了在 Flink 中如何定义数据类型以及如何自定义函数。本章的实验中，我们对股票数据流做了简单的处理，第 5 章的实验中，将在时间维度继续丰富该程序。

第 5 章　时间和窗口

经过第 4 章的学习，我们已经对 Flink DataStream 的各类 API 有了一定的认识，能够处理一些流数据。本章将重点介绍 Flink 的时间和窗口相关知识，通过本章的学习，读者可以了解下面的知识。

- Flink 的时间语义。
- Flink 最底层的 API：ProcessFunction。
- 窗口以及窗口上的计算。
- 数据流上的 Join 操作。
- 处理迟到数据。

本章的实验中，我们仍然以股票价格数据流为例，对其进行窗口上的各类操作。读者阅读完本章之后，能够掌握 Flink 时间和窗口的使用方法。

5.1 Flink 的时间语义

在流处理中，时间是一个非常核心的概念，是整个系统的基石。我们经常会遇到这样的需求：给定一个时间窗口，比如一个小时，统计时间窗口内的数据指标。那么如何界定哪些数据将进入这个窗口呢？在了解窗口的定义之前，首先需要确定一个作业使用什么样的时间语义。

本节将介绍 Flink 的 Event Time、Processing Time 和 Ingestion Time 3 种时间语义，接着会详细介绍 Event Time 和 Watermark 的工作机制，以及如何对数据流设置 Event Time 并生成 Watermark。

5.1.1 Flink 的 3 种时间语义

如图 5-1 所示，Flink 支持 3 种时间语义。

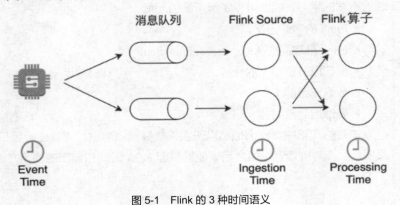

图 5-1 Flink 的 3 种时间语义

1. Event Time

Event Time 指的是数据流中每个元素或者每个事件自带的时间属性，一般是事件发生的时间。由于事件从发生到进入 Flink 时间算子之间有很多环节，一个较早发生的事件因为延迟可能较晚到达，因此使用 Event Time 意味着事件到达有可能是乱序的。

使用 Event Time 时，最理想的情况下，我们可以一直等待所有的事件到达后再进行时间窗口的处理。假设一个时间窗口内的所有事件都已经到达，基于 Event Time 的流处理会得到正确且一致的结果。无论我们是将同一个程序部署在不同的环境，还是在相同的环境下多次计算同一份数据，都能够得到同样的计算结果。我们根本不用担心乱序到达的问题。

但这只是理想情况，现实中无法实现，因为我们既不知道究竟要等多长时间才能确认所有事件都已经到达，更不可能无限地一直等待下去。在实际应用中，当涉及对事件按照时间窗口进行统计时，Flink 会将窗口内的事件缓存下来，直到接收到一个 Watermark，Watermark 假设不会有更晚到达的事件。Watermark 意味着在一个时间窗口下，Flink 会等待一个有限的时间，这在一定程度上降低了计算结果的绝对准确性，而且增加了系统的延迟。比起其他几种时间语义，使用 Event Time 的好处是某个事件的时间是确定的，这样能够保证计算结果在一定程度上的可预测性。

一个基于 Event Time 的 Flink 程序中必须定义：每条数据的 Event Time 时间戳；如何生成 Watermark。我们可以使用数据自带的时间作为 Event Tme，也可以在数据到达 Flink 后人为给 Event Time 赋值。

　　总之，使用 Event Time 的优势是结果的可预测性，缺点是缓存较大，增加了延迟，且调试和定位问题更复杂。

2．Processing Time

　　对于某个算子来说，Processing Time 指使用算子的当前节点的操作系统时间。在 Processing Time 的时间窗口场景下，无论事件什么时候发生，只要该事件在某个时间段到达了某个算子，就会被归结到该窗口下，它不需要 Watermark 机制。对于一个程序，在同一个环境中，每个算子都有一定的耗时，同一个事件的 Processing Time，第 n 个算子和第 $n+1$ 个算子的不同。如果一个程序在不同的集群和环境下执行，限于软硬件因素，不同环境下上游算子处理速度不同，对于下游算子来说，事件的 Processing Time 也会不同，不同环境下时间窗口的计算结果会发生变化。因此，Processing Time 在时间窗口下的计算会有不确定性。

　　Processing Time 只依赖当前节点的操作系统时间，不需要依赖 Watermark，无须缓存。相比其他时间语义，基于 Processing Time 的作业实现起来更简单，延迟更小。

3．Ingestion Time

　　Ingestion Time 是事件到达 Flink Source 的时间。从 Source 到下游各个算子中间可能有很多计算环节，任何一个算子处理速度的快慢可能影响下游算子的 Processing Time。而 Ingestion Time 定义的是数据流最早进入 Flink 的时间，因此不会被算子处理速度影响。

　　Ingestion Time 通常是 Event Time 和 Processing Time 的一个折中方案。比起 Event Time，Ingestion Time 可以不需要设置复杂的 Watermark，因此也不需要太多缓存、延迟较低。比起 Processing Time，Ingestion Time 的时间是 Source 赋值的，一个事件在整个处理过程从头至尾都使用这个时间，而且下游算子不受上游算子处理速度的影响，计算结果相对准确一些，但计算成本比 Processing Time 稍高。

5.1.2　设置时间语义

　　在 Flink 中，我们需要在执行环境层面设置使用哪种时间语义。下面的代码使用 Event Time：

```
env.setStreamTimeCharacteristic(TimeCharacteristic.EventTime);
```

　　如果想使用另外两种时间语义，需要用 TimeCharacteristic.ProcessingTime 或 TimeCharacteristic.IngestionTime 替换。

注意

　　首次进行时间相关计算的读者可能因为没有正确设置数据流时间相关属性而得不到正确的结果。包括前文的示例代码在内，一些测试或演示代码常常使用 StreamExecutionEnvironment.fromElements() 或 StreamExecutionEnvironment.fromCollection() 方法来创建一个 DataStream，用这种方法生成的 DataStream 没有时序性，如果不对元素设置时间戳，无法进行时间相关的计算。或者说，在一个没有时序性的数据流上进行时间相关计算，无法得到正确的结果。想要建立数据之间的时序性，一种方法是继续用 StreamExecutionEnvironment.fromElements() 或 StreamExecutionEnvironment. fromCollection() 方法，使用 Event Time 时间语义，对数据流中每个

元素的 Event Time 进行赋值。另一种方法是使用其他的 Source，比如 StreamExecutionEnvironment. socketTextStream()或 Kafka，这些 Source 的输入数据本身带有时序性，支持 Processinng Time 时间语义。

5.1.3　Event Time 和 Watermark

Flink 的 3 种时间语义中，Processing Time 和 Ingestion Time 都可以不用设置 Watermark。如果我们要使用 Event Time 语义，以下两项配置缺一不可：第一，使用一个时间戳为数据流中每个事件的 Event Time 赋值；第二，生成 Watermark。

实际上，Event Time 是每个事件的元数据，如果不设置，Flink 并不知道每个事件的发生时间，我们必须要为每个事件的 Event Time 赋值一个时间戳。关于时间戳，包括 Flink 在内的绝大多数系统都使用 UNIX 时间戳系统（UNIX time 或 UNIX epoch）。UNIX 时间戳系统以 1970-01-01 00:00:00.000 为起始点，其他时间记为距离该起始时间的整数差值，一般是毫秒精度。

有了 Event Time 时间戳，我们还必须生成 Watermark。Watermark 是 Flink 插入到数据流中的一种特殊的数据结构，它包含一个时间戳，并假设后续不会有小于该时间戳的数据。图 5-2 展示了一个乱序数据流，其中方框是单个事件，方框中的数字是其对应的 Event Time 时间戳，圆圈为 Watermark，圆圈中的数字为 Watermark 对应的时间戳。

图 5-2　一个包含 Watermark 的乱序数据流

Watermark 的生成有以下 4 点需要注意。

- Watermark 与事件的时间戳紧密相关。一个时间戳为 t 的 Watermark 会假设后续到达事件的时间戳都大于 t。
- 假如 Flink 算子接收到一个违背上述规则的事件，该事件将被认定为迟到数据，如图 5-2 中时间戳为 19 的事件比 Watermark(20)更晚到达。Flink 提供了一些其他机制来处理迟到数据。
- Watermark 时间戳必须单调递增，以保证时间不会倒流。
- Watermark 机制允许用户来控制准确度和延迟。Watermark 被设置得与事件时间戳相距紧凑，会产生不少迟到数据，影响计算结果的准确度，整个应用的延迟很低；Watermark 设置得非常宽松，准确度能够得到提升，但应用的延迟较高，因为 Flink 必须等待更长的时间才能进行计算。

5.1.4　分布式环境下 Watermark 的传播

在实际计算过程中，Flink 的算子一般分布在多个并行的算子子任务（或者称为算子实例、分区）

上，Flink 需要将 Watermark 在并行环境下向前传播。如图 5-3 中第 1 步所示，Flink 的每个并行算子子任务会维护针对该子任务的 Event Time 时钟，这个时钟记录了这个算子子任务的 Watermark 处理进度，随着上游 Watermark 数据不断向下发送，算子子任务的 Event Time 时钟也要不断向前更新。由于上游各分区的处理速度不同，到达当前算子的 Watermark 也会有先后、快慢之分，每个算子子任务会维护来自上游不同分区的 Watermark（Partition Watermark）信息，这是一个列表，列表内对应上游算子各分区的 Watermark 时间戳等信息。

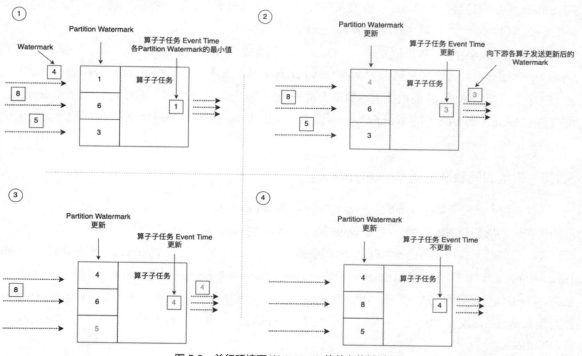

图 5-3　并行环境下 Watermark 的前向传播过程

当上游某分区有 Watermark 进入该算子子任务后，Flink 先判断新流入的 Watermark 时间戳是否大于 Partition Watermark 列表内记录的该分区的历史 Watermark 时间戳，如果新流入的更大，则更新该分区的 Watermark。如图 5-3 中第 2 步所示，某个分区新流入的 Watermark 时间戳为 4，算子子任务维护的该分区 Watermark 为 1，那么 Flink 会更新 Partition Watermark 列表为最新的时间戳 4。接着，Flink 会遍历 Partition Watermark 列表中的所有时间戳，选择最小的时间戳作为该算子子任务的 Event Time。同时，Flink 会将更新的 Event Time 作为 Watermark 发送给下游所有算子子任务。算子子任务 Event Time 的更新意味着该子任务将时间推进到了这个时间，该时间之前的事件已经被处理并发送到下游。图 5-3 中第 2 步和第 3 步均执行了这个过程。Partition Watermark 列表更新后，导致列表中最小时间戳发生了变化，算子子任务的 Event Time 也相应地进行了更新。整个过程可以理解为：数据流中的 Watermark 推动算子子任务的 Watermark 更新。Watermark 像一个幕后推动者，不断将流处理系统的 Event Time 向前推进。我们可以将这种机制总结如下。

- Flink 某算子子任务根据上游流入的各 Watermark 来更新 Partition Watermark 列表。

- 选取 Partition Watermark 列表中最小的时间戳作为该算子子任务的 Event Time，并将 Event Time 发送给下游算子。

这样的设计机制满足了并行环境下 Watermark 在各算子中的传播问题，但是假如某个上游分区的 Watermark 一直不更新，Partition Watermark 列表其他地方都在正常更新，唯独个别分区的 Watermark 停滞，这会导致算子的 Event Time 不更新，相应的时间窗口计算也不会被触发，大量的数据积压在算子内部得不到处理，整个流处理处于空转状态。这种问题可能出现在数据流自带 Watermark 的场景，自带的 Watermark 在某些分区下没有及时更新。针对这种问题，一种解决办法是根据系统当前的时间，周期性地生成 Watermark。

此外，在 union() 等多数据流处理时，Flink 也使用上述 Watermark 更新机制，那就意味着，多个数据流的时间必须对齐，如果某个数据流的 Watermark 时间未更新，那整个应用的 Event Time 也会使用这个未更新的时间，其他数据流的数据会被积压。一旦发现某个数据流不再生成新的 Watermark，我们要在 SourceFunction 中的 SourceContext 里调用 markAsTemporarilyIdle() 来设置该数据流为空闲状态，避免空转。

5.1.5 设置时间戳及生成 Watermark

至此，我们已经了解了 Flink 的 Event Time 和 Watermark 机制的大致工作原理，接下来我们将展示如何在代码层面设置时间戳并生成 Watermark。因为时间戳在后续处理中都会用到，所以时间戳的设置要在任何时间窗口操作之前。总之，时间戳越早设置越好。时间戳和 Watermark 的设置只对 Event Time 时间语义起作用，如果一个作业基于 Processing Time 或 Ingestion Time，那设置时间戳没有什么意义。Flink 提供了两种方法设置时间戳和 Watermark。无论哪种方法，我们都需要明白，Event Time 时间戳和 Watermark 是捆绑在一起的，一旦涉及 Event Time，就必须设置时间戳并生成 Watermark。

1. Source

我们可以在 Source 阶段完成时间戳抽取和 Watermark 生成的工作。Flink 1.11 开始推出了新的 Source 接口，并计划逐步替代老的 Source 接口，我们将在第 7 章展示新老两种接口的具体工作方式，这里暂时以老的 Source 接口来展示时间戳抽取和 Watermark 生成的过程。在老的 Source 接口中，通过自定义 SourceFunction 或 RichSourceFunction，在 SourceContext 里重写 void collectWithTimestamp(T element, long timestamp) 和 void emitWatermark(Watermark mark) 两个方法。其中，collectWithTimestamp() 给数据流中的每个元素赋值一个 timestamp 作为 Event Time，emitWatermark() 生成 Watermark。代码清单 5-1 展示了调用这两个方法设置时间戳并生成 Watermark。

```
class MyType {
  public double data;
  public long eventTime;
  public boolean hasWatermark;
  public long watermarkTime;

  ...
}
```

```
class MySource extends RichSourceFunction[MyType] {
  @Override
  public void run(SourceContext<MyType> ctx) throws Exception {
    while (/* condition */) {
      MyType next = getNext();
      ctx.collectWithTimestamp(next, next.eventTime);

      if (next.hasWatermarkTime()) {
        ctx.emitWatermark(new Watermark(next.watermarkTime));
      }
    }
  }
}
```

代码清单 5-1　在 Source 阶段设置时间戳并生成 Watermark

2．Source 之后

如果我们不想修改 Source，也可以在 Source 之后，通过 assignTimestampsAndWatermarks() 方法来设置。与 Source 接口一样，Flink 1.11 重构了 assignTimestampsAndWatermarks() 方法，重构后的 assignTimestampsAndWatermarks() 方法和新的 Source 接口结合更好、表达能力更强，这里介绍一下重构后的 assignTimestampsAndWatermarks() 方法。

新的 assignTimestampsAndWatermarks() 方法主要依赖 WatermarkStrategy，通过 WatermarkStrategy 我们可以为每个元素设置时间戳并生成 Watermark。assignTimestampsAndWatermarks() 方法结合 WatermarkStrategy 的大致使用方式如下。

```
DataStream<MyType> stream = ...

DataStream<MyType> withTimestampsAndWatermarks = stream
      .assignTimestampsAndWatermarks(
         WatermarkStrategy
             .forGenerator(...)
             .withTimestampAssigner(...)
      );
```

可以看到 WatermarkStrategy.forGenerator(...).withTimestampAssigner(...) 链式调用了两个方法，forGenerator() 方法用来生成 Watermark，withTimestampAssigner() 方法用来为数据流的每个元素设置时间戳。

withTimestampAssigner() 方法相对更好理解，它抽取数据流中的每个元素的时间戳，一般是告知 Flink 具体哪个字段为时间戳字段。例如，一个 MyType 数据流中 eventTime 字段为时间戳，数据流的每个元素为 event，使用 Lambda 表达式来抽取时间戳，可以写成：.withTimestampAssigner((event, timestamp) -> event.eventTime)。这个 Lambda 表达式可以帮我们设置数据流元素中的时间戳 eventTime，我们暂且可以不用关注第二个参数 timestamp。

基于 Event Time 时间戳，我们还要设置 Watermark 生成策略，一种方法是自己实现一些 Watermark 策略类，并使用 forGenerator() 方法调用这些 Watermark 策略类，另一种方法是直接使用 Flink 内置的 Watermark 策略。我们曾多次提到，Watermark 是一种插入到数据流中的特殊元素，Watermark 元素包含一个时间戳，当某个算子接收到一个 Watermark 元素时，算子会假设早于这条 Watermark 的数据流元素都已经到达。那么如何向数据流中插入 Watermark 呢？Flink 提供了两种方式：一种是周期性地（Periodic）生成 Watermark，另一种是逐个式地（Punctuated）生成 Watermark。无论是 Periodic 方式还是 Punctuated 方式，都需要实现 WatermarkGenerator 接口，如代码清单 5-2 所示，T 为数据流元素类型。

```
// Flink 源码
// 生成 Watermark 的接口
@Public
public interface WatermarkGenerator<T> {

    // 数据流中的每个元素流入后都会调用 onEvent() 方法
    // Punctunated 方式下，一般根据数据流中的元素是否有特殊标记来判断是否需要生成 Watermark
    // Periodic 方式下，一般用于记录各元素的 Event Time 时间戳
    void onEvent(T event, long eventTimestamp, WatermarkOutput output);

    // 每隔固定周期调用 onPeriodicEmit() 方法
    // 一般主要用于 Periodic 方式
    // 固定周期用 ExecutionConfig#setAutoWatermarkInterval() 方法设置
    void onPeriodicEmit(WatermarkOutput output);
}
```

代码清单 5-2　实现 WatermarkGenerator 接口

（1）Periodic

假如我们想周期性地生成 Watermark，这个周期是可以设置的，默认情况下是每 200 毫秒生成一个 Watermark，或者说 Flink 每 200 毫秒调用一次生成 Watermark 的方法。我们可以在执行环境中设置这个周期。

```
// 每 5000 毫秒生成一个 Watermark
env.getConfig.setAutoWatermarkInterval(5000L)
```

代码清单 5-3 所示代码定期生成 Watermark，数据流元素是一个 Tuple2，第二个字段 Long 是 Event Time 时间戳。

```
// 定期生成 Watermark
// 数据流元素 Tuple2<String, Long> 共两个字段
// 第 1 个字段为数据本身
// 第 2 个字段是时间戳
```

```java
    public static class MyPeriodicGenerator implements WatermarkGenerator<Tuple2<String,
Long>> {

        private final long maxOutOfOrderness = 60 * 1000; // 1 分钟
        private long currentMaxTimestamp;                    // 已抽取的 Timestamp 最大值

        @Override
        public void onEvent(Tuple2<String, Long> event, long eventTimestamp,
WatermarkOutput output) {
            // 更新 currentMaxTimestamp 为当前遇到的最大值
            currentMaxTimestamp = Math.max(currentMaxTimestamp, eventTimestamp);
        }

        @Override
        public void onPeriodicEmit(WatermarkOutput output) {
            // Watermark 比 currentMaxTimestamp 最大值慢 1 分钟
            output.emitWatermark(new Watermark(currentMaxTimestamp - maxOutOfOrderness));
        }
    }
```

代码清单 5-3　定期生成 Watermark

我们用变量 currentMaxTimestamp 记录已抽取的时间戳最大值，每个元素到达后都会调用 onEvent()方法，更新 currentMaxTimestamp 时间戳最大值。当需要发射 Watermark 时，以时间戳最大值减 1 分钟作为 Watermark 发送出去。这种 Watermark 策略假设 Watermark 比已流入数据的时间戳最大值小 1 分钟，比 Watermark 更晚到达的数据将被视为迟到数据。

实现好 MyPeriodicGenerator 后，我们要用 forGenerator()方法调用这个类。

```java
// 第 2 个字段是时间戳
DataStream<Tuple2<String, Long>> watermark = input.assignTimestampsAndWatermarks(
    WatermarkStrategy
        .forGenerator((context -> new MyPeriodicGenerator()))
        .withTimestampAssigner((event, recordTimestamp) -> event.f1));
```

考虑到这种基于时间戳最大值的场景比较普遍，Flink 已经帮我们封装好了上述代码，名为 BoundedOutOfOrdernessWatermarks，其内部实现与上述代码几乎一致，我们只需要将最大的延迟时间作为参数传入。

```java
// 第 2 个字段是时间戳
DataStream<Tuple2<String, Long>> input = env
    .addSource(new MySource())
    .assignTimestampsAndWatermarks(
        WatermarkStrategy
            .<Tuple2<String, Long>>forBoundedOutOfOrderness(Duration.ofSeconds(5))
            .withTimestampAssigner((event, timestamp) -> event.f1)
);
```

除了 BoundedOutOfOrdernessWatermarks，另外一种预置的 Watermark 策略为 AscendingTimestamps Watermarks。AscendingTimestampsWatermarks 其实是继承了 BoundedOutOfOrdernessWatermarks，只不过 AscendingTimestampsWatermarks 会假设 Event Time 时间戳单调递增，从内部代码实现上来说，Watermark 的发射时间为时间戳最大值，不添加任何延迟。使用时，可以参照下面的方式。

```
// 第 2 个字段是时间戳
DataStream<Tuple2<String, Long>> input = env
    .addSource(new MySource())
    .assignTimestampsAndWatermarks(
        WatermarkStrategy
            .<Tuple2<String, Long>>forMonotonousTimestamps()
            .withTimestampAssigner((event, timestamp) -> event.f1)
);
```

（2）Punctuated

假如数据流元素有一些特殊标记，标记了某些元素为 Watermark，我们可以逐个检查数据流各元素，根据是否有特殊标记判断是否要生成 Watermark。代码清单 5-4 所示，代码以一个 Tuple3<String, Long, Boolean>为例，其中第 2 个字段是时间戳，第 3 个字段标记了是否为 Watermark。我们只需要在 onEvent()方法中根据第 3 个字段来决定是否生成新的 Watermark，由于这里不需要周期性的操作，因此 onPeriodicEmit()方法里不需要做任何事情。

```
// 逐个检查数据流中的元素，根据元素中的特殊字段，判断是否要生成 Watermark
// 数据流元素 Tuple3<String, Long, Boolean> 共三个字段
// 第 1 个字段为数据本身
// 第 2 个字段是时间戳
// 第 3 个字段判断是否为 Watermark 的标记
public static class MyPunctuatedGenerator implements
WatermarkGenerator<Tuple3<String, Long, Boolean>> {

    @Override
    public void onEvent(Tuple3<String, Long, Boolean> event, long eventTimestamp,
WatermarkOutput output) {
        if (event.f2) {
            output.emitWatermark(new Watermark(event.f1));
        }
    }

    @Override
    public void onPeriodicEmit(WatermarkOutput output) {
        // 这里不需要做任何事情，因为我们在 onEvent() 方法中生成了 Watermark
    }
}
```

代码清单 5-4　判断是否要生成 Watermark 实例

假如每个元素都带有 Watermark 标记,Flink 是允许为每个元素都生成一个 Watermark 的,但这种策略非常激进,大量的 Watermark 会增大下游计算的延迟,拖累整个 Flink 作业的性能。

5.1.6　平衡延迟和准确性

至此,我们已经了解了 Flink 的 Event Time 和 Watermark 生成方法,那么具体如何操作呢? 实际上,这个问题可能并没有一个标准答案。批处理中,数据都已经准备好了,不需要考虑未来新流入的数据,而流处理中,我们无法预知有多少迟到数据,数据的流入依赖业务的场景、数据的输入、网络的传输、集群的性能等。Watermark 是一种在延迟和准确性之间平衡的策略: Watermark 与事件的时间戳贴合较紧,一些重要数据有可能被当成迟到数据,影响计算结果的准确性; Watermark 设置得较大,整个应用的延迟增加,更多的数据会先被缓存以等待计算,会增加内存的压力。对待具体的业务场景,我们可能需要反复尝试,不断迭代和调整时间策略。

5.2　ProcessFunction 系列函数

在继续介绍 Flink 时间和窗口相关操作之前,我们需要先了解一下 ProcessFunction 系列函数。它们是 Flink 中最底层的 API,提供了对数据流进行更细粒度操作的权限。前文提到的一些算子和函数能够进行一些时间上的操作,但是不能获取算子当前的 Processing Time 或者是 Watermark 的时间戳,调用起来简单但功能相对受限。如果想获取数据流中 Watermark 的时间戳,或者使用定时器,需要使用 ProcessFunction 系列函数。Flink SQL 是基于这些函数实现的,一些需要高度个性化的业务场景也需要使用这些函数。

目前,这个系列函数主要包括 KeyedProcessFunction、ProcessFunction、CoProcessFunction、KeyedCoProcessFunction、ProcessJoinFunction 和 ProcessWindowFunction 等多种函数,这些函数各有侧重,但核心功能比较相似,主要包括如下两点。

- 状态: 我们可以在这些函数中访问和更新 Keyed State 。
- 定时器: 像定闹钟一样设置定时器,我们可以在时间维度上设计更复杂的业务逻辑。

状态的介绍可以参考第 6 章的内容,本节将重点介绍 ProcessFunction 系列函数在时间操作上的相关特性。

5.2.1　Timer 的使用方法

说到时间相关的操作,就不能避开定时器 (Timer)。我们可以把 Timer 理解成一个闹钟,使用前先在 Timer 中注册一个未来的时间,当这个时间到达,闹钟会 "响起",程序会执行一个回调函数,回调函数中有一定的业务逻辑。这里以 KeyedProcessFunction 为例,来介绍 Timer 的注册和使用。

ProcessFunction 有两个重要的方法,即 processElement()和 onTimer(),其中 processElement()方法在源码中的 Java 签名如下。

```
// 处理数据流中的一条元素
public abstract void processElement(I value, Context ctx, Collector<O> out)
```

processElement()方法处理数据流中的一条类型为 I 的元素，并通过 Collector<O>输出。Context 是它的区别于 FlatMapFunction 等普通函数的特色，开发者可以通过 Context 来获取时间戳，访问 TimerService，设置 Timer。

ProcessFunction 类的另外一个重要的接口是 onTimer()方法。

```
// 时间到达后的回调函数
public void onTimer(long timestamp, OnTimerContext ctx, Collector<O> out)
```

它是一个回调函数，当到了"闹钟"时间，Flink 会调用 onTimer()并实现一些业务逻辑。它有一个参数 OnTimerContext，该参数实际上继承了上述的 Context，与 Context 几乎相同。

使用 Timer 的方法主要逻辑如下。

① 在 processElement()方法中通过 Context 注册一个未来的时间戳 t。这个时间戳的语义可以是 Processing Time，也可以是 Event Time，根据业务需求来选择。

② 在 onTimer()方法中实现一些逻辑，到达 t 时刻，onTimer()方法被自动调用。

从 Context 中，我们可以获取一个 TimerService，这是一个访问时间戳和 Timer 的接口。我们可以通过 Context.timerService.registerProcessingTimeTimer() 或 Context.timerService.registerEventTimeTimer() 这两个方法来注册 Timer，只需要传入一个时间戳即可。我们可以通过 Context.timerService. deleteProcessingTimeTimer()和 Context.timerService.deleteEventTimeTimer()来删除之前注册的 Timer。此外，还可以从中获取当前的时间戳：Context.timerService.currentProcessingTime()和 Context.timerService. currentWatermark()。这些方法中，名字带有"ProcessingTime"的方法表示该方法基于 Processing Time 语义；名字带有"EventTime"或"Watermark"的方法表示该方法基于 Event Time 语义。

注意

我们只能在 KeyedStream 上注册 Timer。每个 Key 下可以使用不同的时间戳注册不同的 Timer，但是每个 Key 的每个时间戳只能注册一个 Timer。如果想在一个 DataStream 上应用 Timer，可以将所有数据映射到一个伪造的 Key 上，但所有数据会流入同一个算子子任务。

我们再次以 4.5 节的股票交易场景来解释如何使用 Timer。一次股票交易数据包括：股票代号、时间戳、价格、交易量。我们现在想看一只股票未来是否一直上涨，如果一直上涨，则发送一个提示。如果新数据比上次数据的价格更高且目前没有注册 Timer，则注册一个未来的 Timer。如果在到达 Timer 时间之前价格降低，则把刚才注册的 Timer 删除；如果在到达 Timer 时间之前价格没有降低，则 Timer 时间到达后触发 onTimer()，发送一个提示。代码清单 5-5 展示了这个过程，代码中 intervalMills 表示一个毫秒精度的时间段，如果这个时间段内一只股票价格一直上涨，则会输出文字提示。

```
// 3 个泛型分别为 Key、输入、输出的类型
```

```
    public static class IncreaseAlertFunction
        extends KeyedProcessFunction<String, StockPrice, String> {

        private long intervalMills;
        // 状态句柄
        private ValueState<Double> lastPrice;
        private ValueState<Long> currentTimer;

        public IncreaseAlertFunction(long intervalMills) throws Exception {
            this.intervalMills = intervalMills;
        }

        @Override
        public void open(Configuration parameters) throws Exception {
            // 从 RuntimeContext 中获取状态
            lastPrice = getRuntimeContext().getState(
              new ValueStateDescriptor<Double>("lastPrice", Types.DOUBLE()));
            currentTimer = getRuntimeContext().getState(
              new ValueStateDescriptor<Long>("timer", Types.LONG()));
        }

        @Override
        public void processElement(StockPrice stock, Context context, Collector<String>
out) throws Exception {

            // 状态第一次被使用时，未被初始化，返回 null
            if (null == lastPrice.value()) {
                // 第一次使用 lastPrice，不做任何处理
            } else {
                double prevPrice = lastPrice.value();
                long curTimerTimestamp;
                if (null == currentTimer.value()) {
                    curTimerTimestamp = 0;
                } else {
                    curTimerTimestamp = currentTimer.value();
                }
                if (stock.price < prevPrice) {
                    // 如果新流入的股票价格降低，删除该 Timer，否则一直保留该 Timer
                    context.timerService().deleteEventTimeTimer(curTimerTimestamp);
                    currentTimer.clear();
                } else if (stock.price >= prevPrice && curTimerTimestamp == 0) {
                    // 如果新流入的股票价格升高
                    // curTimerTimestamp 为 0 表示 currentTimer 状态中是空的，还没有对应的 Timer
                    // 新 Timer = 当前时间 + interval
                    long timerTs = context.timestamp() + intervalMills;

                    context.timerService().registerEventTimeTimer(timerTs);
```

125

```
                    // 更新 currentTimer 状态，后续数据会读取 currentTimer，并做相关判断
                    currentTimer.update(timerTs);
                }
            }
            // 更新 lastPrice
            lastPrice.update(stock.price);
        }


        @Override
        public void onTimer(long ts, OnTimerContext ctx, Collector<String> out) throws
Exception {
            SimpleDateFormat formatter = new SimpleDateFormat("yyyy-MM-dd HH:mm:ss.SSS");

            out.collect(formatter.format(ts) + ", symbol: " + ctx.getCurrentKey() +
                    " monotonically increased for " + intervalMills + " millisecond.");
            // 清空 currentTimer 状态
            currentTimer.clear();
        }
    }
```

代码清单 5-5　在 KeyedProcessFunction 中注册和使用 Timer

在主逻辑里，通过下面的 process()函数调用 KeyedProcessFunction：

```
    DataStream<StockPrice> inputStream = ...

    DataStream<String> warnings = inputStream
            .keyBy(stock -> stock.symbol)
            // 调用 process()函数
            .process(new IncreaseAlertFunction(3000));
```

Checkpoint 时，Timer 也会随其他状态数据一起被保存起来。如果使用 Processing Time 语义设置一些 Timer，重启时该时间戳已经过期，那些回调函数会立刻被调用执行。

5.2.2　侧输出

ProcessFunction 的另一大特色功能是可以将一部分数据发送到另外一个数据流中，而且输出的两个数据流数据类型可以不一样。这个功能被称为侧输出（Side Output）。我们通过 OutputTag<T>来标记另外一个数据流：

```
    OutputTag<StockPrice> highVolumeOutput =
        new OutputTag<StockPrice>("high-volume-trade"){};
```

在 ProcessFunction 中，我们可以使用 Context.output()方法将某类数据过滤出来。OutputTag 是该方法的第一个参数，用来表示输出到哪个数据流。代码清单 5-6 展示了一个侧输出例子。

```
    public static class SideOutputFunction
        extends KeyedProcessFunction<String, StockPrice, String> {
```

```
        @Override
        public void processElement(StockPrice stock, Context context, Collector<String>
out) throws Exception {
            if (stock.volume > 100) {
                context.output(highVolumeOutput, stock);
            } else {
                out.collect("normal tick data");
            }
        }
    }
```

代码清单 5-6　在 ProcessFunction 中使用侧输出

在主逻辑中，通过下面的方法先调用 ProcessFunction，再获取侧输出：

```
DataStream<StockPrice> inputStream = ...

SingleOutputStreamOperator<String> mainStream = inputStream
    .keyBy(stock -> stock.symbol)
    // 调用 process() 函数，包含侧输出逻辑
    .process(new SideOutputFunction());

DataStream<StockPrice> sideOutputStream =
mainStream.getSideOutput(highVolumeOutput);
```

其中，SingleOutputStreamOperator 是一种 DataStream，它只有一种输出。下面是它在 Flink 源码中的定义。

```
public class SingleOutputStreamOperator<T> extends DataStream<T> {
    ...
}
```

这个例子中，KeyedProcessFunction 的输出类型是 String，而侧输出的输出类型是 StockPrice，两者可以不同。

5.2.3　在两个数据流上使用 ProcessFunction

我们在 4.2.3 小节曾提到使用 connect() 将两个数据流合并，如果想从更细的粒度对两个数据流进行一些操作，可以使用 CoProcessFunction 或 KeyedCoProcessFunction。这两个函数都有 processElement1() 和 processElement2() 方法，分别对第一个数据流和第二个数据流的每个元素进行处理。第一个数据流类型、第二个数据流类型和经过函数处理后的输出类型可以互不相同。尽管数据来自两个不同的流，但是它们可以共享同样的状态，所以可以参考下面的逻辑来实现两个数据流上的 Join 操作。

- 创建一到多个状态，两个数据流都能访问这些状态，这里以状态 a 为例。
- processElement1() 方法处理第一个数据流，更新状态 a。

127

● processElement2()方法处理第二个数据流，根据状态 a 中的数据，生成相应的输出。

我们将股票价格和媒体评价两个数据流一起讨论，假设对于某支股票有一个媒体评价数据流，媒体评价数据流包含了对该支股票的正/负面评价。两支数据流一起流入 KeyedCoProcessFunction，processElement2()方法处理流入的媒体评价数据，将媒体评价数据更新到 mediaState 状态上；processElement1()方法处理流入的股票价格数据，获取 mediaState 状态，生成新的数据流。两个方法分别处理两个数据流，共享一个状态，通过状态来通信。

代码清单 5-7，在主逻辑中，我们对两个数据流进行 connect()操作，然后对股票代号使用 keyBy()，进而使用 process()。

```
// 读入股票价格数据流
DataStream<StockPrice> stockStream = ...

// 读入媒体评价数据流
DataStream<Media> mediaStream = ...

DataStream<StockPrice> joinStream = stockStream.connect(mediaStream)
    .keyBy("symbol", "symbol")
    // 调用 process 函数
    .process(new JoinStockMediaProcessFunction());
```

代码清单 5-7　先对两个数据流进行 connect 操作，再使用 KeyedCoProcessFunction

KeyedCoProcessFunction 的具体实现如代码清单 5-8 所示。

```
/**
 * 4个泛型：Key 类型，第一个数据流类型，第二个数据流类型，输出类型。
 */
public static class JoinStockMediaProcessFunction extends
KeyedCoProcessFunction<String, StockPrice, Media, StockPrice> {
    // mediaState
    private ValueState<String> mediaState;

    @Override
    public void open(Configuration parameters) throws Exception {
        // 从 RuntimeContext 中获取状态
        mediaState = getRuntimeContext().getState(
            new ValueStateDescriptor<String>("mediaStatusState", Types.STRING));
    }

    @Override
    public void processElement1(StockPrice stock, Context context,
Collector<StockPrice> collector) throws Exception {
        String mediaStatus = mediaState.value();
        if (null != mediaStatus) {
```

```
            stock.mediaStatus = mediaStatus;
            collector.collect(stock);
        }
    }


    @Override
    public void processElement2(Media media, Context context, Collector<StockPrice>
collector) throws Exception {
        // 第二个数据流更新 mediaState
        mediaState.update(media.status);
    }
}
```

代码清单 5-8　使用 KeyedCoProcessFunction 完成对两个数据流的处理

代码清单 5-8 比较简单，没有使用 Timer，实际的业务场景中我们一般使用 Timer 将过期的状态清除。两个数据流的中间数据放在状态中，为避免状态的无限增加，需要使用 Timer 清除过期数据。

很多互联网 App 的机器学习样本都可能依赖 connect()加 process()的方式来实现。服务端的机器学习特征是实时生成的，用户在 App 上的行为是交互后产生的，两者属于两个不同的数据流。用户行为（比如是否点击某条广告或商品）是机器学习所需要的正/负样本。因此，可以按照这个逻辑将两个数据流拼接起来，通过拼接可以更快得到下一轮机器学习的样本数据。

　　使用 Event Time 时，两个数据流必须都设置好 Watermark，只设置一个数据流的 Event Time 和 Watermark，无法在 CoProcessFunction 和 KeyedCoProcessFunction 中使用 Timer 功能，因为 process()函数无法确定自己应该以怎样的时间来处理数据。

5.3　窗口算子的使用

在批处理场景下，数据已经按照某个时间维度分批次地存储了。一些公司经常将用户行为日志按天存储在一个目录下，一些开放数据集都说明了数据采集时间的始末。因此，对于批处理任务，处理一个数据集，其实就是对该数据集对应时间窗口内的数据进行处理。

在流处理场景下，数据以源源不断的流的形式存在，数据一直在产生，没有始末。我们要对数据进行处理时，往往需要明确一个时间窗口，比如数据在"每秒""每小时""每天"的维度下的一些特性。在一个时间窗口维度上对数据进行聚合，划分窗口是流处理需要解决的问题。Flink 的窗口算子为我们提供了方便易用的 API，我们可以将数据流切分成一个个窗口，对窗口内的数据进行处理。本节将介绍如何在 Flink 上进行窗口的计算。

5.3.1　窗口程序的骨架结构

Flink 的窗口程序的骨架结构如代码清单 5-9 所示。

129

```
// Keyed Window
stream
    .keyBy(<KeySelector>)              <- 按照一个 Key 进行分组
    .window(<WindowAssigner>)          <- 将数据流中的元素分配到相应的窗口中
    [.trigger(<Trigger>)]              <- 指定触发器 Trigger（可选）
    [.evictor(<Evictor>)]              <- 指定清除器 Evictor（可选）
    .reduce/aggregate/process()        <- 窗口处理函数 Window Function

// Non-Keyed Window
stream
    .windowAll(WindowAssigner)         <- 不分组，将数据流中的所有元素分配到相应的窗口中
    [.trigger(<Trigger>)]              <- 指定触发器 Trigger（可选）
    [.evictor(<Evictor>)]              <- 指定清除器 Evictor（可选）
    .reduce/aggregate/process()        <- 窗口处理函数 Window Function
```

代码清单 5-9　窗口程序的骨架结构

首先，我们要决定是否对一个 DataStream 按照 Key 进行分组，这一步必须在窗口计算之前进行。经过 keyBy() 处理的数据流将形成多组数据，下游算子的多个子任务可以并行计算。windowAll() 不对数据流进行分组，所有数据将发送到下游算子的单个子任务上。决定是否分组之后，窗口的后续操作基本相同。本书所涉及内容主要针对经过 keyBy() 处理的窗口（Keyed Window）。经过 windowAll() 处理的算子是不分组的窗口（Non-Keyed Window），它的原理和操作与 Keyed Window 类似，唯一的区别在于所有数据将发送给下游算子的单个实例，或者说下游算子的并行度为 1。

观察代码清单 5-9 发现，Flink 窗口的骨架程序中有如下两个必须执行的操作。

- 使用窗口分配器（WindowAssigner）将数据流中的元素分配到对应的窗口。
- 当满足窗口触发条件后，对窗口内的数据使用窗口处理函数进行处理，常用的窗口处理函数有 reduce()、aggregate()、process()。

其他的 Trigger、Evictor 则是窗口的触发和销毁过程中的附加选项，主要面向需要更多自定义内容的编程者，如果不设置则会使用默认的配置。

图 5-4 所示为窗口的生命周期，假如我们设置一个 10 分钟的滚动窗口，第一个窗口的起始时间是 0:00，结束时间是 0:10，后面以此类推。当数据流中的元素流入后，WindowAssigner 会根据时间（Event Time 或 Processing Time）分配相应的窗口。相应窗口满足了触发条件，比如已经到了窗口的结束时间，会触发相应的窗口处理函数进行计算。注意，图 5-4 只是一个大致示意图，不同的窗口处理函数的处理方式略有不同。

如图 5-5 所示，从数据类型上来看，DataStream 经过 keyBy() 转换成 KeyedStream，再经过 window 转换成 WindowedStream。我们要对其使用 reduce()、aggregate() 或 process() 等窗口处理函数，对数据进行必要的聚合操作。

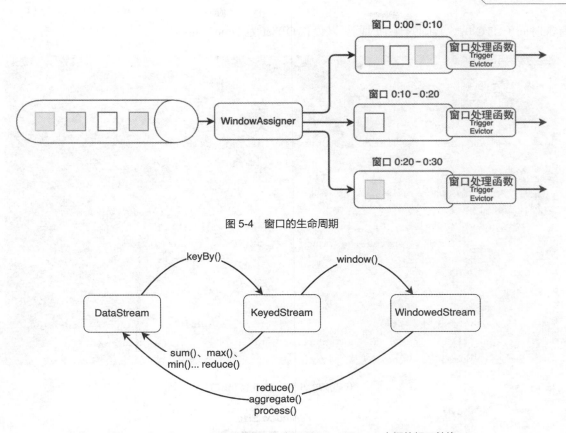

图 5-4　窗口的生命周期

图 5-5　DataStream、KeyedStream 和 WindowedStream 之间的相互转换

5.3.2　内置的 3 种窗口划分方法

窗口主要有两种，一种基于时间（ Time-based Window ），另一种基于数量（ Count-based Window ）。本书主要讨论 Time-based Window，在 Flink 源码中，用 TimeWindow 表示。每个 TimeWindow 都有一个开始时间和结束时间，表示一个左闭右开的时间段。Flink 为我们提供了一些内置的 WindowAssigner，即滚动窗口、滑动窗口和会话窗口，接下来将一一介绍如何使用它们。

Count-based Window 根据元素到达窗口的先后顺序管理窗口，到达窗口的先后顺序和 Event Time 并不一致，因此 Count-based Window 的结果具有不确定性。

1. 滚动窗口

如图 5-6 所示，滚动窗口模式下，窗口之间不重叠，且窗口长度（ Window Size ）是固定的。我们可以用 TumblingEventTimeWindows 和 TumblingProcessingTimeWindows 创建一个基于 Event Time 或 Processing Time 的滚动窗口。窗口的长度可以用 org.apache.flink.streaming.api.windowing.time.Time 中的 seconds、minutes、hours 和 days 来设置。

代码清单 5-10 展示了如何使用滚动窗口。对于代码中最后一个例子，我们在固定 Size 的基础上设置了偏移（ Offset ）。默认情况下，时间窗口会做一个对齐操作，比如设置一个一小时的窗口，那么窗口的起止时间是[0:00:00.000—0:59:59.999)。如果设置了 Offset，那么窗口的起止时间将变为[0:15:00.000—1:14:59.999)。Offset 可以用在全球不同时区设置上，如果操作系统时间基于格林尼治标准时间（UTC-0），我国的当地时间可以设置 Offset 为 Time.hours(-8)。

```
DataStream<T> input = ...

// tumbling event-time windows
input
    .keyBy(<KeySelector>)
    .window(TumblingEventTimeWindows.of(Time.seconds(5)))
    .<window function>(...)

// tumbling processing-time windows
input
    .keyBy(<KeySelector>)
    .window(TumblingProcessingTimeWindows.of(Time.seconds(5)))
    .<window function>(...)

// 1 hour tumbling event-time windows offset by 15 minutes.
input
    .keyBy(<KeySelector>)
    .window(TumblingEventTimeWindows.of(Time.hours(1), Time.minutes(15)))
    .<window function>(...)
```

代码清单 5-10　使用滚动窗口

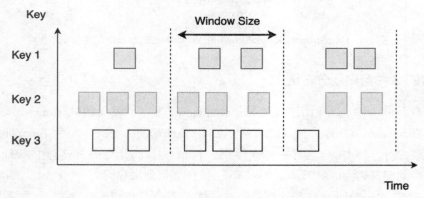

图 5-6　滚动窗口

读者在其他的代码中可能看到过，时间窗口使用的是 timeWindow()而非 window()，比如 input.keyBy(...).timeWindow(Time.seconds(1))。timeWindow()是一种简略写法，它考虑了用户使用何种时间语义：使用 timeWindow()时，如果我们在执行环境设置了 TimeCharacteristic.EventTime，那么 Flink 会自动调用 TumblingEventTimeWindows；如果我们设置 TimeCharacteristic.ProcessingTime，那么 Flink 会自动调用 TumblingProcessingTimeWindows。

2. 滑动窗口

如图 5-7 所示，滑动窗口以一个步长（Slide）不断向前滑动，窗口的 Size 固定。使用时，我们要设置 Slide 和 Size。Slide 的大小决定了 Flink 以多快的速度来创建新的窗口，Slide 较小，窗口的个数会很多。Slide 小于 Size 时，相邻窗口会重叠，一个元素会被分配到多个窗口；Slide 大于 Size 时，有些元素可能被丢掉。

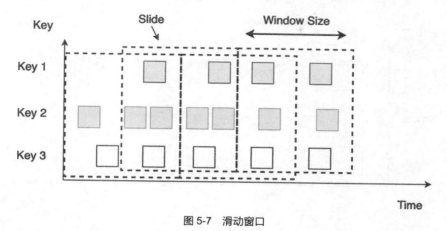

图 5-7　滑动窗口

代码清单 5-11，我们使用 Time 类中的时间单位来定义 Slide 和 Size，也可以设置 Offset。同样，timeWindow()是 window()的简略写法，timeWindow()根据执行环境中设置的时间语义来设置窗口。

```
DataStream<T> input = ...

// sliding event-time windows
input
    .keyBy(<KeySelector>)
    .window(SlidingEventTimeWindows.of(Time.seconds(10), Time.seconds(5)))
    .<window function>(...)

// sliding processing-time windows
input
    .keyBy(<KeySelector>)
    .window(SlidingProcessingTimeWindows.of(Time.seconds(10), Time.seconds(5)))
    .<window function>(...)

// sliding processing-time windows offset by -8 hours
input
    .keyBy(<KeySelector>)
    .window(SlidingProcessingTimeWindows.of(Time.hours(12), Time.hours(1),
Time.hours(-8)))
    .<window function>(...)
```

代码清单 5-11　使用滑动窗口

3. 会话窗口

如图 5-8 所示，会话窗口模式下，两个窗口之间有一个间隙，称为 Session Gap。当一个窗口在大于 Session Gap 的时间内没有接收到新数据时，窗口将关闭。在这种模式下，窗口的 Size 是可变的，每个窗口的开始和结束时间并不是确定的。我们可以设置定长的 Session Gap，也可以使用

SessionWindowTimeGapExtractor 动态地确定 Session Gap 的值。

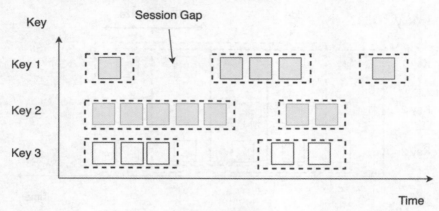

图 5-8　会话窗口

代码清单 5-12 展示了如何使用定长和变长的 Session Gap 来建立会话窗口，第 2 个和第 4 个例子展示了如何动态生成 Session Gap。

```
DataStream<T> input = ...

// event-time session windows with static gap
input
    .keyBy(<KeySelector>)
    .window(EventTimeSessionWindows.withGap(Time.minutes(10)))
    .<window function>(...)


// event-time session windows with dynamic gap
input
    .keyBy(<KeySelector>)
    .window(EventTimeSessionWindows.withDynamicGap((element) -> {
        // determine and return session gap
    }))
    .<window function>(...)


// processing-time session windows with static gap
input
    .keyBy(<KeySelector>)
    .window(ProcessingTimeSessionWindows.withGap(Time.minutes(10)))
    .<window function>(...)


// processing-time session windows with dynamic gap
input
    .keyBy(<KeySelector>)
    .window(ProcessingTimeSessionWindows.withDynamicGap((element) -> {
        // determine and return session gap
```

```
    }))
    .<window function>(...)
```

代码清单 5-12　使用会话窗口

5.3.3 窗口处理函数

数据经过了 window() 和 WindowAssigner 之后，已经被分配到不同的窗口里，接下来，我们要通过窗口处理函数，在每个窗口上对窗口内的数据进行处理。窗口处理函数主要分为两种，一种是增量计算，如 reduce() 和 aggregate()，一种是全量计算，如 process()。增量计算指的是窗口保存一份中间数据，每流入一个新元素，新元素与中间数据两两合一，生成新的中间数据，再保存到窗口中。全量计算指的是窗口先缓存所有元素，等触发条件后才对窗口内的全量元素执行计算。

1. ReduceFunction

使用 reduce() 时，我们要重写一个 ReduceFunction。ReduceFunction 在 4.2.2 小节中已经介绍过，它接受两个相同类型的输入，生成一个输出，即两两合一地进行汇总操作，生成一个同类型的新元素。在窗口上进行 reduce() 的原理与之类似，只不过是在窗口元素上进行这个操作。窗口上的 reduce() 需要维护一个状态数据，这个状态数据的数据类型和输入的数据类型是一致的，它是之前两两计算的中间结果数据。当数据流中的新元素流入后，ReduceFunction 将中间结果和新流入数据两两合一，生成新的数据替换之前的状态数据。

```
// 读入股票价格数据流
DataStream<StockPrice> stockStream = ...

senv.setStreamTimeCharacteristic(TimeCharacteristic.ProcessingTime)

// reduce() 的返回类型必须和输入类型 StockPrice 一致
DataStream<StockPrice> sum = stockStream
    .keyBy(s -> s.symbol)
    .timeWindow(Time.seconds(10))
    .reduce((s1, s2) -> StockPrice.of(s1.symbol, s2.price, s2.ts,s1.volume +
s2.volume));
```

上面的代码使用 Lambda 表达式对两个元组进行操作，由于对 symbol 字段进行了 keyBy() 操作，symbol 值相同的数据都分组到了一起；接着我们在 reduce() 中将交易量相加，reduce() 的返回类型必须也是 StockPrice 类型。

使用 reduce() 的好处是窗口的状态数据量非常小，实现一个 ReduceFunction 也相对比较简单，可以使用 Lambda 表达式，也可以重写函数。缺点是能实现的功能非常有限，因为中间状态数据的数据类型、输入类型以及输出类型三者必须一致，而且只保存了一个中间状态数据。当我们想对整个窗口内的数据进行操作时，仅仅一个中间状态数据是远远不够的。

2. AggregateFunction

AggregateFunction 也是一种增量计算窗口处理函数，也只保存了一个中间状态数据，但

AggregateFunction 使用起来更复杂一些。如代码清单 5-13 所示，我们看一下它的源码定义。

```java
public interface AggregateFunction<IN, ACC, OUT>
    extends Function, Serializable {

    // 在一次新的 Aggregate Function 发起时，创建一个新的 Accumulator, Accumulator 中的值是我
们所说的中间状态数据，即 ACC 数据
    // 以下函数一般在初始化时调用
    ACC createAccumulator();

    // 当一个新元素流入时，将新元素与 ACC 数据合并，返回 ACC 数据
    ACC add(IN value, ACC accumulator);

    // 将两个 ACC 数据合并
    ACC merge(ACC a, ACC b);

    // 将中间数据转换成结果数据
    OUT getResult(ACC accumulator);

}
```

代码清单 5-13　AggregateFunction 的源码定义

根据代码清单 5-13，AggregateFunction 的输入类型是 IN，输出类型是 OUT，中间状态数据类型是 ACC，这样复杂的设计主要是为了解决输入类型、中间状态数据类型和输出类型不一致的问题。同时，ACC 可以自定义，我们可以在 ACC 里构建我们想要的数据类型。比如我们要计算一个窗口内某个字段的平均值，那么 ACC 中要保存总和以及个数，代码清单 5-14 是一个计算平均值的示例。

```java
/**
 * 接收 3 个泛型
 * IN: StockPrice
 * ACC: 元组类型为(String, Double, Int)，元组为(symbol, sum, count)
 * OUT: 元组类型为(String, Double)，元组为(symbol, average)
 */
public static class AverageAggregate implements AggregateFunction<StockPrice,
Tuple3<String, Double, Integer>, Tuple2<String, Double>> {

    @Override
    public Tuple3<String, Double, Integer> createAccumulator() {
        return Tuple3.of("", 0d, 0);
    }

    @Override
    public Tuple3<String, Double, Integer> add(StockPrice item, Tuple3<String, Double,
Integer> accumulator) {
        double price = accumulator.f1 + item.price;
```

```
        int count = accumulator.f2 + 1;
        return Tuple3.of(item.symbol, price, count);
    }


    @Override
    public Tuple2<String, Double> getResult(Tuple3<String, Double, Integer>
accumulator) {
        return Tuple2.of(accumulator.f0, accumulator.f1 / accumulator.f2);
    }


    @Override
    public Tuple3<String, Double, Integer> merge(Tuple3<String, Double, Integer> a,
Tuple3<String, Double, Integer> b) {
        return Tuple3.of(a.f0, a.f1 + b.f1, a.f2 + b.f2);
    }
}
```

代码清单 5-14　使用 AggregateFunction 计算平均值

在主逻辑中按照下面的方式调用。

```
DataStream<StockPrice> stockStream = ...

DataStream<Tuple2<String, Double>> average = stockStream
    .keyBy(s -> s.symbol)
    .timeWindow(Time.seconds(10))
    .aggregate(new AverageAggregate());
```

AggregateFunction 里 createAccumulator()、add()、merge()这几个方法的工作流程如图 5-9 所示。在计算之前要创建一个新的 ACC，ACC 是中间状态数据，以计算股票价格平均值为例，ACC 中定义了两个数据：窗口内股票价格总和 sum 和出现次数 count。刚创建的 ACC 里还未统计任何 sum 和 count 数据。当有新数据流入时，Flink 会调用 add()方法，将新数据的 value 加到 sum 上，更新 ACC 中的数据。当满足窗口结束条件，比如窗口结束，Flink 会调用 getResult()方法，将 ACC 转换为最终结果。此外，还有一些跨窗口的 ACC 融合情况，比如，会话窗口模式下，窗口长短是不断变化的，多个窗口有可能合并为一个窗口，多个窗口内的 ACC 会合并为一个。窗口融合时，Flink 会调用 merge()方法，将多个 ACC 合并在一起，生成新的 ACC。

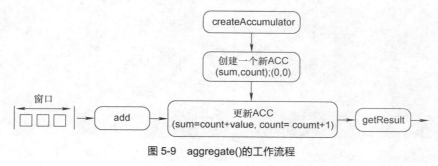

图 5-9　aggregate()的工作流程

3. ProcessWindowFunction

与前两种窗口处理函数不同，ProcessWindowFunction 要缓存窗口内的全量数据。它在源码中的定义如代码清单 5-15 所示。

```
/**
 * 函数接收 4 个泛型
 * IN：输入类型
 * OUT：输出类型
 * KEY：keyBy()中按照 Key 分组，Key 类型
 * W：窗口类型
 */

public abstract class ProcessWindowFunction<IN, OUT, KEY, W extends Window> extends
AbstractRichFunction {

    /**
     * 对一个窗口内的元素进行处理，窗口内的元素缓存在 Iterable<IN>，进行处理后输出到
Collector<OUT>中
     * 我们可以输出一到多个结果
     */
    public abstract void process(KEY key, Context context, Iterable<IN> elements,
Collector<OUT> out) throws Exception;

    /**
     * 当窗口执行完毕被清理时，删除各类状态数据
     */
    public void clear(Context context) throws Exception {}

    /**
     * 一个窗口的 Context，包含窗口的一些元数据、状态数据等。
     */
    public abstract class Context implements java.io.Serializable {

    // 返回当前正在处理的窗口
        public abstract W window();

    // 返回当前 Process Time
        public abstract long currentProcessingTime();

    // 返回当前 Event Time 对应的 Watermark
        public abstract long currentWatermark();

    // 返回某个 Key 下的某个窗口的状态
        public abstract KeyedStateStore windowState();
```

```
    // 返回某个 Key 下的全局状态
    public abstract KeyedStateStore globalState();

    // 将迟到数据发送到其他位置
    public abstract <X> void output(OutputTag<X> outputTag, X value);
  }
}
```

代码清单 5-15　ProcessWindowFunction 在源码中的定义

定义 ProcessWindowFunction 时，我们需要实现 process()函数，Flink 将某个 Key 下某个窗口的所有元素都缓存在 Iterable<IN>中，我们需要对其进行处理，然后用 Collector<OUT>收集输出。我们可以使用 Context 获取窗口内更多的信息，包括时间、状态数据、迟到数据发送位置等。

代码清单 5-16 所示为一个 ProcessWindowFunction 的简单应用，我们对价格出现的次数做了统计，选出出现次数最多的价格并输出。

```
/**
 * 接收 4 个泛型
 * IN: 输入类型 StockPrice
 * OUT: 输出类型 (String, Double)
 * KEY: Key 类型 String
 * W: 窗口类型 TimeWindow
 */
public static class FrequencyProcessFunction extends
ProcessWindowFunction<StockPrice, Tuple2<String, Double>, String, TimeWindow> {

    @Override
    public void process(String key, Context context, Iterable<StockPrice> elements,
Collector<Tuple2<String, Double>> out) {

        Map<Double, Integer> countMap = new HashMap<>();

        for (StockPrice element: elements) {
            if (countMap.containsKey(element.price)) {
                int count = countMap.get(element.price);
                countMap.put(element.price, count + 1);
            } else {
                countMap.put(element.price, 1);
            }
        }

        // 按照出现次数从多到少排序
        List<Map.Entry<Double, Integer>> list = new
LinkedList<>(countMap.entrySet());
        Collections.sort(list, new Comparator<Map.Entry<Double, Integer>> (){
```

```
                public int compare(Map.Entry<Double, Integer> o1, Map.Entry<Double,
Integer> o2) {
                    if (o1.getValue() < o2.getValue()) {
                        return 1;
                    }
                    else {
                        return -1;
                    }
                }
            });

            // 选出出现次数最高的价格输出到 Collector
            if (list.size() > 0) {
                out.collect(Tuple2.of(key, list.get(0).getKey()));
            }
        }
    }
```

代码清单 5-16　使用 ProcessWindowFunction 统计价格出现次数

　　Context 中有两种状态：一种是针对 Key 的全局状态，它是跨多个窗口的，多个窗口都可以访问，通过 Context.globalState()获取；另一种是该 Key 下单窗口的状态，通过 Context.windowState()获取。单窗口的状态只保存该窗口的数据，主要是针对 process()函数多次被调用的场景，比如处理迟到数据或自定义 Trigger 等场景。当使用单窗口状态时，要在 clear()方法中清理状态。

　　相比于 AggregateFunction 和 ReduceFunction，ProcessWindowFunction 的应用场景更多，能解决的问题也更复杂。但 ProcessWindowFunction 需要将窗口中所有元素缓存起来，这将占用大量的存储资源，尤其是在数据量大、窗口多的场景下，使用不慎可能导致整个作业崩溃。假如每天的数据在 TB 级别，我们需要 Slide 为 10 分钟、Size 为 1 小时的滑动窗口，这种设置会导致窗口数量很大，而且一个元素会被复制多份并分给每个所属窗口，这将带来巨大的内存压力。

　　4. ProcessWindowFunction 与增量计算相结合

　　当我们想访问窗口里的元数据，但又不想缓存窗口里的所有数据时，可以将 ProcessWindowFunction 与增量计算函数 reduce()和 aggregate()相结合。对于一个窗口来说，Flink 先进行增量计算，窗口关闭前，将增量计算结果发送给 ProcessWindowFunction，将其作为输入再进行处理。

　　代码清单 5-17 中，计算的结果保存在 4 元组(股票代号,最大值,最小值,时间戳)中，reduce()函数的 MaxMinReduce 部分是增量计算，其结果传递给 WindowEndProcessFunction，WindowEndProcessFunction 只需要将窗口结束的时间戳添加到 4 元组的最后一个字段上即可。

```
// 读入股票价格数据流
DataStream<StockPrice> stockStream = env
    .addSource(new StockSource("stock/stock-tick-20200108.csv"));

// reduce()函数的返回类型必须和输入类型相同
// 为此我们将 StockPrice 拆成一个四元组 (股票代号,最大值,最小值,时间戳)
```

```
DataStream<Tuple4<String, Double, Double, Long>> maxMin = stockStream
    .map(s -> Tuple4.of(s.symbol, s.price, s.price, 0L))
    .returns(Types.TUPLE(Types.STRING, Types.DOUBLE, Types.DOUBLE, Types.LONG))
    .keyBy(s -> s.f0)
    .timeWindow(Time.seconds(10))
    .reduce(new MaxMinReduce(), new WindowEndProcessFunction());

// 增量计算最大值和最小值
public static class MaxMinReduce implements ReduceFunction<Tuple4<String, Double,
Double, Long>> {
    @Override
    public Tuple4<String, Double, Double, Long> reduce(Tuple4<String, Double,
Double, Long> a, Tuple4<String, Double, Double, Long> b) {
        return Tuple4.of(a.f0, Math.max(a.f1, b.f1), Math.min(a.f2, b.f2), 0L);
    }
}

// 利用 ProcessFunction 可以获取 Context 的信息，例如获取窗口结束时间
public static class WindowEndProcessFunction extends
ProcessWindowFunction<Tuple4<String, Double, Double, Long>, Tuple4<String, Double,
Double, Long>, String, TimeWindow> {
    @Override
    public void process(String key,
                        Context context,
                        Iterable<Tuple4<String, Double, Double, Long>> elements,
                        Collector<Tuple4<String, Double, Double, Long>> out) {
        long windowEndTs = context.window().getEnd();
        if (elements.iterator().hasNext()) {
            Tuple4<String, Double, Double, Long> firstElement =
elements.iterator().next();
            out.collect(Tuple4.of(key, firstElement.f1, firstElement.f2, windowEndTs));
        }
    }
}
```

代码清单 5-17　ProcessWindowFunction 与增量计算相结合

5.3.4　拓展和自定义窗口

经过前文的介绍，我们已经可以对数据流上的元素划分窗口，并在窗口上执行窗口处理函数。了解这些知识后，我们已经可以完成绝大多数业务。假如我们还需要进一步的个性化窗口操作，比如提前执行窗口处理函数，或者定期清除窗口内的缓存，需要使用下面介绍的两个概念。

1. Trigger

触发器（Trigger）决定了何时启动窗口处理函数来处理窗口中的数据，以及何时将窗口内的数据清除。每个窗口都有一个默认的 Trigger，比如 5.3.3 节的例子中都是基于 Processing Time 的时间窗

口，当到达窗口的结束时间时，Trigger 以及对应的计算被触发。如果我们有一些个性化的触发条件，比如窗口中遇到某些特定的元素、元素总数达到一定数量或窗口中的元素按照某种特定的模式顺序到达时，我们可以自定义一个 Trigger 来满足上述触发条件。我们甚至可以在 Trigger 中定义一些提前计算的逻辑，比如对于 Event Time，虽然 Watermark 还未到达，但是我们可以定义提前输出的逻辑，以快速获取计算结果，获得更低的延迟。

我们先看 Trigger 返回一个什么样的结果。当满足某个条件，Trigger 会返回一个 TriggerResult 类型的结果，TriggerResult 是一个枚举类型，它有下面几种情况。

- CONTINUE：什么都不做。
- FIRE：启动计算并将结果发送给下游算子，不清除窗口数据。
- PURGE：清除窗口数据但不执行计算。
- FIRE_AND_PURGE：启动计算，发送结果然后清除窗口数据。

Trigger 本质上是一种 Timer，我们需要注册合适的时间，当到达这个时间时，Flink 会启动窗口处理函数，清除窗口数据。每个 WindowAssigner 都有一个默认的 Trigger。比如基于 Event Time 的窗口会有一个 EventTimeTrigger，每当窗口的 Watermark 到达窗口的结束时间，Trigger 会发送 FIRE。此外，ProcessingTimeTrigger 对应基于 Processing Time 的窗口，CountTrigger 对应 Count-based Window。

当这些已有的 Trigger 无法满足我们的需求时，我们需要自定义 Trigger，接下来我们看一下 Flink 的 Trigger 源码，如代码清单 5-18 所示。

```
    /**
     * T 为元素类型
     * W 为窗口类型
     */
   public abstract class Trigger<T, W extends Window> implements Serializable {

        // 窗口增加一个元素时调用onElement()方法，返回一个TriggerResult
        public abstract TriggerResult onElement(T element, long timestamp, W window,
TriggerContext ctx) throws Exception;

        // 当一个基于 Processing Time 的 Timer 触发了 FIRE 时被调用
        public abstract TriggerResult onProcessingTime(long time, W window, TriggerContext
ctx) throws Exception;

        // 当一个基于 Event Time 的 Timer 触发了 FIRE 时被调用
        public abstract TriggerResult onEventTime(long time, W window, TriggerContext ctx)
throws Exception;

        // 当窗口数据被清除时，调用clear()方法来清除所有的 Trigger 状态数据
        public abstract void clear(W window, TriggerContext ctx) throws Exception

        /**
         * TriggerContext，保存了时间、状态、监控以及定时器等信息
```

```
      */
      public interface TriggerContext {

          // 返回当前 Processing Time
          long getCurrentProcessingTime();

          // 返回 MetricGroup 对象
          MetricGroup getMetricGroup();

          // 返回当前 Watermark 时间
          long getCurrentWatermark();

          // 将某个 time 值注册为一个 Timer, 当操作系统时间到达 time 值这个时间点时,
onProcessingTime 方法会被调用
          void registerProcessingTimeTimer(long time);

          // 将某个 time 值注册为一个 Timer, 当 Watermark 到达 time 值这个时间点时, onEventTime
方法会被调用
          void registerEventTimeTimer(long time);

          void deleteProcessingTimeTimer(long time);

          void deleteEventTimeTimer(long time);

          // 获取状态
          <S extends State> S getPartitionedState(StateDescriptor<S, ?> stateDescriptor);
      }

      ...
    }
```

代码清单 5-18　Trigger 在源码中的定义

在代码清单 5-19 中，我们以一个提前计算的案例来解释如何使用自定义的 **Trigger**。在股票价格等场景中，我们比较关注价格急跌的情况，默认窗口 Size 是 60 秒，如果价格跌幅超过 5%，则立即执行窗口处理函数，如果价格跌幅在 1%~5%，那么 10 秒后触发窗口处理函数。

```
    public static class MyTrigger extends Trigger<StockPrice, TimeWindow> {
        @Override
        public TriggerResult onElement(StockPrice element,
                                       long time,
                                       TimeWindow window,
                                       Trigger.TriggerContext triggerContext) throws
Exception {
            ValueState<Double> lastPriceState = triggerContext.getPartitionedState(
                new ValueStateDescriptor<Double>("lastPriceState", Types.DOUBLE)
```

143

```
            );

            // 设置默认返回值为 CONTINUE
            TriggerResult triggerResult = TriggerResult.CONTINUE;

            // 第一次使用 lastPriceState 时状态是空的，需要先进行判断
            // 如果它为空，返回 null
            if (null != lastPriceState.value()) {
                if (lastPriceState.value() - element.price > lastPriceState.value() * 0.05)
{
                    // 如果价格跌幅大于 5%，直接返回 FIRE_AND_PURGE
                    triggerResult = TriggerResult.FIRE_AND_PURGE;
                } else if ((lastPriceState.value() - element.price) > lastPriceState.value()
* 0.01) {
                    // 跌幅不大，注册一个 10 秒后的 Timer
                    long t = triggerContext.getCurrentProcessingTime() + (10 * 1000 -
(triggerContext.getCurrentProcessingTime() % 10 * 1000));
                    triggerContext.registerProcessingTimeTimer(t);
                }
            }
            lastPriceState.update(element.price);
            return triggerResult;
        }

        // 这里我们不用 EventTime，直接返回 CONTINUE
        @Override
        public TriggerResult onEventTime(long time, TimeWindow window,
Trigger.TriggerContext triggerContext) {
            return TriggerResult.CONTINUE;
        }

        @Override
        public TriggerResult onProcessingTime(long time, TimeWindow window,
Trigger.TriggerContext triggerContext) {
            return TriggerResult.FIRE_AND_PURGE;
        }

        @Override
        public void clear(TimeWindow window, Trigger.TriggerContext triggerContext) {
          ValueState<Double> lastPriceState = triggerContext.getPartitionedState(
            new ValueStateDescriptor<Double>("lastPriceState", Types.DOUBLE)
          );
            lastPriceState.clear();
        }
    }
```

代码清单 5-19 使用 Trigger 触发提前计算

主逻辑中，我们继续使用之前计算平均数的 aggregate()函数。

```
DataStream<StockPrice> stockStream = ...

DataStream<Tuple2<String, Double>> average = stockStream
    .keyBy(s -> s.symbol)
    .timeWindow(Time.seconds(60))
    .trigger(new MyTrigger())
    .aggregate(new AverageAggregate());
```

从这个例子中可以看出，窗口中每增加一个元素，Flink 都会调用 Trigger 中的 onElement()方法，该方法判断是否需要执行计算，并发送相应的 TriggerResult 类型值。一次计算的触发可以基于不同的条件，比如到达了窗口结束时间，或者某个元素满足了特定的业务条件，或者到达注册的 Timer时间。

在自定义 Trigger 时，如果使用了状态，一定要使用 clear()方法将状态数据清除，否则随着窗口越来越多，状态数据会越积越多。

假如我们使用了自定义的 Trigger，那么原来默认的触发逻辑会被自定义的 Trigger 逻辑覆盖。

----

2. Evictor

清除器（Evictor）是在 WindowAssigner 和 Trigger 的基础上的一个可选选项，用来清除一些数据。我们可以在窗口处理函数执行前或执行后调用 Evictor。代码清单 5-20 展示了它在源码中的定义。

```
/**
 * T 为元素类型
 * W 为窗口类型
 */
public interface Evictor<T, W extends Window> extends Serializable {

    // 在窗口处理函数前调用
    void evictBefore(Iterable<TimestampedValue<T>> elements, int size, W window,
EvictorContext evictorContext);

    // 在窗口处理函数后调用
    void evictAfter(Iterable<TimestampedValue<T>> elements, int size, W window,
EvictorContext evictorContext);

    // EvictorContext
    interface EvictorContext {
        long getCurrentProcessingTime();
```

```
        MetricGroup getMetricGroup();
        long getCurrentWatermark();
    }
}
```

代码清单 5-20　Evictor 在源码中的定义

evictBefore()和 evictAfter()分别在窗口处理函数之前和之后被调用，窗口的所有元素被放在了 Iterable<TimestampedValue<T>>中，我们要实现自己的清除逻辑。清除逻辑主要针对全量计算，对于增量计算的 ReduceFunction 和 AggregateFunction，我们没必要使用 Evictor。

一个清除的逻辑可以写成：

```
    for (Iterator<TimestampedValue<Object>> iterator = elements.iterator();
iterator.hasNext(); ) {
        TimestampedValue<Object> record = iterator.next();
        if (record.getTimestamp() <= evictCutoff) {
            iterator.remove();
        }
    }
```

Flink 提供了一些实现好的 Evictor，如下。

- CountEvictor 可以保留一定数量的元素，多余的元素按照从前到后的顺序先后清除。
- TimeEvictor 可以保留一个时间段内的元素，早于这个时间段的元素会被清除。

5.4　双流连接

批处理经常要解决的问题是将两个数据流连接，或者称为 Join。例如，很多 App 都有一个用户数据流 User，同时 App 会记录用户的行为，我们称之为 Behavior，两个数据流按照 userId 来进行 Join，如图5-10所示。Flink 支持流处理上的 Join，只不过 Flink 在一个时间窗口上来进行两个数据流的 Join。

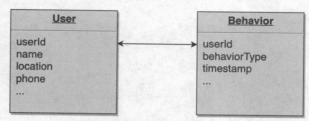

图 5-10　两个数据流的 Join

目前，Flink 支持两种 Join：窗口连接（Window Join）和时间间隔连接（Interval Join）。

5.4.1　Window Join

从名字中能猜到，Window Join 主要在 Flink 的窗口上进行操作，它将两个数据流中落在相同窗口的元素按照某个 Key 进行 Join。一个 Window Join 的大致骨架结构如下。

```
input1.join(input2)
    .where(<KeySelector>)      <- input1 使用哪个字段作为 Key
    .equalTo(<KeySelector>)    <- input2 使用哪个字段作为 Key
    .window(<WindowAssigner>)  <- 指定 WindowAssigner
    [.trigger(<Trigger>)]      <- 指定 Trigger（可选）
    [.evictor(<Evictor>)]      <- 指定 Evictor（可选）
    .apply(<JoinFunction>)     <- 指定 JoinFunction
```

图 5-11 展示了 Join 的大致过程。两个输入数据流先分别按 Key 进行分组，然后将元素划分到窗口中。窗口的划分需要使用 WindowAssigner 来定义，这里可以使用 Flink 提供的滚动窗口、滑动窗口或会话窗口等默认的 WindowAssigner。随后两个数据流中的元素被分配到各个窗口上，也就是说一个窗口会包含来自两个数据流的元素。相同窗口内的数据会以内连接（Inner Join）来相互关联，形成一个数据对。当窗口的时间结束，Flink 会调用 JoinFunction 来对窗口内的数据对进行处理。当然，我们也可以使用 Trigger 或 Evictor 做一些自定义优化，它们的使用方法和普通窗口中的使用方法一样。

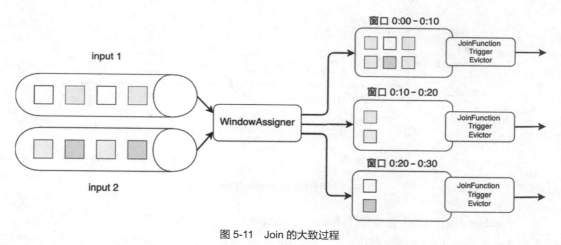

图 5-11　Join 的大致过程

接下来我们重点分析一下两个数据流是如何进行 Inner Join 的。

一般地，Inner Join 只对两个数据流中同时出现的元素做连接，并形成一个数据对，即输入数据流 input1 中的某个元素与输入数据流 input2 中的所有元素逐个配对。当数据流中某个窗口内没数据时，比如图 5-12 所示的第 3 个窗口，Inner Join 的结果是空的。

代码清单 5-21 自定义了 JoinFunction，并将 Inner Join 结果输出。无论是代码清单 5-21 中演示的滚动窗口，还是滑动窗口或会话窗口，其原理都是一样的。

```
public static class MyJoinFunction
    implements JoinFunction<Tuple2<String, Integer>, Tuple2<String, Integer>, String> {

    @Override
```

```
        public String join(Tuple2<String, Integer> input1, Tuple2<String, Integer> input2)
{
            return "input 1 :" + input1.f1 + ", input 2 :" + input2.f1;
        }
    }

    DataStream<Tuple2<String, Integer>> input1 = ...
    DataStream<Tuple2<String, Integer>> input2 = ...

    DataStream<String> joinResult = input1.join(input2)
        .where(i1 -> i1.f0)
        .equalTo(i2 -> i2.f0)
        .window(TumblingProcessingTimeWindows.of(Time.seconds(60)))
        .apply(new MyJoinFunction());
```

代码清单 5-21   自定义 JobFunction 并输出 Inner Join 结果

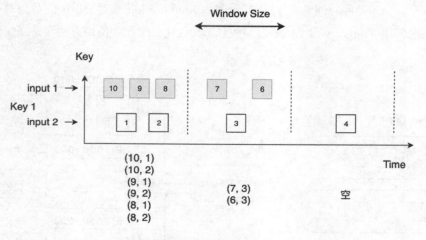

图 5-12   对窗口内的数据进行 Inner Join

除了 JoinFunction，Flink 还提供了 FlatJoinFunction，其功能是输出零到多个结果。

如果 Inner Join 不能满足我们的需求，CoGroupFunction 提供了更多可自定义的功能，我们可以获得两个数据流中的所有元素，元素以 Iterable<T>的形式供开发者使用。如果第一个数据流中的某些 Key 是空的，那么 CoGroupFunction 被触发时，该 Key 上的 Iterable<T>为空，开发者自行决定如何处理空数据。代码清单 5-22 是一个示例。

```
    public static class MyCoGroupFunction
        implements CoGroupFunction<Tuple2<String, Integer>, Tuple2<String, Integer>,
String> {
        @Override
        public void coGroup(Iterable<Tuple2<String, Integer>> input1,
Iterable<Tuple2<String, Integer>> input2, Collector<String> out) {
            input1.forEach(element -> System.out.println("input1 :" + element.f1));
            input2.forEach(element -> System.out.println("input2 :" + element.f1));
```

```
    }
}
```

代码清单 5-22　使用 CoGroupFunction 实现更多 Join 操作

在主逻辑调用时，要写成如下代码。

```
input1.coGroup(input2).where(<KeySelector>).equalTo(<KeySelecotr>)。
DataStream<Tuple2<String, Integer>> input1 = ...
DataStream<Tuple2<String, Integer>> input2 = ...

DataStream<String> coGroupResult = input1.coGroup(input2)
    .where(i1 -> i1.f0)
    .equalTo(i2 -> i2.f0)
    .window(TumblingProcessingTimeWindows.of(Time.seconds(10)))
    .apply(new MyCoGroupFunction());
```

5.4.2　Interval Join

与 Window Join 不同，Interval Join 不依赖 Flink 的 WindowAssigner，而是根据一个时间间隔（Interval）界定时间。Interval 需要一个时间下界（lowerBound）和上界（upperBound），如果我们对 input1 和 input2 进行 Interval Join，input1 中的某个元素为 input1.element1，时间戳为 input1.element1.ts，那么 Interval 就是[input1.element1.ts + lowerBound, input1.element1.ts + upperBound]，input2 中落在这个时间段内的元素将会和 input1.element1 组成一个数据对。转化为数学公式，凡是符合下面公式的元素，会两两组合在一起。

$$\text{input1.element1.ts} + \text{lowerBound} \leqslant \text{input2.elementX.ts}$$
$$\leqslant \text{input1.element1.ts} + \text{upperBound}$$

上、下界可以是正数也可以是负数。Interval Join 工作原理如图 5-13 所示。

目前 Flink（1.11）的 Interval Join 只支持 Event Time 语义。

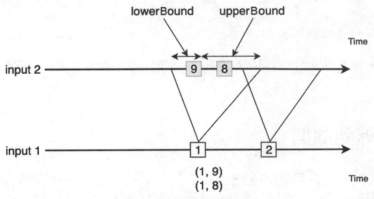

图 5-13　Interval Join 工作原理

代码清单 5-23 展示了如何对两个数据流进行 Interval Join。

```java
    public static class MyProcessFunction extends ProcessJoinFunction<Tuple3<String,
Long, Integer>, Tuple3<String, Long, Integer>, String> {
    @Override
    public void processElement(Tuple3<String, Long, Integer> input1,
                               Tuple3<String, Long, Integer> input2,
                               Context context,
                               Collector<String> out) {
        out.collect("input 1: " + input1.toString() + ", input 2: " +
input2.toString());
    }
}


// 使用Event Time
env.setStreamTimeCharacteristic(TimeCharacteristic.EventTime);
// 数据流有 3 个字段：(Key, 时间戳, 数值)
DataStream<Tuple3<String, Long, Integer>> input1 = ...
DataStream<Tuple3<String, Long, Integer>> input2 = ...

DataStream<String> intervalJoinResult = input1.keyBy(i -> i.f0)
    .intervalJoin(input2.keyBy(i -> i.f0))
    .between(Time.milliseconds(-5), Time.milliseconds(10))
    .process(new MyProcessFunction());
```

代码清单 5-23   对两个数据流进行 Interval Join

默认的时间间隔是包含上、下界的，我们可以使用.lowerBoundExclusive() 和.upperBoundExclusive()
来确定是否需要包含上、下界。

```java
DataStream<String> intervalJoinResult = input1.keyBy(i -> i.f0)
    .intervalJoin(input2.keyBy(i -> i.f0))
    .between(Time.milliseconds(-5), Time.milliseconds(10))
    .upperBoundExclusive()
    .lowerBoundExclusive()
    .process(new MyProcessFunction());
```

Interval Join 内部是用缓存来存储所有数据的，因此需要注意缓存数据不能过多，以免对内存造
成太大压力。

5.5   处理迟到数据

对于 Event Time，我们使用 Watermark 来判断数据是否迟到。一个迟到数据是指数据到达窗口算
子时，该数据本该被分配到某个窗口，但由于延迟，窗口已经触发计算。目前 Flink 有如下 3 种处理

迟到数据的方式。

- 直接将迟到数据丢弃。
- 将迟到数据发送到另一个数据流。
- 重新执行一次计算，将迟到数据考虑进来，更新计算结果。

如果不做其他操作，默认情况下迟到数据会被直接丢弃。将迟到数据丢弃的处理方式比较简单，我们不做进一步分析，这里只解释一下将迟到数据发送到另外一个流和更新计算结果两种方式。

5.5.1　将迟到数据发送到另外一个数据流

如果想处理这些迟到数据，我们可以使用 5.2.2 小节介绍过的 ProcessFunction 系列函数的侧输出功能，将迟到数据发到某个特定的流上。我们可以根据业务逻辑的要求，对迟到的数据进行处理。

代码清单 5-24 将迟到的数据写进名为 "late-data" 的 OutputTag 下，之后使用 getSideOutput()获取这些迟到的数据。

```
final OutputTag<T> lateOutputTag = new OutputTag<T>("late-data"){};

DataStream<T> input = ...

SingleOutputStreamOperator<T> result = input
    .keyBy(<key selector>)
    .window(<window assigner>)
    .allowedLateness(<time>)
    .sideOutputLateData(lateOutputTag)
    .<windowed transformation>(<window function>);

DataStream<T> lateStream = result.getSideOutput(lateOutputTag);
```

代码清单 5-24　将迟到数据发送到侧输出

5.5.2　更新计算结果

对于迟到数据，使用上面两种方法，都对计算结果的正确性有影响。如果将数据流发送到单独的侧输出，我们仍然需要完成单独的处理逻辑，相对比较复杂。更理想的情况是，将迟到数据重新计算一次，得到一个更新的结果。allowedLateness()允许用户先得到一个结果，如果在一定时间内有迟到数据，迟到数据会和之前的数据一起被重新计算，以得到一个更准确的结果。使用这个功能时需要注意，原来窗口中的状态数据在窗口已经触发的情况下仍然会被保留，否则迟到数据到来后也无法与之前的数据融合。另一方面，更新的结果要以一种合适的形式输出到外部系统，或者将原来结果覆盖，或者被复制为多份数据同时保存，且每份数据都有时间戳。比如，我们的计算结果是一个 Key-Value 对，我们可以把这个结果输出到 Redis 这样的 Key-Value 数据库中，使用某些 Reids 命令，同一个 Key 下，旧的结果会被新的结果所覆盖。

注意 ●

这个功能只针对 Event Time，如果对一个基于 Processing Time 的程序使用 allowedLateness()，将引发异常。

在代码清单 5-25 中，我们设置的窗口为 5 秒，5 秒过后，窗口计算会被触发，生成第一个计算结果。allowedLateness()设置窗口结束后还要等待值为 lateness 的时间，某个迟到元素的 Event Time 大于窗口结束时间但是小于"窗口结束时间+lateness"，该元素仍然会被加入该窗口中。每出现一个迟到数据,迟到数据就会被加入 ProcessWindowFunction 的缓存中,窗口的 Trigger 会触发一次 FIRE,窗口处理函数也会被重新调用一次，计算结果得到一次更新。

如果不调用 allowedLateness()方法，默认的允许延迟的参数 lateness 是 0。

```java
/**
 * ProcessWindowFunction 接收的泛型参数分别为：输入、输出、Key、窗口
 */
public static class AllowedLatenessFunction extends
ProcessWindowFunction<Tuple3<String, Long, Integer>, Tuple4<String, String, Integer,
String>, String, TimeWindow> {
    @Override
    public void process(String key,
                        Context context,
                        Iterable<Tuple3<String, Long, Integer>> elements,
                        Collector<Tuple4<String, String, Integer, String>> out) throws
Exception {
        ValueState<Boolean> isUpdated = context.windowState().getState(
          new ValueStateDescriptor<Boolean>("isUpdated", Types.BOOLEAN));

        int count = 0;
        for (Object i : elements) {
            count++;
        }

        SimpleDateFormat format = new SimpleDateFormat("yyyy-MM-dd HH:mm:ss");

        if (null == isUpdated.value() || isUpdated.value() == false) {
            // 第一次使用 process()函数时, isUpdated 默认初始化为 false,因此窗口处理函数第一次
//被调用时会进入这里
            out.collect(Tuple4.of(key,
format.format(Calendar.getInstance().getTime()), count, "first"));
            isUpdated.update(true);
        } else {
            // 之后 isUpdated 被设置为 true, 窗口处理函数因迟到数据被调用时会进入这里
            out.collect(Tuple4.of(key,
format.format(Calendar.getInstance().getTime()), count, "updated"));
        }
    }
}
```

```
    }

    // 使用 Event Time
    env.setStreamTimeCharacteristic(TimeCharacteristic.EventTime);

    // 数据流有 3 个字段: key、时间戳、数值
    DataStream<Tuple3<String, Long, Integer>> input = ...

    DataStream<Tuple4<String, String, Integer, String>> allowedLatenessStream = input
            .keyBy(item -> item.f0)
        .timeWindow(Time.seconds(5))
        .allowedLateness(Time.seconds(5))
        .process(new AllowedLatenessFunction());
```

代码清单 5-25　使用 allowedLateness 更新计算结果

注意

　　会话窗口依赖 Session Gap 来切分窗口，使用 allowedLateness()可能会导致两个窗口合并成一个窗口。

5.6　实验　股票价格数据进阶分析

　　经过本章的学习，读者应该对时间处理有了比较全面的了解，本节继续以股票交易场景来实践时间处理相关内容。

一、实验目的

　　针对具体的业务场景，学习如何设置窗口、如何在窗口上进行计算。

二、实验内容

　　在股票交易场景中，我们经常见到名为 "K 线" 的概念。K 线形如蜡烛，它反映了价格的走势，在一个 K 线内同时记录了开盘价（Open）、最高价（High）、最低价（Low）、收盘价（Close）。这里我们以 5 分钟为一个周期，计算该周期内的 K 线数据，即 5 分钟内的开盘价、最高价、最低价和收盘价，即 OHLC。

　　关于价格 x，常见的操作是计算某时间段内的平均值，考虑到交易量的权重，一个经常使用的计算价格的方式为交易量加权平均值（Volume Weighted Average Price，VWAP）。它的公式为：

$$x_{\text{VWAP}} = \frac{\sum price \times volume}{\sum volume}$$

三、实验要求

使用你认为合适的 Flink 函数，完成下面两个程序，使用 print() 将结果输出。你可以根据需要自定义中间数据类型。

- 程序 1：以 5 分钟为一个时间单位，计算其 OHLC。
- 程序 2：以 5 分钟为一个时间单位，计算 x_{VWAP}。

四、实验报告

将思路和程序撰写成实验报告。

本章小结

通过本章的学习，读者已经了解如何基于时间和窗口进行流数据处理。我们首先介绍了 Flink 的时间语义，尤其是 Event Time 下如何设置时间戳和 Watermark，其中，Watermark 是准确和延迟之间的一个平衡。我们进一步介绍了如何划分窗口、在窗口上执行计算以及如何自定义窗口。另外，我们还介绍了数据流上的 Join 操作。

第6章 状态和检查点

经过第 4 章和第 5 章的学习，我们已经能够使用 Flink 的 DataStream API 处理常见的数据流，满足窗口上的业务需求。第 4 章和第 5 章中的部分示例也曾提到状态，本章将重点围绕状态、检查点（Checkpoint）和保存点（Savepoint）三个概念来介绍如何在 Flink 上进行有状态的计算。通过本章的学习，读者可以了解下面的知识。

- Flink 中几种常用的状态以及具体使用方法。
- Checkpoint 机制的原理和配置方法。
- Savepoint 机制的原理和使用方法。

本章的实验中，我们以电商平台用户行为数据流为例，对其进行有状态的计算。读者阅读完本章之后，能够掌握 Flink 的状态和 Checkpoint 等相关知识。

6.1 实现有状态的计算

6.1.1 为什么要管理状态

有状态的计算是流处理框架要实现的重要功能，因为复杂的流处理场景都需要记录状态，然后在新流入数据的基础上不断更新状态。下面罗列了几个有状态计算的潜在场景。

- 数据流中的数据有重复，我们想对数据去重，需要记录哪些数据已经流入过应用，当新数据流入时，根据已流入数据来判断是否去重。
- 检查输入流是否符合某个特定的模式，需要将之前流入的元素以状态的形式缓存下来。比如，判断一个温度传感器数据流中的温度是否在持续上升。
- 对一个时间窗口内的数据进行聚合分析，分析一个小时内某项指标的 75 分位或 99 分位的数值。
- 在线机器学习场景下，需要根据新流入数据不断更新机器学习的模型参数。

我们知道，Flink 的一个算子有多个子任务，每个子任务分布在不同实例上，我们可以把状态理解为某个算子子任务在其当前实例上的一个变量，变量记录了数据流的历史信息。当新数据流入时，我们可以结合历史信息来进行计算。实际上，Flink 的状态是由算子的子任务来创建和管理的。状态获取和更新的流程如图 6-1 所示，一个算子子任务接收输入流，获取对应的状态，根据新的计算结果更新状态。一个简单的例子是对一个时间窗口内输入流的某个 int 类型字段求和，那么当算子子任务接收到新元素时，会获取已经存储在状态中的数值，然后将新元素加到状态上，并将状态数据更新。

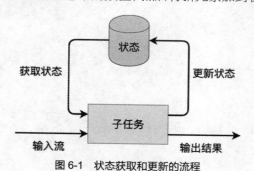

图 6-1 状态获取和更新的流程

获取和更新状态的逻辑其实并不复杂，但流处理框架还需要注意以下 3 点。

- 数据的产出要保证实时性，延迟不能太高。
- 需要保证数据不丢失、不重复，恰好被计算一次，尤其是当状态数据量非常大或者应用出现故障需要恢复时，要保证状态不出任何错误。
- 一般流处理任务是持续运行的，程序的可靠性非常高。

基于上述内容，我们不能将状态直接交由内存管理，因为内存的容量是有限制的，当状态数据稍微大一些时，就会出现内存不够的问题。假如我们使用一个持久化的备份系统，不断将内存中的状态备份起来，当流处理作业出现故障时，需要考虑如何从备份中恢复。而且，大数据应用一般是横向分布在多个节点上，流处理框架需要保证横向的扩展性。可见，状态的管理并不是那么容易的。

作为一个计算框架，Flink 提供了有状态的计算，封装了一些底层的实现，比如状态的高效存储、Checkpoint 和 Savepoint 持久化备份机制、计算资源扩/缩容算法等。因为 Flink 接管了这些实现，开发者只需调用 Flink API，可以更加专注于业务逻辑。

6.1.2　Flink 中几种常用的状态

1. Managed State 和 Raw State

Flink 有两种基本类型的状态：托管状态（Managed State）和原生状态（Raw State）。从名称中也能读出两者的区别：Managed State 是由 Flink 管理的，Flink 负责存储、恢复和优化；Raw State 是由开发者管理的，需要自己进行序列化。

表 6-1 展示了两者的区别，相关说明如下。

- 从状态管理的方式上来说，Managed State 由 Flink Runtime 托管，该状态是自动存储、自动恢复、自动扩展的，Flink 在存储管理和持久化上做了一些优化。当我们横向扩展，或者说我们修改 Flink 应用的并行度时，状态也能自动重新分布到多个并行子任务上。Raw State 是用户自定义的状态。

- 从状态的数据类型上来说，Managed State 支持了一系列常见的数据类型，如 ValueState、ListState、MapState 等。Raw State 只支持字节数组，任何上层数据类型需要序列化为字节数组。使用时，需要用户自己序列化，以非常底层的字节数组形式存储状态，Flink 并不知道存储的是什么样的数据类型。

- 从具体使用场景来说，绝大多数的算子都可以通过继承 RichFunction 或其他提供好的接口，在里面使用 Managed State。Raw State 是在已有算子和 Managed State 不够用时，用户自定义算子时使用。

表 6–1　　　　　　　　　　　　　　　**Managed State 和 Raw State 的区别**

	Managed State	Raw State
状态管理方式	Flink Runtime 托管，自动存储、自动恢复、自动扩展	用户自定义
状态数据	Flink 提供的常用数据类型，如 ListState、MapState 等	字节数组：byte[]
使用场景	绝大多数 Flink 算子	用户自定义算子

下面将重点介绍 Managed State。

2. Keyed State 和 Operator State

对 Managed State 继续细分，它又有两种类型的状态：Keyed State 和 Operator State。这里先简单对比两种状态，后文还将展示具体的使用方法。

Keyed State 是 KeyedStream 上的状态。假如输入流按照 ID 为 Key 进行了 keyBy()分组，形成一个 KeyedStream，数据流中所有 ID 为 1 的数据共享一个状态，可以访问和更新这个状态，以此类推，每个 Key 对应一个自己的状态。图 6-2 展示了 Keyed State，因为一个算子子任务可以处理一到多个 Key，算子子任务 1 处理了两种 Key，两种 Key 分别对应自己的状态。

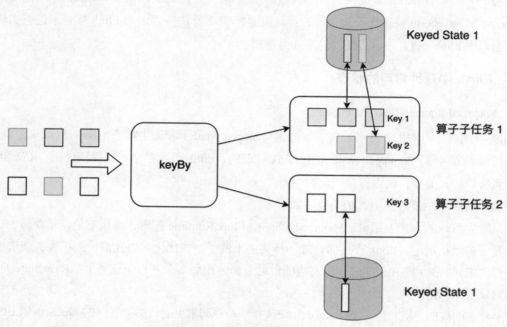

图 6-2　Keyed State

Operator State 可以用在所有算子上，每个算子子任务共享一个状态，流入这个算子子任务的所有数据都可以访问和更新这个状态。图 6-3 展示了 Operator State，算子子任务 1 上的所有数据可以共享第一个 Operator State 1，以此类推，每个算子子任务上的数据共享自己的状态。

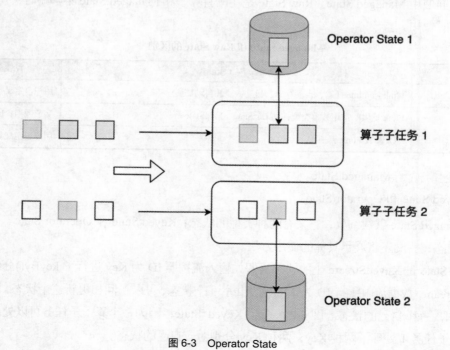

图 6-3　Operator State

无论是 Keyed State 还是 Operator State，Flink 的状态都是基于本地的，即每个算子子任务维护着自身的状态，不能访问其他算子子任务的状态。

在第 4 章的介绍中曾提到，为了自定义 Flink 的函数，我们可以重写 RichFunction 函数类，比如 RichFlatMapFunction。使用 Keyed State 时，我们也可以通过重写 RichFunction 函数类，在里面创建和访问状态。对于 Operator State，我们还需进一步实现 CheckpointedFunction 接口。

表 6-2 总结了 Keyed State 和 Operator State 的区别。

表 6–2　　　　　　　　　　Keyed State 和 Operator State 的区别

	Keyed State	Operator State
适用算子类型	只适用于 KeyedStream 上的算子	适用于所有算子
状态分配	每个 Key 对应一个状态	一个算子子任务对应一个状态
创建和访问方式	重写 Rich Function，通过里面的 RuntimeContext 访问	实现 CheckpointedFunction 等接口
横向扩展	状态随着 Key 自动在多个算子子任务上迁移	有多种状态重新分配的方式
支持的数据类型	ValueState、ListState、MapState 等	ListState、BroadcastState 等

6.1.3　横向扩展问题

状态的横向扩展问题主要是指修改 Flink 应用的并行度，每个算子的并行子任务数发生了变化，应用需要关停或启动一些算子子任务，某份在原来某个算子子任务上的状态数据需要平滑迁移到新的算子子任务上。Flink 的 Checkpoint 可以辅助迁移状态数据。算子的本地状态将数据生成快照（Snapshot），保存到分布式存储系统（如 HDFS）上。横向扩展后，算子子任务数变化，子任务重启，相应的状态从分布式存储系统上重建（Restore）。图 6-4 展示了一个算子扩容时的状态迁移过程。

对于 Keyed State 和 Operator State 这两种状态，它们的横向扩展机制不太相同。由于每个 Keyed State 总是与某个 Key 相对应，当横向扩展时，Key 总会被自动分配到某个算子子任务上，因此 Keyed State 会自动在多个并行子任务之间迁移。对于一个非 KeyedStream，流入算子子任务的数据可能会随着并行度的改变而改变。如图 6-4 所示，假如一个应用的并行度原来为 2，那么数据会被分成两份并行地流入两个算子子任务，每个算子子任务有一份自己的状态；当并行度改为 3 时，数据被拆成 3 份，此时状态的存储也相应发生了变化。对于横向扩展问题，Operator State 有两种状态分配方式：一种是均匀分配；另一种是将所有状态合并，再分发给每个算子子任务。

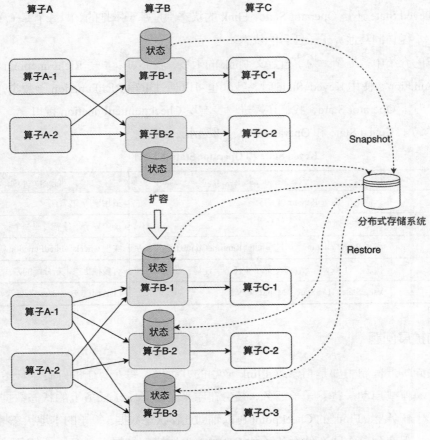

图 6-4　Flink 算子扩容时的状态迁移过程

6.1.4　Keyed State 的使用方法

1. Keyed State 简介

对于 Keyed State，Flink 提供了几种现成的数据类型供我们使用，包括 ValueState、ListState 等，它们的继承关系如图 6-5 所示。State 主要有 3 种实现，分别为 ValueState、MapState 和 AppendingState，AppendingState 又可以细分为 ListState、ReducingState 和 AggregatingState。

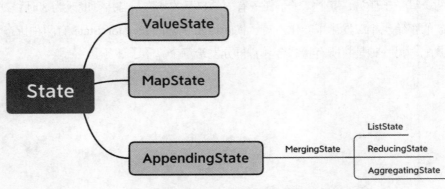

图 6-5　Keyed State 数据类型的继承关系

这几个状态的具体区别如下。

- ValueState<T>是单一变量的状态，T 是某种具体的数据类型，比如 Double、String，或我们自己定义的复杂数据类型。我们可以使用 T value()获取状态，使用 void update(T value)更新状态。

- MapState<UK, UV>存储一个 Key-Value Map，其功能与 Java 的 Map 几乎相同。UV get(UK key)可以获取某个 Key 对应的 Value 值，void put(UK key, UV value)可以对某个 Key 设置 Value，boolean contains(UK key)判断某个 Key 是否存在，void remove(UK key)删除某个 Key 以及对应的 Value，Iterable<Map.Entry<UK, UV>> entries()返回 MapState 中所有的元素，Iterator<Map.Entry<UK, UV>> iterator()返回状态的迭代器。需要注意的是，MapState 中的 Key 和 Keyed State 的 Key 不是同一个 Key。

- ListState<T>存储了一个由 T 类型数据组成的列表。我们可以使用 void add(T value)或 void addAll(List<T> values)向列表中添加数据，使用 Iterable<T> get()获取整个列表，使用 void update(List<T> values)来更新列表，新的列表将替换旧的列表。

- ReducingState<T>和 AggregatingState<IN, OUT>与 ListState<T>同属于 MergingState<IN, OUT>。与 ListState<T>不同的是，ReducingState<T>只有一个数据，而不是一个数据列表。它的原理是：新数据通过 void add(T value)加入后，与已有的状态数据使用 ReduceFunction 合并为一个数据，并更新到状态里。AggregatingState<IN, OUT>与 ReducingState<T>类似，也只有一个数据，只不过 AggregatingState<IN, OUT>的输入和输出类型可以不一样。ReducingState<T>和 AggregatingState<IN, OUT>与窗口上进行 ReduceFunction 和 AggregateFunction 很像，都是将新数据与已有数据做聚合。

注意，Flink 的核心代码目前使用 Java 实现，而 Java 的很多类型与 Scala 的类型不太相同，比如 List 和 Map。这里不再详细解释 Java 和 Scala 的数据类型的异同，但是开发者在使用 Scala 调用状态的接口，需要注意两种语言间的转换。对于 List 和 Map 的转换，只需要引用 import scala.collection.JavaConversions._，并在必要的地方添加后缀 asScala 或 asJava 来进行转换。此外，Scala 和 Java 的空对象使用习惯不太相同，Java 一般使用 null 表示空，Scala 一般使用 None。

2. Keyed State 的使用方法

前文中已经多次使用状态，这里基于电商平台用户行为分析场景来演示如何使用状态，我们采用了阿里巴巴提供的一个淘宝用户行为数据集，为了精简需要，只节选了部分数据。电商平台会将用户与商品的交互行为收集并记录下来，行为数据主要包括几个字段：userId、itemId、categoryId、behavior 和 timestamp。其中 userId 和 itemId 分别代表用户和商品的唯一 ID，categoryId 为商品类目 ID，behavior 表示用户的行为类型，包括点击（pv）、购买（buy）、加入购物车（cart）、喜欢（fav）等，timestamp 记录行为发生时间。我们定义相应的数据结构为如代码清单 6-1 所示。

```java
public class UserBehavior {
    public long userId;
    public long itemId;
    public int categoryId;
    public String behavior;
    public long timestamp;
```

```
    public UserBehavior() {}

    public UserBehavior(long userId, long itemId, int categoryId, String behavior,
long timestamp) {
        this.userId = userId;
        this.itemId = itemId;
        this.categoryId = categoryId;
        this.behavior = behavior;
        this.timestamp = timestamp;
    }

    public static UserBehavior of(long userId, long itemId, int categoryId, String
behavior, long timestamp) {
        return new UserBehavior(userId, itemId, categoryId, behavior, timestamp);
    }

    @Override
    public String toString() {
        return "(" + userId + "," + itemId + "," + categoryId + "," +
                behavior + "," + timestamp + ")";
    }
}
```

代码清单 6-1　用户行为 UserBehavior 数据结构

我们先在主逻辑中读取数据流，生成一个按照用户 ID 分组的 KeyedStream，并对其使用 RichFlatMapFunction。

```
env.setStreamTimeCharacteristic(TimeCharacteristic.EventTime);
DataStream<UserBehavior> userBehaviorStream = ...

// 生成一个 KeyedStream
KeyedStream<UserBehavior, Long> keyedStream =
  userBehaviorStream.keyBy(user -> user.userId);

// 对 KeyedStream 使用 RichFlatMapFunction
DataStream<Tuple3<Long, String, Integer>> behaviorCountStream =
  keyedStream.flatMap(new MapStateFunction());
```

代码清单 6-2 演示了继承 RichFlatMapFunction，并使用 MapState<String, Integer> 来记录某个用户的某种行为出现的次数。

```
/**
 * MapStateFunction 继承并实现 RichFlatMapFunction
 * 两个泛型分别为输入数据类型和输出数据类型
```

```
    */
    public static class MapStateFunction extends RichFlatMapFunction<UserBehavior,
Tuple3<Long, String, Integer>> {

        // 指向 MapState 的句柄
        private MapState<String, Integer> behaviorMapState;

        @Override
        public void open(Configuration configuration) {
            // 创建 StateDescriptor
            MapStateDescriptor<String, Integer> behaviorMapStateDescriptor = new
MapStateDescriptor<String, Integer>("behaviorMap", Types.STRING, Types.INT);
            // 通过 StateDescriptor 获取 RuntimeContext 中的状态
            behaviorMapState =
getRuntimeContext().getMapState(behaviorMapStateDescriptor);
        }

        @Override
        public void flatMap(UserBehavior input, Collector<Tuple3<Long, String, Integer>>
out) throws Exception {
            int behaviorCnt = 1;
            // behavior 有可能为 pv、cart、fav、buy 等
            // 判断状态中是否有输入数据中的 behavior
            if (behaviorMapState.contains(input.behavior)) {
                behaviorCnt = behaviorMapState.get(input.behavior) + 1;
            }
            // 更新状态
            behaviorMapState.put(input.behavior, behaviorCnt);
            out.collect(Tuple3.of(input.userId, input.behavior, behaviorCnt));
        }
    }
```

代码清单 6-2　记录某个用户的某种行为出现的次数

　　Keyed State 是针对 KeyedStream 的状态，在主逻辑中，必须先对一个 DataStream 进行 keyBy() 操作。在代码清单 6-2 中，我们对用户 ID 进行了 keyBy() 操作，那么用户 ID 为 1 的数据共享同一状态数据，以此类推，每个用户的行为数据共享自己的状态数据。

　　之后，我们需要实现 RichFunction 函数类，比如 RichFlatMapFunction，或者 KeyedProcessFunction 等。这些类都有成员变量 RuntimeContext，从 RuntimeContext 中可以获取状态。

　　在实现这些类时，一般是在 open() 方法中声明状态。open() 是算子的初始化方法，它在算子实际处理数据之前调用。具体到状态的使用，我们首先要注册一个 StateDescriptor。从名字中可以看出，StateDescriptor 是状态的一种描述，它描述了状态的名字和状态的数据类型。状态的名字可以用来区分不同的状态，一个算子内可以有多个不同的状态，每个状态可以在 StateDescriptor 中有对应的名字。同时，我们也需要指定状态的具体数据类型，指定具体的数据类型非常重要，因为 Flink 要对其进行

序列化和反序列化，以便进行 Checkpoint 配置和必要的恢复。数据类型和序列化的相关内容可以参考 4.3 节。每种类型的状态都有对应的 StateDescriptor，比如 MapStateDescriptor 对应 MapState，ValueStateDescriptor 对应 ValueState。

在代码清单 6-2 中，我们使用下面的代码注册了一个 MapStateStateDescriptor，Key 为某种行为，如 pv、buy 等，数据类型为 String，Value 为该行为出现的次数，数据类型为 Integer。

```
// 创建 StateDescriptor
MapStateDescriptor<String, Integer> behaviorMapStateDescriptor = new
MapStateDescriptor<String, Integer>("behaviorMap", Types.STRING, Types.INT);
```

接着我们通过 StateDescriptor 从 RuntimeContext 中获取状态句柄。状态句柄并不存储状态，它只是 Flink 提供的一种访问状态的接口，状态数据实际存储在 State Backend 中。在代码清单 6-2 中对应的代码为：

```
// 通过 StateDescriptor 获取 RuntimeContext 中的状态
behaviorMapState = getRuntimeContext().getMapState(behaviorMapStateDescriptor);
```

使用和更新状态发生在实际的处理函数上，比如 RichFlatMapFunction 中的 flatMap()方法。在实现自己的业务逻辑时需要访问和修改状态，比如我们可以通过 MapState.get()方法获取状态，通过 MapState.put()方法更新状态数据。

其他类型的状态使用方法与本例中所展示的大致相同。ReducingState 和 AggregatingState 在注册 StateDescriptor 时，还需要实现 ReduceFunction 或 AggregationFunction。如代码清单 6-3 所示，注册 ReducingStateDescriptor 时实现了 ReduceFunction。

```
/**
 * ReducingStateFlatMap 继承并实现了 RichFlatMapFunction
 * 第一个泛型 Tuple2 是输入类型
 * 第二个泛型 Integer 是输出类型
 */
private static class ReducingStateFlatMap extends RichFlatMapFunction<Tuple2<Integer,
Integer>, Integer> {

    private transient ReducingState<Integer> state;

    @Override
    public void open(Configuration parameters) throws Exception {
        // 创建 StateDescriptor
        // 除了名字和数据类型，还要实现 ReduceFunction
        ReducingStateDescriptor<Integer> stateDescriptor =
                new ReducingStateDescriptor<>(
                        "reducing-state",
                        new ReduceSum(),
                        Types.INT);
```

```
            this.state = getRuntimeContext().getReducingState(stateDescriptor);
        }

        @Override
        public void flatMap(Tuple2<Integer, Integer> value, Collector<Integer> out)
throws Exception {
            state.add(value.f1);
        }

        // ReduceSum 继承并实现 ReduceFunction
        private static class ReduceSum implements ReduceFunction<Integer> {

            @Override
            public Integer reduce(Integer value1, Integer value2) throws Exception {
                return value1 + value2;
            }
        }
    }
}
```

代码清单 6-3　ReducingState 的使用方法

可以看到，使用 ReducingState 时，除了名字和数据类型，还增加了一个函数，这个函数可以是 Lambda 表达式，也可以继承并实现 ReduceFunction。

使用 ReducingState 时，我们可以通过 void add(T value)方法向状态里增加数据，新数据和状态中已有数据通过 ReduceFunction 两两聚合。AggregatingState 的使用方法与之类似。

综上，Keyed State 的使用方法可以被归纳如下。

① 创建一个 StateDescriptor，在里面注册状态的名字和数据类型等。

② 从 RuntimeContext 中获取状态句柄。

③ 使用状态句柄获取和更新状态数据，比如 ValueState.value()、ValueState.update()、MapState.get()、MapState.put()。

此外，在必要的时候，我们还需要调用 Keyed State 中的 void clear()方法来清除状态中的数据，以免发生内存相关的问题。

6.1.5　Operator List State 的使用方法

从本质上来说，状态是 Flink 算子子任务的一种本地数据，为了保证数据可恢复性，使用 Checkpoint 机制来将状态数据持久化输出到存储空间上。状态相关的主要逻辑有如下两项。

① 将算子子任务本地数据在 Checkpoint 时写入存储空间，即图 6-4 所示的 Snapshot 部分。

② 初始化或重启应用时，以一定的逻辑从存储空间中读出并变为算子子任务的本地内存数据，即图 6-4 所示的 Restore 部分。

Keyed State 对这两项内容做了更完善的封装，开发者可以"开箱即用"。对于 Operator State 来说，每个算子子任务管理自己的 Operator State，或者说每个算子子任务上的数据流共享同一个状态，可以访问和修改该状态。Flink 的算子子任务上的数据在程序重启、横向扩展等场景下不能保证百分百的一致性。换句话说，重启 Flink 作业后，某个数据流不一定流入重启前的算子子任务上。因此，使用 Operator State 时，我们需要根据自己的业务场景来设计 Snapshot 和 Restore 的逻辑。为了实现这两项逻辑，Flink 提供了最为基础的 CheckpointedFunction 接口。

```
public interface CheckpointedFunction {

    // Checkpoint 时会调用这个方法，我们要实现具体的 Snapshot 逻辑，比如将哪些本地状态持久化
    void snapshotState(FunctionSnapshotContext context) throws Exception;

    // 初始化时会调用这个方法，向本地状态中填充数据
    void initializeState(FunctionInitializationContext context) throws Exception;

}
```

在 Flink 的 Checkpoint 机制下，当一次 Snapshot 触发后，snapshotState()会被调用，将本地状态持久化到存储空间上。这里我们可以先不用关心 Snapshot 是如何被触发的，暂时理解成 Snapshot 是自动触发的，我们将在 6.2 节介绍它的触发机制。

initializeState()在算子子任务初始化时被调用，初始化包括如下两种场景。

① 整个 Flink 作业第一次执行，状态数据被初始化为一个默认值。

② Flink 作业重启，之前的作业已经将状态输出到存储，通过 initializeState()方法将存储上的状态读出并填充到本地状态里。

目前 Operator State 主要有 3 种类型，其中 ListState 和 UnionListState 在数据类型上都是一种 ListState，还有一种 BroadcastState。这里我们主要介绍 ListState 这种列表形式的状态。

ListState 以一个列表的形式被序列化并存储，以适应横向扩展时状态重分布的需要。每个算子子任务有零到多个状态 S，组成一个列表 ListState[S]。各个算子子任务在 Snapshot 被触发时将状态列表写入存储，整个状态逻辑上可以理解成将这些列表连接到一起，组成了一个包含所有状态的"大"列表。当作业重启或横向扩展时，我们需要将这个包含所有状态的列表重新分布到各个算子子任务上。ListState 和 UnionListState 的区别在于：ListState 是将整个状态列表按照 Round-Ribon 的模式均匀分布到各个算子子任务上，每个算子子任务得到的是整个列表的子集；UnionListState 按照广播的模式，将整个列表发送给每个算子子任务。

Operator State 的实际应用场景不如 Keyed State 多，它经常被用在 Source 或 Sink 等算子上，用来保存流入数据的偏移量或对输出数据做缓存，以保证 Flink 作业端到端的 Exactly-Once 语义。这里我们来看代码清单 6-4 所示的 Flink 官方提供的 Sink 案例，以了解 CheckpointedFunction 的工作原理。

```
// BufferingSink 需要实现 SinkFunction 接口以实现其 Sink 功能，同时也要实现 CheckpointedFunction
接口
public class BufferingSink
        implements SinkFunction<Tuple2<String, Integer>>,
                CheckpointedFunction {
```

```java
    private final int threshold;

    // Operator List State 句柄
    private transient ListState<Tuple2<String, Integer>> checkpointedState;

    // 本地缓存
    private List<Tuple2<String, Integer>> bufferedElements;

    public BufferingSink(int threshold) {
        this.threshold = threshold;
        this.bufferedElements = new ArrayList<>();
    }

    // Sink 的核心处理逻辑，将上游数据 value 输出到外部系统
    @Override
    public void invoke(Tuple2<String, Integer> value, Context contex) throws Exception
    {
        // 先将上游数据缓存到本地缓存
        bufferedElements.add(value);
        // 当本地缓存大小到达阈值时，将本地缓存输出到外部系统
        if (bufferedElements.size() == threshold) {
            for (Tuple2<String, Integer> element: bufferedElements) {
                // 输出到外部系统
            }
            // 清空本地缓存
            bufferedElements.clear();
        }
    }

    // 重写 CheckpointedFunction 中的 snapshotState
    // 将本地缓存 Snapshot 到存储上
    @Override
    public void snapshotState(FunctionSnapshotContext context) throws Exception {
        // 将之前的 Checkpoint 清理
        checkpointedState.clear();
        for (Tuple2<String, Integer> element : bufferedElements) {
            // 将最新的数据写到状态中
            checkpointedState.add(element);
        }
    }

    // 重写 CheckpointedFunction 中的 initializeState()
    // 初始化状态
    @Override
```

```
        public void initializeState(FunctionInitializationContext context) throws
Exception {
            // 注册 ListStateDescriptor
            ListStateDescriptor<Tuple2<String, Integer>> descriptor =
                new ListStateDescriptor<>(
                    "buffered-elements",
                    TypeInformation.of(new TypeHint<Tuple2<String, Integer>>() {}));

            // 从 FunctionInitializationContext 中获取 OperatorStateStore,进而获取 ListState
            checkpointedState =
context.getOperatorStateStore().getListState(descriptor);

            // 如果作业重启，读取外部系统中的状态数据并填充到本地缓存中
            if (context.isRestored()) {
                for (Tuple2<String, Integer> element : checkpointedState.get()) {
                    bufferedElements.add(element);
                }
            }
        }
    }
```

代码清单 6-4　使用 Operator List State 实现 Sink

如代码清单 6-4所示,在输出到 Sink 之前,程序先将数据放在本地缓存中,并定期进行Snapshot, 这实现了批量输出的功能, 批量输出能够减少网络等的开销。同时, 程序能够保证数据一定会输出外部系统, 因为即使程序崩溃, 状态中存储着还未输出的数据, 下次启动后还会将这些未输出数据读取到内存, 继续输出到外部系统。

注册和使用 Operator State 的代码和 Keyed State 相似, 也是先注册一个 StateDescriptor, 并指定状态名字和数据类型, 然后从 FunctionInitializationContext 中获取 OperatorStateStore, 进而获取 ListState。

```
ListStateDescriptor<Tuple2<String, Integer>> descriptor =
        new ListStateDescriptor<>(
            "buffered-elements",
            TypeInformation.of(new TypeHint<Tuple2<String, Integer>>() {}));

checkpointedState = context.getOperatorStateStore().getListState(descriptor);
```

如果是 UnionListState, 那么代码改为如下代码。

```
context.getOperatorStateStore().getUnionListState()
```

在代码清单 6-4 所示的 initializeState()方法里, 我们实现了状态的初始化逻辑, 我们用 context. isRestored()来判断是否重启作业, 然后从之前的 Checkpoint 中恢复状态数据并写到本地缓存中。

CheckpointedFunction 接口的 initializeState()方法的参数为 FunctionInitializationContext，基于这个对象我们不仅可以通过 getOperatorStateStore()来获取 OperatorStateStore，也可以通过 getKeyedStateStore()来获取 KeyedStateStore，进而通过 getState()、getMapState()等方法来获取 Keyed State，比如：context.getKeyedStateStore().getState(stateDescriptor)。这与在 RichFunction 中使用 Keyed State 的方式并不矛盾，因为 CheckpointedFunction 是 Flink 有状态计算的最底层接口，它提供了最丰富的状态接口。

6.1.6　BroadcastState 的使用方法

BroadcastState 是 Flink 1.5 引入的功能，本节将跟大家分享 BroadcastState 的潜在使用场景，并继续使用电商平台用户行为分析的案例来演示 BroadcastState 的使用方法。

1. BroadcastState 使用场景

无论是分布式批处理还是流处理，将部分数据同步到所有子任务上是一种十分常见的需求。例如，我们需要依赖不断变化的控制规则来处理主数据流的数据，主数据流数据量比较大，只能分散到多个算子子任务上，控制规则数据相对比较小，可以分发到所有的算子子任务上。BroadcastState 与直接在时间窗口进行两个数据流的 Join 的不同点在于，控制规则数据量较小，可以直接放到每个算子子任务里，这样可以大大提高主数据流的处理速度。图 6-6 所示为 BroadcastState 工作原理。

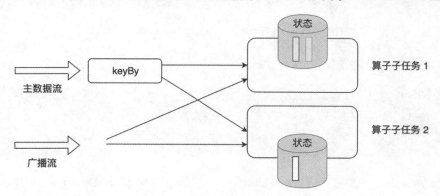

图 6-6　BroadcastState 工作原理

我们继续以电商平台用户行为分析为例，不同类型的用户往往有特定的行为模式，有些用户购买欲望强烈，有些用户反复犹豫才下单，有些用户频繁爬取数据（有盗刷数据的嫌疑）。电商平台运营人员为了提升商品的购买转化率，保证平台的使用体验，经常会进行一些用户行为模式分析。基于这个场景，我们可以构建一个 Flink 作业，实时监控识别不同模式的用户。为了避免每次更新规则模式后重启作业，我们可以将规则模式作为一个数据流与用户行为数据流 connect()在一起，并将规则模式以 Broadcast State 的形式广播到每个算子子任务上。

2. 电商平台用户行为识别案例

下面开始具体构建一个实例程序。我们定义一些必要的数据结构来描述这个业务场景，包括代

169

码清单 6-1 已经定义的 UserBehavior 和代码清单 6-5 定义的 BehaviorPattern 两个数据结构。

```java
/**
 * 行为模式
 * 整个模式简化为两个行为
 * */
public class BehaviorPattern {

    public String firstBehavior;
    public String secondBehavior;

    public BehaviorPattern() {}

    public BehaviorPattern(String firstBehavior, String secondBehavior) {
        this.firstBehavior = firstBehavior;
        this.secondBehavior = secondBehavior;
    }

    @Override
    public String toString() {
        return "first: " + firstBehavior + ", second: " + secondBehavior;
    }
}
```

代码清单 6-5   行为模式 BehaviorPattern 数据结构

然后我们在主逻辑中读取两个数据流。

```java
// 主数据流
DataStream<UserBehavior> userBehaviorStream = ...
// BehaviorPattern 数据流
DataStream<BehaviorPattern> patternStream = ...
```

目前 BroadcastState 只支持使用 Key-Value 形式，需要使用 MapStateDescriptor 来描述。这里我们使用一个比较简单的行为模式，Key 是一个空类型，用数据类型 Types.VOID 表示，所有 BehaviorPattern 都映射到这个空类型的 Key 上。当然我们也可以根据业务场景，构造复杂的 Key-Value 形式的数据。然后，我们将 BehaviorPattern 数据流使用 broadcast() 方法广播到所有算子子任务上。

```java
// BroadcastState 只能使用 Key-Value 形式，基于 MapStateDescriptor
MapStateDescriptor<Void, BehaviorPattern> broadcastStateDescriptor =
  new MapStateDescriptor<>("behaviorPattern", Types.VOID,
Types.POJO(BehaviorPattern.class));

BroadcastStream<BehaviorPattern> broadcastStream =
  patternStream.broadcast(broadcastStateDescriptor);
```

UserBehavior 数据流先按照用户 ID 进行 keyBy()，然后与广播流合并。

```
// 生成一个 KeyedStream
KeyedStream<UserBehavior, Long> keyedStream = userBehaviorStream.keyBy(user ->
user.userId);

// 在 KeyedStream 上进行 connect()和 process()
DataStream<Tuple2<Long, BehaviorPattern>> matchedStream = keyedStream
    .connect(broadcastStream)
    .process(new BroadcastPatternFunction());
```

代码清单 6-6 展示了 BroadcastState 完整的使用方法。

BroadcastPatternFunction 是 KeyedBroadcastProcessFunction 的具体实现，它基于 BroadcastState 处理主数据流，输出类型为(Long, BehaviorPattern)，分别表示用户 ID 和行为模式。

```
/**
 * 4 个泛型如下。
 * 1. KeyedStream 中 Key 的数据类型
 * 2. 主数据流的数据类型
 * 3. 广播流的数据类型
 * 4. 输出类型
 * */
public static class BroadcastPatternFunction
    extends KeyedBroadcastProcessFunction<Long, UserBehavior, BehaviorPattern,
Tuple2<Long, BehaviorPattern>> {

    // 用户上次行为的状态句柄，每个用户存储一个状态
    private ValueState<String> lastBehaviorState;
    // BroadcastState Descriptor
    private MapStateDescriptor<Void, BehaviorPattern> bcPatternDesc;

    @Override
    public void open(Configuration configuration) {
        lastBehaviorState = getRuntimeContext().getState(
          new ValueStateDescriptor<String>("lastBehaviorState", Types.STRING));
        bcPatternDesc = new MapStateDescriptor<Void,
BehaviorPattern>("behaviorPattern", Types.VOID, Types.POJO(BehaviorPattern.class));
    }

    @Override
    public void processBroadcastElement(BehaviorPattern pattern,
                                        Context context,
                                        Collector<Tuple2<Long, BehaviorPattern>>
collector) throws Exception {
        BroadcastState<Void, BehaviorPattern> bcPatternState =
context.getBroadcastState(bcPatternDesc);
```

```
        // 将新数据更新至 BroadcastState, 这里使用 null 作为 Key
        // 在本场景中, 所有数据都共享一个模式, 因此这里伪造了一个 Key
        bcPatternState.put(null, pattern);
    }


    @Override
    public void processElement(UserBehavior userBehavior,
                        ReadOnlyContext context,
                        Collector<Tuple2<Long, BehaviorPattern>> collector)
throws Exception {

        // 获取最新的 Broadcast State
        BehaviorPattern pattern =
context.getBroadcastState(bcPatternDesc).get(null);
        String lastBehavior = lastBehaviorState.value();
        if (pattern != null && lastBehavior != null) {
            // 用户之前有过行为, 检查是否符合给定的模式
            if (pattern.firstBehavior.equals(lastBehavior) &&
                    pattern.secondBehavior.equals(userBehavior.behavior)) {
                // 当前用户行为符合模式
                collector.collect(Tuple2.of(userBehavior.userId, pattern));
            }
        }
        lastBehaviorState.update(userBehavior.behavior);
    }
}
```

代码清单 6-6　BroadcastState 的使用方法

对上面的所有流程进行总结, 使用 BroadcastState 需要进行如下 3 步。

① 接收一个普通数据流, 并使用 broadcast()方法将其转换为 BroadcastStream, 因为 BroadcastState 目前只支持 Key-Value 形式, 需要使用 MapStateDescriptor 描述它的数据结构。

② 将 BroadcastStream 与一个 DataStream 或 KeyedStream 使用 connect()方法连接到一起。

③ 实现一个 ProcessFunction, 如果主数据流 (非广播流) 是 DataStream, 则需要实现 BroadcastProcessFunction; 如果主数据流是 KeyedStream, 则需要实现 KeyedBroadcastProcessFunction。这两种函数类都提供了时间和状态的访问方法。

在 KeyedBroadcastProcessFunction 中, 有如下两个方法需要实现。

- processElement(): 处理主数据流中的每条元素, 输出零到多个数据。ReadOnlyContext 可以获取时间和状态, 但是只能以只读的形式读取 BroadcastState, 不能修改它, 以保证每个算子子任务上的 Broadcast State 都是相同的。

- processBroadcastElement(): 处理流入的广播流, 可以输出零到多个数据, 一般用来更新 Broadcast State。

此外，KeyedBroadcastProcessFunction 属于 5.2 节提到的 ProcessFunction 系列函数，可以注册 Timer，并在 onTimer()方法中实现回调逻辑。代码清单 6-6 中为了保持代码简洁，没有使用它，Timer 一般用来清空状态，避免状态无限增加。

6.2　Checkpoint 机制的原理及配置方法

在 6.1 节中，我们介绍了 Flink 的状态都是基于本地的，而 Flink 又是一个部署在多节点的分布式系统，分布式系统经常出现进程被"杀"、节点宕机或网络中断等问题，那么本地的状态在遇到故障时如何保证不丢失呢？Flink 定期保存状态数据到存储空间上，故障发生后从之前的备份中恢复，这个过程被称为 Checkpoint 机制。Checkpoint 为 Flink 提供了 Exactly-Once 的投递保障。本节将介绍 Flink 的 Checkpoint 机制的原理，会使用多个概念：快照（Snapshot）、分布式快照（Distributed Snapshot）、检查点 Checkpoint 等。这些概念均指的是 Flink 的 Checkpoint 机制提供的数据备份过程。

6.2.1　Flink 分布式快照流程

首先我们来看一下简单的 Checkpoint 机制的大致流程，如下。

① 暂停处理新流入数据，将新数据缓存起来。

② 将算子子任务的本地状态数据复制到一个远程的持久化存储空间上。

③ 继续处理新流入的数据，包括刚才缓存起来的数据。

Flink 在 Chandy–Lamport 算法的基础上实现了一种分布式快照算法。在介绍 Flink 的分布式快照详细流程前，我们先要了解一下检查点分界线（Checkpoint Barrier）的概念。如图 6-7 所示，Checkpoint Barrier 被插入数据流中，它将数据流切分成段。Flink 的 Checkpoint 机制逻辑是，一段新数据流入导致状态发生了变化，Flink 的算子接收到 Checpoint Barrier 后，对状态进行 Snapshot。每个 Checkpoint Barrier 有一个 ID，表示该段数据属于哪次 Checkpoint。如图 6-7 所示，当 ID 为 n 的 Checkpoint Barrier 到达每个算子后，表示要对 $n-1$ 和 n 之间状态更新做 Snapshot。Checkpoint Barrier 有点像 Event Time 中的 Watermark，它被插入数据流中，但并不影响数据流原有的处理顺序。

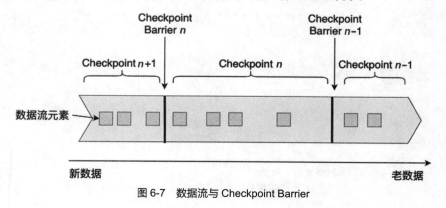

图 6-7　数据流与 Checkpoint Barrier

接下来，我们构建一个并行数据流图，用这个并行数据流图来演示 Flink 的分布式快照机制。这个数据流图的并行度为 2，数据流会在这些并行算子上从 Source 流动到 Sink，如图 6-8 所示。

首先，Flink 的检查点协调器（Checkpoint Coordinator）触发一次 Checkpoint（即 Trigger Checkpoint），这个请求会发送给 Source 的各个子任务。

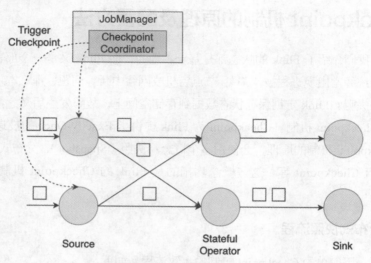

图 6-8　Checkpoint Coordinator 触发一次 Checkpoint

Source 算子各子任务接收到这个 Checkpoint 请求之后，会将自身状态写入状态后端，生成一次 Snapshot，并且会向下游广播 Checkpoint Barrier，如图 6-9 所示。

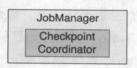

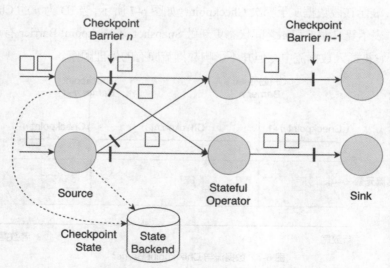

图 6-9　Source 算子将自身状态写入状态后端，向下游广播 Checkpoint Barrier

Source 算子做完 Snapshot 后，还会给 Checkpoint Coodinator 发送确认（ Acknowledgement，ACK ），告知自己已经做完了相应的工作，如图 6-10 所示。ACK 中包括了一些元数据，其中就包括刚才备份到 State Backend 的状态句柄，或者说指向状态的指针。至此，Source 完成了一次 Checkpoint。跟 Watermark 的传播一样，一个算子子任务要把 Checkpoint Barrier 发送给它所连接的所有下游子任务。

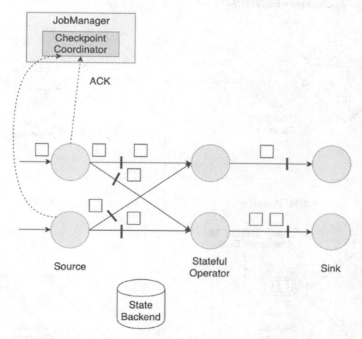

图 6-10　Snapshot 之后发送 ACK 给 Checkpoint Coodinator

对于下游算子来说，可能有多个与之相连的上游输入，我们将算子之间的连线称为通道。Source 要将一个 ID 为 n 的 Checkpoint Barrier 向所有下游算子广播，这也意味着下游算子的多个输入通道里都会收到 ID 为 n 的 Checkpoint Barrier；而且不同输入通道里 Checkpoint Barrier 的流入速度不同，ID 为 n 的 Checkpoint Barrier 到达的时间不同。Checkpoint Barrier 传播的过程需要进行对齐（ Barrier Alignment ）。我们从数据流图中截取一小部分，如图 6-11 所示，来分析 Checkpoint Barrier 是如何在算子间传播和对齐的。

如图 6-11 所示，对齐分为如下 4 步。

① 算子子任务在某个输入通道中收到第一个 ID 为 n 的 Checkpoint Barrier，但是其他输入通道中 ID 为 n 的 Checkpoint Barrier 还未到达，该算子子任务开始准备进行对齐。

② 算子子任务将第一个输入通道的数据缓存下来，同时继续处理其他输入通道的数据，这个过程被称为对齐。

③ 第二个输入通道中 ID 为 n 的 Checkpoint Barrier 抵达该算子子任务，所有通道中 ID 为 n 的 Checkpoint Barrier 都到达该算子子任务；该算子子任务执行 Snapshot，将状态写入 State Backend；然后将 ID 为 n 的 Checkpoint Barrier 向下游所有输出通道广播。

④ 对于这个算子子任务，Snapshot 执行结束，继续处理各个通道中新流入的数据，包括刚才缓存的数据。

数据流图中的每个算子子任务都要完成一遍上述的对齐、Snapshot、确认的工作，当最后所有 Sink 算子确认完成 Snapshot 之后，说明 ID 为 n 的 Checkpoint 执行结束，Checkpoint Coordinator 向 State Backend 写入一些本次 Checkpoint 的元数据，如图 6-12 所示。

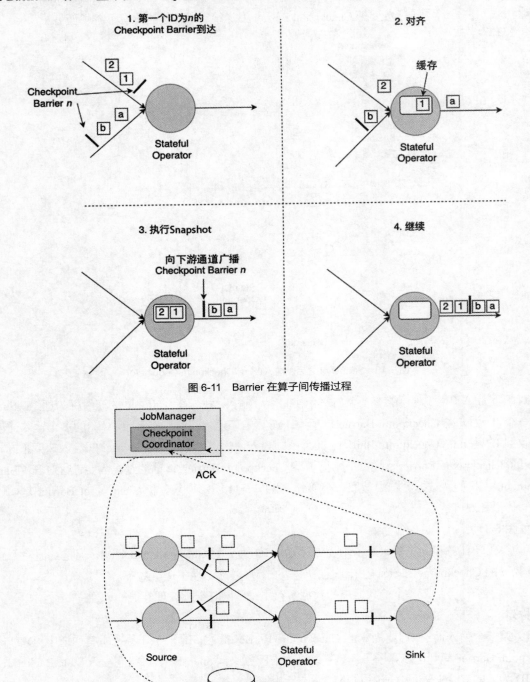

图 6-11　Barrier 在算子间传播过程

图 6-12　Sink 算子向 Checkpoint Coordinator 发送 ACK，一次 Checkpoint 执行结束

进行对齐，主要是为了保证一个 Flink 作业中所有算子的状态是一致的。也就是说，一个 Flink 作业前前后后所有算子写入 State Backend 的状态都基于同样的数据。

6.2.2 分布式快照性能优化方案

前文介绍了分布式快照的具体流程，这种方式保证了数据的一致性，但有如下潜在的问题。

- 每次进行 Checkpoint 前，都需要暂停处理新流入的数据，然后开始执行 Snapshot。假如状态数据量比较大，一次 Snapshot 处理时间可能长达几秒甚至几分钟。
- Checkpoint Barrier 对齐时，必须等待所有上游通道都处理完，假如某个上游通道处理速度很慢，这可能造成整个数据流堵塞。

针对这些问题，Flink 已经有了一些解决方案，并且还在不断优化。

对于第一个问题，Flink 提供了异步快照（Asynchronous Snapshot）的机制。当实际执行 Snapshot 时，Flink 可以立即向下广播 Checkpoint Barrier，表示自己已经执行完自己的 Snapshot。同时，Flink 启动一个后台线程，它创建本地状态的一份复制，这个线程用来将复制后的本地状态同步到 State Backend 上。创建本地状态的复制会占用更多内存，为了克服内存占用问题，可以使用写时复制（Copy-on-Write）优化策略。Copy-on-Write 指：如果这份内存数据没有任何修改，那没必要生成一份复制，只需要有一个指向这份数据的指针，通过指针将本地内存数据同步到 State Backend 上；如果这份内存数据有一些更新，那再去申请额外的内存并维护两份数据，一份是执行 Snapshot 时的数据，一份是更新后的数据。

对于第二个问题，Flink 允许跳过对齐，或者说一个算子子任务不需要等待所有上游通道的 Checkpoint Barrier，就可以直接将 Checkpoint Barrier 广播，执行 Snapshot 并继续处理后续流入数据。为了保证数据一致性，Flink 必须对那些较晚流入的数据流中的数据也一起执行 Snapshot，一旦作业重启，这些数据会被重新处理一遍。

这种不需要对齐的 Checkpoint 机制被称为 Unaligned Checkpoint，我们可以通过 env.getCheckpointConfig().enableUnalignedCheckpoints(); 开启 Unaligned Checkpoint。Unaligned Checkpoint 也是支持 Exactly-Once 的。

Unaligned Checkpoint 不执行 Checkpoint Barrier 对齐，因此在负载较重的场景下表现更好，但这并不意味这 Unaligned Checkpoint 就是最优方案，由于要将正在传输的数据也进行快照，状态数据会很大，磁盘负载会加重，同时更大的状态意味着重启后状态恢复的时间也更长，运维管理的难度更大。

6.2.3 State Backend

前面已经分享了 Flink 的分布式快照机制，其中 State Backend 起到了持久化存储数据的重要功能。Flink 将 State Backend 抽象成了一种插件，并提供了 3 种 State Backend，每种 State Backend 对数据的保存和恢复方式略有不同。接下来我们开始详细了解一下 Flink 的 State Backend。

1. MemoryStateBackend

从名字中可以看出，MemoryStateBackend 主要基于内存，它将数据存储在 Java 的堆区。当进行分布式快照时，所有算子子任务将自己内存上的状态同步到 JobManager 的堆上。因此，一个作业的所有状态数据量要小于 JobManager 的内存大小。这种方式显然不能存储过大的状态数据，否则将抛出 OutOfMemoryError 异常。这种方式只适合调试或者实验，不建议在生产环境中使用。下面的代码告知一个 Flink 作业使用内存作为 State Backend，并在参数中指定了状态的最大值，默认情况下，这个最大值是 5MB。

```
env.setStateBackend(new MemoryStateBackend(MAX_MEM_STATE_SIZE));
```

如果不做任何配置，默认情况下使用内存作为 State Backend。

2. FsStateBackend

这种方式下，数据持久化到文件系统上，文件系统包括本地磁盘、HDFS 以及包括 AWS、阿里云等在内的云存储服务。使用时，我们要提供文件系统的地址，尤其要写明前缀，比如：file://、hdfs:// 或 s3://。此外，这种方式支持 Asynchronous Snapshot，默认情况下该功能是开启的，可加快数据同步速度。

```
// 使用 HDFS 作为 State Backend
env.setStateBackend(new
FsStateBackend("hdfs://namenode:port/flink-checkpoints/chk-17/"));

// 使用阿里云 OSS 作为 State Backend
env.setStateBackend(new FsStateBackend("oss://<your-bucket>/<object-name>"));

// 使用 AWS 作为 State Backend
env.setStateBackend(new FsStateBackend("s3://<your-bucket>/<endpoint>"));

// 关闭 Asynchronous Snapshot
env.setStateBackend(new FsStateBackend(checkpointPath, false));
```

Flink 的本地状态仍然在 TaskManager 的内存堆区上，直到执行 Snapshot 时，状态数据会写到所配置的文件系统上。因此，这种方式能够享受本地内存的快速读/写访问，也能保证大容量状态作业的故障恢复能力。

3. RocksDBStateBackend

这种方式下，本地状态存储在本地的 RocksDB 上。RocksDB 是一种嵌入式 Key-Value 数据库，数据实际保存在本地磁盘上。比起 FsStateBackend 的本地状态存储在内存中，RocksDB 利用了磁盘空间，所以可存储的本地状态数据量更大。然而，每次从 RocksDB 中读/写数据都需要进行序列化和反序列化，因此读/写本地状态的成本更高。执行 Snapshot 时，Flink 将存储于本地 RocksDB 的状态同步到远程的存储上，因此使用这种 State Backend 时，也要配置分布式存储空间的地址。Asynchronous Snapshot 在默认情况下也是开启的。

此外，这种 State Backend 允许增量快照（Incremental Checkpoint）。

Incremental Checkpoint 的核心思想是每次执行 Snapshot 时只将发生变化的数据增量写到分布式

存储系统上，而不是将所有的本地状态都复制过去。Incremental Checkpoint 非常适合超大规模的状态，Snapshot 的耗时将明显降低，同时，它的代价是重启恢复的时间更长。默认情况下，Incremental Checkpoint 没有开启，需要我们手动开启。

```
// 开启 Incremental Checkpoint
boolean enableIncrementalCheckpointing = true;
env.setStateBackend(new RocksDBStateBackend(checkpointPath,
enableIncrementalCheckpointing));
```

相比 FsStateBackend，RocksDBStateBackend 能够支持的本地和远程状态数据量都更大，Flink 社区已经有 TB 级的案例。

除了上述 3 种 State Backend，开发者也可以自行开发 State Backend 的具体实现。

6.2.4　Checkpoint 相关配置

默认情况下，Checkpoint 机制是关闭的，需要调用 env.enableCheckpointing(n)来开启，每隔 n 毫秒进行一次 Checkpoint。Checkpoint 是一种负载较重的任务，如果状态比较大，同时 n 又比较小，那可能一次 Checkpoint 还没完成，下次 Checkpoint 已经被触发，占用太多本该用于正常数据处理的资源。增大 n 意味着一个作业的 Checkpoint 次数更少，整个作业用于进行 Checkpoint 的资源更少，可以将更多的资源用于正常的流数据处理。同时，更大的 n 意味着重启后，整个作业需要从更长的 Offset 开始重新处理数据。

此外，还有一些其他参数需要配置，这些参数被统一封装在 CheckpointConfig 里。

```
CheckpointConfig checkpointCfg = env.getCheckpointConfig();
```

默认的 Checkpoint 配置是支持 Exactly-Once 投递的，这样能保证在重启恢复时，所有算子的状态对任意数据只处理一次。如果希望作业延迟小，那么应该使用 At-Least-Once 投递，不进行对齐，但某些数据会被处理多次。

```
// 使用 At-Least-Once
checkpointCfg.setCheckpointingMode(CheckpointingMode.AT_LEAST_ONCE);
```

如果一次 Checkpoint 超过规定时间仍未完成，直接将其终止，以免其占用太多资源。

```
// 如果 Checkpoint 时间超过 1 小时，则直接将本次 Checkpoint 中止
checkpointCfg.setCheckpointTimeout(3600*1000);
```

如果两次 Checkpoint 之间的间歇时间太短，那么正常的作业可以获取的资源较少，更多的资源被用在了 Checkpoint 上。对下面这个参数进行合理配置能保证数据流的正常处理。比如，设置该参数为 60 秒，那么前一次 Checkpoint 结束后，60 秒内不会启动新的 Checkpoint。这种方式只在整个作业最多允许 1 个 Checkpoint 时适用。

```
// 两次 Checkpoint 的间隔为 60 秒
checkpointCfg.setMinPauseBetweenCheckpoints(60*1000);
```

默认情况下，一个作业只允许 1 个 Checkpoint 执行，如果某个 Checkpoint 正在进行，另外一个 Checkpoint 被启动，新的 Checkpoint 需要挂起等待。

```
// 最多同时进行 3 个 Checkpoint
checkpointCfg.setMaxConcurrentCheckpoints(3);
```

如果该参数大于 1，将与前面提到的最短间隔相冲突。

Checkpoint 的初衷是用来进行故障恢复的，如果作业是因为异常而失败的，Flink 会保存远程存储空间上的数据；如果开发者自己关停了作业，远程存储空间上的数据都会被删除。如果开发者希望通过 Checkpoint 数据进行调试，自己关停了作业，同时希望将远程数据保存下来，需要设置代码如下。

```
// 作业关停后仍然保存 Checkpoint
checkpointCfg.enableExternalizedCheckpoints(ExternalizedCheckpointCleanup.RETAIN_
ON_CANCELLATION);
```

RETAIN_ON_CANCELLATION 模式下，用户需要自己手动删除远程存储空间上的 Checkpoint 数据。

默认情况下，如果 Checkpoint 过程失败，会导致整个应用重启。我们可以关闭这个功能，这样 Checkpoint 过程失败不会影响作业的执行。

```
checkpointCfg.setFailOnCheckpointingErrors(false);
```

6.2.5　重启恢复流程

1. 重启恢复基本流程

Flink 的重启恢复基本流程相对比较简单，如下。

① 重启应用，在集群上重新部署数据流图。

② 从持久化存储空间上读取最近一次的 Checkpoint 数据，加载到各算子子任务上。

③ 继续处理新流入的数据。

该流程可以保证 Flink 内部状态的 Exactly-Once 一致性。至于端到端的 Exactly-Once 一致性，要根据 Source 和 Sink 的具体实现而定，我们会在 7.1 节详细讨论。当发生故障时，一部分数据有可能已经流入系统，但还未进行 Checkpoint，Source 的 Checkpoint 记录了输入的 Offset；当重启时，Flink 能把最近一次的 Checkpoint 恢复到内存中，并根据 Offset，让 Source 从该位置重新发送一遍数据，以保证数据不丢失、不重复。像 Kafka 等消息队列是提供重发功能的，socketTextStream() 就不具有这种功能，也意味着不能保证端到端的 Exactly-Once 一致性。

当一个作业出现故障，进行重启时，势必会暂停一段时间，这段时间中上游数据仍然继续被发送过来。作业被重新启动后，肯定需要将刚才未处理的数据"消化"。这个过程可以类比，一次跑步比赛中，运动员不慎跌倒，爬起来重新向前追赶。为了赶上当前进度，作业必须以更快的速度处理囤积的数据。所以，在设定资源时，我们必须留出一定的富余量，以保证重启后这段"赶进度"过程中的资源消耗。

2. 3 种重启策略

一般情况下，一个作业遇到一些异常情况会导致执行异常，潜在的异常情况包括：硬件故障、部署环境抖动、流量激增、输入数据异常等。如果一个作业发生了重启，并且触发故障的原因没有根除，那么重启之后仍然会出现故障。因此，在解决根本问题之前，一个作业很可能无限次地故障重启，陷入死循环。为了避免重启死循环，Flink 提供了如下 3 种重启策略。

- 固定延迟（Fixed Delay）策略：作业每次失败后，按照设定的时间间隔进行重启尝试，重启次数不会超过某个设定值。
- 失败率（Failure Rate）策略：计算一个时间段内作业失败的次数，如果失败次数小于设定值，继续重启，否则不重启。
- 不重启（No Restart）策略：不对作业进行重启。

重启策略的前提是作业设置了 Checkpoint，如果作业未设置 Checkpoint，则会使用 No Restart 的策略。重启策略可以在 conf/flink-conf.yaml 中设置，所有使用这个配置文件执行的作业都将采用这样的重启策略；也可以在单个作业的代码中配置重启策略。

（1）Fixed Delay

Fixed Delay 策略下，作业最多重启次数不会超过某个设定值，两次重启之间有一个可设定的延迟时间。例如，我们在 conf/flink-conf.yaml 中设置代码如下。

```
restart-strategy: fixed-delay
restart-strategy.fixed-delay.attempts: 3
restart-strategy.fixed-delay.delay: 10 s
```

这表示作业最多自动重启 3 次，两次重启之间有 10 秒的延迟。超过最多重启次数后，该作业被认定为失败。两次重启之间有延迟，是考虑到一些作业与外部系统有连接，连接一般会设置超时，频繁建立连接对数据准确性和作业执行都不利。如果在程序中用代码配置，则代码如下。

```
StreamExecutionEnvironment env =
StreamExecutionEnvironment.getExecutionEnvironment();
  // 开启 Checkpoint
  env.enableCheckpointing(5000L);
  env.setRestartStrategy(
    RestartStrategies.fixedDelayRestart(
      3, // 尝试重启次数
      Time.of(10L, TimeUnit.SECONDS) // 两次重启之间的延迟为 10 秒
    ));
```

如果开启了 Checkpoint，但没有设置重启策略，Flink 会默认使用这个策略，最大重启次数为 Integer.MAX_VALUE。

（2）Failure Rate

Failure Rate 策略下，在设定的时间内，重启失败次数小于设定阈值，该作业继续重启，重启失败次数超出设定阈值，该作业被认定为失败。两次重启之间会有一个等待的延迟。例如，我们在 conf/flink-conf.yaml 中设置如下代码。

```
restart-strategy: failure-rate
restart-strategy.failure-rate.max-failures-per-interval: 3
restart-strategy.failure-rate.failure-rate-interval: 5 min
restart-strategy.failure-rate.delay: 10 s
```

这表示在 5 分钟的时间内，重启失败次数小于 3 次时，继续重启，否则该作业被认定为失败。两次重启之间的延迟为 10 秒。在程序中用代码配置，则代码如下。

```
StreamExecutionEnvironment env =
StreamExecutionEnvironment.getExecutionEnvironment();
// 开启 Checkpoint
env.enableCheckpointing(5000L);
env.setRestartStrategy(RestartStrategies.failureRateRestart(
    3, // 5分钟内重启失败次数小于3次
    Time.of(5, TimeUnit.MINUTES),
    Time.of(10, TimeUnit.SECONDS) // 两次重启之间延迟为10秒
));
```

（3）No Restart

No Restart 策略下，一个作业遇到异常情况后，直接被判定为失败，不进行重启尝试。在 conf/flink-conf.yaml 中设置代码如下。

```
restart-strategy: none
```

使用代码配置，代码如下。

```
StreamExecutionEnvironment env =
StreamExecutionEnvironment.getExecutionEnvironment();
env.setRestartStrategy(RestartStrategies.noRestart());
```

6.3　Savepoint 机制的原理及使用方法

6.3.1　Savepoint 机制与 Checkpoint 机制的区别

目前，Checkpoint 机制和 Savepoint 机制在代码层面使用的分布式快照逻辑基本相同，生成的数据也近乎一样，那它们到底有哪些功能性的区别呢？Checkpoint 机制的目的是为了故障重启，使得作业中的状态数据与故障重启之前的保持一致，是一种应对意外情况的有力保障。Savepoint 机制的目的是手动备份数据，以便进行调试、迁移、迭代等，是一种协助开发者的支持功能。一方面，一个流处理作业不可能一次就写好了，我们要在一个初版代码的基础上不断修复问题、增加功能、优化算法，甚至做一些代码迁移，一个程序是在迭代中更新的；另一方面，流处理作业一般都是长时间执行的，作业内部的状态数据从零开始重新生成的成本很高，状态数据迁移成本高。综合这两方面的因素，Flink 提供了 Savepoint 机制，允许开发者开发和调试有状态的作业。

Flink 的 Checkpoint 机制设计初衷为：第一，Checkpoint 过程是轻量级的，尽量不影响正常数据处理；第二，故障恢复越快越好。开发者需要进行的操作并不多，少量的操作包括：设置多大的间

隔来定期进行 Checkpoint，使用何种 State Backend。绝大多数工作是由 Flink 来处理的，比如 Flink 会定期执行 Snapshot；发生故障后，Flink 自动从最近一次 Checkpoint 数据中恢复。随着作业的关停，Checkpoint 数据一般会被 Flink 删除，除非开发者设置了保留 Checkpoint 数据。原则上，一个作业从 Checkpoint 数据中恢复后，作业的代码和业务逻辑不能发生变化。

相比而下，Savepoint 机制主要考虑的是：第一，刻意备份；第二，支持修改状态数据或业务逻辑。Savepoint 相关操作是有计划的、人为的。开发者要手动触发、管理和删除 Savepoint。比如，将当前状态保存下来之后，我们可以更新并行度、修改业务逻辑代码，甚至在某份代码基础上生成一个对照组来验证一些实验猜想。可见，Savepoint 机制的数据备份和恢复都需要更高的时间和人力成本，Savepoint 机制数据也必须有一定的可移植性，能够适应数据或逻辑上的改动。具体而言，Savepoint 机制的潜在应用场景如下。

- 我们可以给同一份作业设置不同的并行度，来找到最佳的并行度设置，每次可以从 Savepoint 中加载原来的状态数据。
- 我们想测试一个新功能或修复一个已知的 bug，并用新的程序逻辑处理原来的数据。
- 进行一些 A/B 测试，使用相同的数据源测试程序的不同版本。
- 因为状态可以被持久化存储到分布式文件系统上，我们甚至可以将同样一个应用程序从一个集群迁移到另一个集群，只需保证不同的集群都可以访问该文件系统。

可见，Checkpoint 机制和 Savepoint 机制是 Flink 提供的两个相似的功能，它们满足了不同的需求，以确保一致性、容错性，满足了作业升级、bug 修复、迁移、A/B 测试等不同场景。

6.3.2 Savepoint 的使用方法

为了让 Savepoint 数据能够具有更好的兼容性和可移植性，我们在写一个 Flink 程序时需要为每个算子分配一个唯一 ID。设置算子 ID 的目的在于将状态与 Savepoint 中的备份相对应。如图 6-13 所示，该 Flink 作业共有 3 个算子：Source、Stateful Map 和 Stateless Sink。Source 和 Stateful Map 分别有对应的 Operator State 和 Keyed State，Stateless Sink 没有对应的状态。

在实现图 6-13 所示过程时，我们需要给算子设置 ID。

```
DataStream<X> stream = env.
// 一个带有 Operator State 的 Source，例如 Kafka Source
.addSource(new StatefulSource()).uid("source-id") // 算子 ID
.keyBy(...)
// 一个带有 Keyed State 的 Stateful Map
.map(new StatefulMapper()).uid("mapper-id") // 算子 ID
// print() 是一种无状态的 Sink
.print(); // Flink 为其自动分配一个算子 ID
```

上面的例子中，我们给算子设置了 ID。如果代码中不明确设置算子 ID，那么 Flink 会为其自动分配一个 ID。严格来说，我们应该为每个算子都设置 ID，因为很多算子的内在实现中是有状态的，比如窗口算子。除非我们能够非常确认某个算子无状态，可以不为其设置 ID。

如果我们想对这个作业进行备份，我们需要使用命令行工具执行下面的命令。

```
$ ./bin/flink savepoint <jobId> [savepointDirectory]
```

这行命令将对一个正在执行的作业触发一次 Savepoint 的备份，备份数据将写到 savepointDirectory 上。例如，我们可以指定一个 HDFS 路径作为 Savepoint 数据存储地址。

如果我们想从 Savepoint 数据中恢复作业，我们需要执行如下代码。

```
$ ./bin/flink run -s <savepointPath> [OPTIONS] <xxx.jar>
```

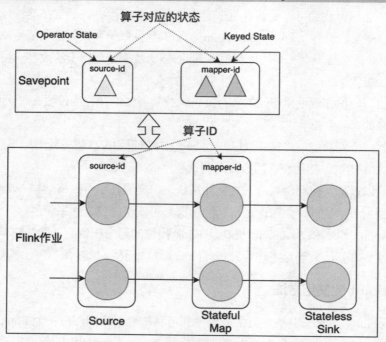

图 6-13　将一个 Flink 作业的状态映射到 Savepoint

6.3.3　读/写 Savepoint 中的数据

Flink 提供了一个名为 State Processor API 的功能，允许开发者读/写 Savepoint 中的数据。它主要基于 DataSet API，将 Savepoint 数据从远程存储空间读到内存中，再对 Savepoint 数据进行处理，然后保存到远程存储空间上。有了 State Processor API，开发者在状态的修改和更新上有更大的自由度。例如，开发者可以先从其他位置读取数据，生成一个 Savepoint，再将其交给一个没有数据积累的流处理程序，用来做数据冷启动。

将 6.3.2 小节提到的程序中的 Savepoint 进一步分解，其内在存储形式如图 6-14 所示。Savepoint 对数据的存储就像数据库存储数据一样，数据是按照一定的模式来组织和存储的。名为 source-id 的算子使用的是 Operator State，Operator State 的名字为 os1，os1 中的数据以一个列表的形式存储；名为 mapper-id 的算子使用的是 Keyed State，Keyed State 的名字为 ks1，ks1 中的数据是以 Key-Value 形式存储的。

建立好上述的数据模型后，我们就可以像从数据库中读/写数据那样，使用 State Processor API 来读/写 Savepoint 中的数据。

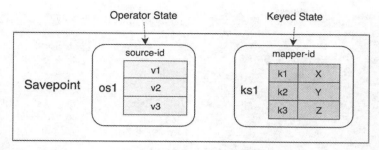

图 6-14 Savepoint 的内在存储形式

State Processor API 默认没有放在 Flink 的核心库中，使用之前需要先在 pom.xml 中引入正确的依赖。

```
<dependency>
  <groupId>org.apache.flink</groupId>
  <artifactId>flink-state-processor-api_${scala.binary.version}</artifactId>
  <version>${flink.version}</version>
  <scope>provided</scope>
</dependency>
```

1. 从 Savepoint 中读取数据

首先，我们需要从存储路径上读取 Savepoint。这里要使用批处理的 DataSet API，执行环境为 ExecutionEnvironment。

```
// 使用批处理 DataSet API 的 ExecutionEnvironment
ExecutionEnvironment bEnv = ExecutionEnvironment.getExecutionEnvironment();
// 创建存储该 Savepoint 所使用的 State Backend 对象
StateBackend backend = ...
ExistingSavepoint savepoint = Savepoint.load(bEnv, "hdfs://path/", backend);


bEnv.execute("read");
```

上面的代码从存储路径上读取了一个 Savepoint，生成了一个 ExistingSavepoint。ExistingSavepoint 是一个已经存在的 Savepoint，它提供了从 Savepoint 中读取数据的入口。

（1）Operator State

读取 Operator State 时，我们需要指定算子 ID、Operator State 的名字、数据类型。下面的代码读取了 source-id 下的 os1。

```
DataSet<Integer> listState  = savepoint.readListState<>(
    "source-id",
    "os1",
    Types.INT);
```

readListState()方法读取 ListState，它在源码中的签名如下。

```
    public <T> DataSet<T> readListState(String uid, String name, TypeInformation<T>
typeInfo) {
    ...
    }

    public <T> DataSet<T> readListState(
        String uid,
        String name,
        TypeInformation<T> typeInfo,
        TypeSerializer<T> serializer) {
    ...
    }
```

其中，uid 为 6.3.2 小节中我们设置的算子 ID；name 为该状态的名字，我们在使用状态时，会在
ListStateDescriptor 里初始化一个名字；typeInfo 为该状态的类型，用来进行序列化和反序列化；如果
默认的序列化器不支持该类型，也可以传入一个自定义的序列化器。

UnionListState 的读取方法与之类似。

```
    DataSet<Integer> listState = savepoint.readUnionState<>(
        "my-uid",
        "union-state",
        Types.INT);
```

（2）Keyed State

流处理中，Keyed State 应用在一个 KeyedStream 上，需要在 StateDescriptor 中指定状态的名字和
数据类型。例如，在一个流处理作业中，我们继承 KeyedProcessFunction，实现代码清单 6-7 所示的
两个状态。

```
    /**
     * StatefulFunctionWithTime 继承 KeyedProcessFunction
     * 接收 Integer 类型的输入，更新状态
     * 第 1 个泛型为 Key 的类型
     * 第 2 个泛型为输入数据的类型
     * 第 3 个泛型为输出数据的类型
     */
    public class StatefulFunctionWithTime extends KeyedProcessFunction<Integer, Integer,
Void> {

        ValueState<Integer> state;
        ListState<Long> updateTimes;

        @Override
        public void open(Configuration parameters) {
            ValueStateDescriptor<Integer> stateDescriptor = new
ValueStateDescriptor<>("state", Types.INT);
```

```
        state = getRuntimeContext().getState(stateDescriptor);

        ListStateDescriptor<Long> updateDescriptor = new ListStateDescriptor<>("times",
Types.LONG);
        updateTimes = getRuntimeContext().getListState(updateDescriptor);
    }


    // 接收输入数据 value，并更新状态
    @Override
    public void processElement(Integer value, Context ctx, Collector<Void> out) throws
Exception {
        state.update(value + 1);
        updateTimes.add(System.currentTimeMillis());
    }
}
```

代码清单 6-7　在 KeyedProcessFunction 中使用 Keyed State

现在这两个 Keyed State 已经存储到 Savepoint 中，从 Savepoint 中读取它们，我们需要设置算子 ID、状态名字和序列化方式。具体到 Keyed State 的读取时，我们需要继承并实现 KeyedState-ReaderFunction，在其中使用 readKey() 方法读取状态数据。代码清单 6-8 继承并实现 KeyedState-ReaderFunction，整个逻辑与代码清单 6-7 中使用 Keyed State 的过程有几处较相似。

```
    // 定义一个存储状态的数据结构
    public class KeyedState {
      public int key;
      public int value;
      public List<Long> times;
    }


    /**
      * 从 Savepoint 中读取 Keyed State
      * 第一个泛型 Integer 为 Keyed State 中 Key 的类型
      * 第二个泛型 KeyedState 为输出数据的类型
      */
    public class ReaderFunction extends KeyedStateReaderFunction<Integer, KeyedState> {

    ValueState<Integer> state;
    ListState<Long> updateTimes;

    // 获取状态句柄
    @Override
    public void open(Configuration parameters) {
      ValueStateDescriptor<Integer> stateDescriptor = new
ValueStateDescriptor<>("state", Types.INT);
      state = getRuntimeContext().getState(stateDescriptor);
```

187

```
        ListStateDescriptor<Long> updateDescriptor = new ListStateDescriptor<>("times",
Types.LONG);
        updateTimes = getRuntimeContext().getListState(updateDescriptor);
    }


    // 读取状态数据
    @Override
    public void readKey(
      Integer key,
      Context ctx,
      Collector<KeyedState> out) throws Exception {

      KeyedState data = new KeyedState();
      data.key   = key;
      data.value = state.value();
      data.times = StreamSupport
        .stream(updateTimes.get().spliterator(), false)
        .collect(Collectors.toList());

      // 将数据输出到 Collector 中
      out.collect(data);
    }
  }
```

代码清单 6-8　继承并实现 KeyedStateReaderFunction

读取 Savepoint 的主逻辑代码如下。

```
    // 从 Savepoint 数据中读取 Keyed State
    // ReaderFunction 需要继承并实现 KeyedStateReaderFunction
    DataSet<KeyedState> keyedState = savepoint.readKeyedState("mapper-id", new
ReaderFunction());
```

从上面的例子中可以看到，readKeyedState()需要传入算子的 ID 和一个 KeyedStateReaderFunction 的具体实现，readKeyedState()在源码中的签名代码如下。

```
    /*
     * 从 Savepoint 中读取 Keyed State
     * uid: 算子 ID
     * function: KeyedStateReaderFunction
     * K: Keyed State 中 Key 的类型
     * OUT: 输出数据的类型
     */
    public <K, OUT> DataSet<OUT> readKeyedState(String uid, KeyedStateReaderFunction<K,
OUT> function) {
      ...
    }
```

KeyedStateReaderFunction 允许我们从 Savepoint 中读取 Keyed State，我们需要实现 open()方法和 readKey()方法。其中，我们必须在 open()方法中注册 StateDescriptor，获取状态句柄；在 readKey() 方法中根据 Key 来读取数据，输出到 Collector 中。KeyedStateReaderFunction 和这些方法在源码中的定义如代码清单 6-9 所示。

```
/**
 * 从 Savepoint 中读取 Keyed State
 * 泛型 K：Keyed State 中 Key 的类型
 * 泛型 OUT：输出数据的类型
 */
public abstract class KeyedStateReaderFunction<K, OUT> extends AbstractRichFunction
{
    /**
     * 初始化方法，用来注册 StateDescriptor，并获取状态句柄
     */
    public abstract void open(Configuration parameters) throws Exception;

    /**
     * 从 Keyed State 中按照 Key 来读取数据，输出到 Collector
     * 参数 Key 为 Keyed State 中的每个 Key
     * 参数 ctx 为上下文
     * 参数 OUT 用来收集输出，可以是零到多个输出
     */
    public abstract void readKey(K key, Context ctx, Collector<OUT> out) throws
Exception;

    /**
     * Context
     * Context 只在 readKey()方法中有效
     */
    public interface Context {

        /**
         * 返回当前 Key 所注册的 Event Time Timer
         */
        Set<Long> registeredEventTimeTimers() throws Exception;

        /**
         * 返回当前 Key 所注册的 Processing Time Timer
         */
        Set<Long> registeredProcessingTimeTimers() throws Exception;
    }
}
```

代码清单 6-9　KeyedStateReaderFunction 和 open()方法、readKey()方法在源码中的定义

2. 向 Savepoint 中写入数据

我们也可以从零开始构建状态，向 Savepoint 中写入数据，该功能非常适合作业的冷启动。英语中常使用 "Bootstrap" 这个词来描述冷启动的过程，因此 Flink 设计的类名都会带有 "Bootstrap"。具体而言，构建一个新的 Savepoint 时，需要实现一个名为 BootstrapTransformation 的操作，BootstrapTransformation 表示一个状态写入的过程。从另一个角度来讲，我们可以将 BootstrapTransformation 理解成流处理时使用的有状态的算子。

代码清单 6-10 所示为一个 Savepoint 构建过程的主逻辑示例。

```
ExecutionEnvironment bEnv = ExecutionEnvironment.getExecutionEnvironment();

// 最大并行度
int maxParallelism = 128;
StateBackend backend = ...

// 准备好需要写入状态的数据
DataSet<Account> accountDataSet = bEnv.fromCollection(accounts);
DataSet<CurrencyRate> currencyDataSet = bEnv.fromCollection(currencyRates);

// 构建一个 BootstrapTransformation, 将 accountDataSet 数据写入
BootstrapTransformation<Account> transformation = OperatorTransformation
        .bootstrapWith(accountDataSet)
        .keyBy(acc -> acc.id)
        .transform(new AccountBootstrapper());

// 构建一个 BootstrapTransformation, 将 currencyDataSet 数据写入
BootstrapTransformation<CurrencyRate> broadcastTransformation =
OperatorTransformation
        .bootstrapWith(currencyDataSet)
        .transform(new CurrencyBootstrapFunction());

// 创建两个算子, 算子 ID 分别为 accounts、currency
Savepoint
    .create(backend, maxParallelism)
    .withOperator("accounts", transformation)
    .withOperator("currency", broadcastTransformation)
    .write(savepointPath);

bEnv.execute("bootstrap");
```

代码清单 6-10　Savepoint 构建过程的主逻辑示例

代码清单 6-10 创建了一个新的 Savepoint。withOperator() 方法向该 Savepoint 中添加新的算子，它的两个参数分别为算子 ID 和 BootstrapTransformation。transformation 和 broadcastTransformation 就

是两个 BootstrapTransformation 对象实例，它们的功能是模拟流处理中的有状态的算子，并写入状态数据。总体来讲，向 Savepoint 中写入数据需要如下 3 步。

① 准备好需要写入状态的数据 DataSet。

② 构建一个 BootstrapTransformation，将第一步准备好的数据写入该 BootstrapTransformation。

③ 将构建好的 BootstrapTransformation 写入 Savepoint。

Operator State 和 Keyed State 的原理不同，因此所要实现的功能不同，下面将分别介绍这两种写入方式。

（1）Operator State

对于 Operator State，我们要实现 StateBootstrapFunction 来写入状态数据，重点是实现它的 processElement() 方法。每个输入进来之后，processElement() 方法都会被调用一次。代码清单 6-11 所示为一个示例。

```
/**
 * 继承并实现 StateBootstrapFunction
 * 泛型为输入类型
 */
public class SimpleBootstrapFunction extends StateBootstrapFunction<Integer> {

    private ListState<Integer> state;

    // 每个输入都会调用一次 processElement()，这里将输入加入状态中
    @Override
    public void processElement(Integer value, Context ctx) throws Exception {
        state.add(value);
    }

    @Override
    public void snapshotState(FunctionSnapshotContext context) throws Exception {
    }

    // 获取状态句柄
    @Override
    public void initializeState(FunctionInitializationContext context) throws
Exception {
        state = context.getOperatorState().getListState(new
ListStateDescriptor<>("state", Types.INT));
    }
}
```

代码清单 6-11　使用 StateBootstrapFunction 实现 Operator State 的写入示例

在主逻辑中调用在代码清单 6-11 中实现的 SimpleBootstrapFunction，如下所示。

```
ExecutionEnvironment env = ExecutionEnvironment.getExecutionEnviornment();
DataSet<Integer> data = env.fromElements(1, 2, 3);


BootstrapTransformation transformation = OperatorTransformation
    // 使用 data 数据进行初始化
    .bootstrapWith(data)
    .transform(new SimpleBootstrapFunction());
```

（2）Keyed State

对于 Keyed State，我们要实现 KeyedStateBootstrapFunction 来写入状态数据。同样，每进来一个输入，processElement()方法都会被调用一次。如代码清单 6-12 所示，Key 为 Account 中的 id。

```
/**
 * 表示账户信息的 POJO 类
 */
public class Account {
    public int id;
    public double amount;
    public long timestamp;
}


/**
 * AccountBootstrapper 继承并实现了 KeyedStateBootstrapFunction
 * 第一个泛型 Integer 为 Key 类型
 * 第二个泛型 Account 为输入类型
 */
public class AccountBootstrapper extends KeyedStateBootstrapFunction<Integer,
Account> {
    ValueState<Double> state;

    // 获取状态句柄
    @Override
    public void open(Configuration parameters) {
        ValueStateDescriptor<Double> descriptor = new
ValueStateDescriptor<>("total",Types.DOUBLE);
        state = getRuntimeContext().getState(descriptor);
    }

    // 每个输入都会调用一次 processElement()
    @Override
    public void processElement(Account value, Context ctx) throws Exception {
        state.update(value.amount);
    }
}
```

代码清单 6-12 使用 KeyedStateBootstrapFunction 实现 Keyed State 的写入

对应的主逻辑如代码清单 6-13 所示。

```
ExecutionEnvironment bEnv =
 ExecutionEnvironment.getExecutionEnvironment();

DataSet<Account> accountDataSet = bEnv.fromCollection(accounts);

BootstrapTransformation<Account> transformation = OperatorTransformation
    // 使用 accountDataSet 数据进行初始化
    .bootstrapWith(accountDataSet)
    .keyBy(acc -> acc.id)
    .transform(new AccountBootstrapper());

Savepoint
        .create(backend, 128)
        .withOperator("accounts", transformation)
        .write(savepointPath);
```

代码清单 6-13 在主逻辑中将 Keyed State 写入 Savepoint

通过代码清单 6-14，我们可以看看 KeyedStateBootstrapFunction 在源码中的定义。

```
/**
  * 将 Keyed State 写入 Savepoint
  * 第一个泛型 K 为 Key 类型
  * 第二个泛型 IN 为输入类型
  */
 public abstract class KeyedStateBootstrapFunction<K, IN> extends
AbstractRichFunction {

    private static final long serialVersionUID = 1L;

    /**
     * 处理输入的每行数据，更新 Keyed State
     * Context 可以用来构建时间相关属性
     * 当该作业在流处理端重启后，时间相关属性可以用来触发计算
     */
    public abstract void processElement(IN value, Context ctx) throws Exception;

    /* Context */
    public abstract class Context {

        // 访问时间，并注册 Timer
        public abstract TimerService timerService();

        // 返回当前 Key
```

```
          public abstract K getCurrentKey();
    }
}
```

代码清单 6-14   KeyedStateBootstrapFunction 在源码中的定义

可以看到 KeyedStateBootstrapFunction 继承了 AbstractRichFunction，它拥有 RichFunction 的方法和属性，比如 open()方法等，因此实现起来也与在流处理中使用状态非常相似。processElement()对每个输入数据进行处理，我们可以根据业务需要将其写入 Keyed State 中。此外，该方法提供了 Context，里面包含了 5.2.1 小节提到的 TimerService。借助 TimerService，我们可以访问时间，并注册 Timer。Timer 在当前写入 Savepoint 的过程中并不会被触发，仅当 Savepoint 恢复成一个流处理作业时被触发。

3.   修改 Savepoint

除了从零开始构建一个新的 Savepoint，我们也可以在一个已有的 Savepoint 基础上做修改，然后再将其保存起来，代码如代码清单 6-15 所示。

```
ExecutionEnvironment bEnv =
ExecutionEnvironment.getExecutionEnvironment();

DataSet<Integer> data = bEnv.fromElements(1, 2, 3);

BootstrapTransformation<Integer> transformation = OperatorTransformation
  .bootstrapWith(data)
  .transform(new ModifyProcessFunction());

Savepoint
  .load(bEnv, savepointPath, backend)
  // 删除名为 currency 的算子
  .removeOperator("currency")
  // 增加名为 numbers 的算子，使用 transformation 构建其状态数据
  .withOperator("number", transformation)
  // 新的 Savepoint 会写到 modifyPath 路径下
  .write(modifyPath);

bEnv.execute("modify");
```

代码清单 6-15   从一个已有的 Savepoint 中获取数据，进行修改，并生成新的 Savepoint

其中，removeOperator()方法将一个算子从 Savepoint 中删除，withOperator()方法增加了一个算子。修改完之后，我们可以通过 write()方法，将 Savepoint 写入一个路径之下。

6.3.4   Queryable State 和 State Processor API

Flink 提供的另外一个读取状态的 API 为 Queryable State。使用 Queryable State 可以查询状态中

的数据，其原理与 State Processor API 有相同之处。但是，两者侧重点各有不同，Queryable State 重在查询状态，主要针对正在执行的线上服务；State Processor API 可以修改状态，主要针对写入 Savepoint 中的数据。从侧重点上可以看到，两者所要解决的问题略有不同。感兴趣的读者可以前往官网查询 Queryable State 的使用方法。

6.4　实验 电商平台用户行为分析

经过本章的学习，相信读者已经了解状态的基本原理，包括如何使用 Keyed State 或 Operator State 进行有状态的计算。本节将继续以电商平台用户行为分析为场景，对状态相关知识进行实践。

一、实验目的

学习使用 Keyed State，学习设置 Checkpoint。

二、实验内容

在 6.1.4 小节，我们介绍了电商平台用户行为分析场景，并举了一些例子，本次实验仍然基于该场景。我们知道，一天之内，一个用户第一次产生行为到真正购买，这之间有一个时间差，该时间差是一个非常重要的指标，有助于商家提升产品质量和营销水平。这里我们使用 Keyed State 来实现一个程序，主要用来计算该时间差。

三、实验要求

读者可以根据本书样例程序中提供的数据集和 Source 作为输入，编程完成下面的要求。
* 要求 1。
使用 Keyed State，计算每个用户当天第一次产生行为到第一次产生购买行为之间的时间差。在实现时需要注意，这里只考虑第一次产生购买行为，而不是多次产生购买行为中的最后一次。使用 print() 将结果输出。
* 要求 2。
开启 Checkpoint，选择一种 State Backend，将状态定期保存到存储空间的某个位置。

四、实验报告

将思路和程序整理后撰写为实验报告。

本章小结

通过本章的学习，读者已经了解如何进行有状态的计算。Flink 中的状态主要包括：Keyed State 和 Operator State。状态可以借助 Checkpoint 或 Savepoint 机制被持久化保存到存储空间上，Checkpoint 用于故障恢复，Savepoint 用于状态的迭代更新。

07

第7章 Flink 连接器

经过前文的学习，我们已经了解了 Flink 如何对一个数据流进行有状态的计算。在实际生产环境中，数据可能存放在不同的系统中，比如文件系统、数据库或消息队列。一个完整的 Flink 作业包括 Source 和 Sink 两大模块，Source 和 Sink 肩负着 Flink 与外部系统进行数据交互的重要功能，它们又被称为外部连接器（Connector）。本章将详细介绍 Flink 的 Connector 相关知识，主要内容如下。

- Flink 端到端的 Exactly-Once 保障。
- 自定义 Source 和 Sink。
- Flink 中常用的 Connector，如文件系统、Kafka 等。

7.1 Flink 端到端的 Exactly-Once 保障

7.1.1 故障恢复与一致性保障

某条数据投递到某个流处理系统后，该系统对这条数据只处理一次，并提供 Exactly-Once 保障是一种理想的情况。如果系统不出任何故障，那堪称完美。然而在现实世界中，系统经常受到各类意外因素的影响而发生故障，比如流量激增、网络抖动、云服务资源分配出现问题等。如果发生了故障，Flink 重启作业，读取 Checkpoint 中的数据，恢复状态，并重新执行计算。

Checkpoint 和故障恢复过程可以保证内部状态的一致性，但有数据重发的问题，如图 7-1 所示。假设系统最近一次 Checkpoint 时间戳是 3，系统在时间戳 10 处发生故障，在 Checkpoint 之后和故障之前的 3 到 10 期间，系统已经处理了一些数据（图 7-1 所示的时间戳为 5 和 8 的数据）。在实际场景中，我们无法预知故障发生的时间，只能在故障发生后，收到报警信息，并知道最近一次的 Checkpoint 时间戳是 3。作业重启后，我们可以从最近一次的 Checkpoint 数据中恢复状态，整个作业的状态被初始化到时间戳 3 处。为了保证一致性，时间戳 3 以后的数据需要重新处理一遍，在图 7-1 所示例子中时间戳为 5 和 8 的数据被重新处理。Flink 的 Checkpoint 过程保证了一个作业内部的数据一致性，主要是因为 Flink 对如下两类数据做了备份。

① 作业中每个算子的状态。

② 输入数据的偏移量 Offset。

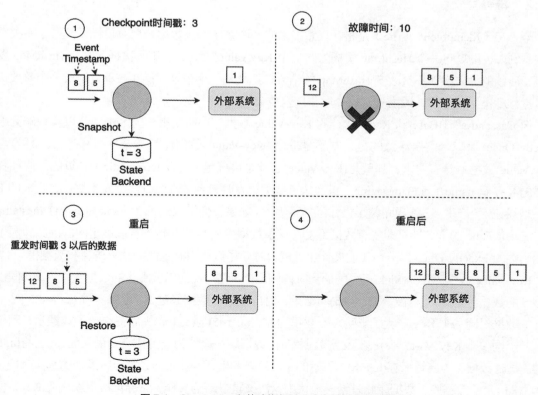

图 7-1 Checkpoint 和故障恢复过程会有数据重发问题

数据重发的过程就像观看实时直播的比赛，即使错过了一些精彩瞬间，我们也可以从录像中观看重播，英文单词 "Replay" 能非常形象地描述这个场景。但是这引发了一个问题，那就是时间戳 3 至 10 之间的数据被重发了。故障发生之前，这部分数据已经被一些算子处理了，甚至可能已经被发送到外部系统了，重启后，这些数据又被重新发送一次。一条数据不是只被处理一次，而是有可能被处理了多次（即 At-Least-Once）。从结果的准确性角度来说，我们期望一条数据只影响一次最终结果。如果一个系统能保证一条数据只影响一次最终结果，我们称这个系统提供端到端的 Exactly-Once 保障。

端到端的 Exactly-Once 问题是分布式系统领域最具挑战性的问题之一，很多系统都在试图攻克这个问题。在这个问题上，Flink 内部状态的一致性主要依赖 Checkpoint 机制，外部交互的一致性主要依赖 Source 和 Sink 提供的功能。Source 需要支持重发功能，Sink 需要采用一定的数据写入技术，比如幂等写或事务写。

对于 Source 重发功能，如图 7-1 所示，只要我们记录了输入的偏移量 Offset，作业重启后数据发送方根据该 Offset 重新开始发送数据即可。Kafka 的 Producer 除了发送数据，还能将数据持久化写到日志文件中。如果下游作业重启，Kafka Producer 根据下游作业提供的 Offset，从持久化的日志文件中定位到数据，可以重新开始向下游作业发送数据。

Source 的重发功能会导致数据被处理多次，为了保证只对下游作业产生一次影响，还需要依赖 Sink 的幂等写或事务写。下面重点介绍这两个概念。

7.1.2 幂等写

幂等写（Idempotent Write）是指，任意多次向一个系统写入数据，只对目标系统产生一次结果影响。例如，重复向一个 HashMap 里插入同一个(Key,Value)二元组，第一次插入时该 HashMap 发生变化，后续的插入操作不会改变 HashMap 的结果，这就是一个幂等写操作。重复地对一个整数执行加法操作就不是幂等写，因为多次操作后，该整数会 "变大"。

像 Cassandra、HBase 和 Redis 这样的 Key-Value 数据库一般用来作为 Sink，用以实现端到端的 Exactly-Once 保障。需要注意的是，并不是一个 Key-Value 数据库就完全支持幂等写。幂等写对 (Key,Value)数据本身有要求，那就是(Key,Value)必须是可确定性（Deterministic）计算的。假如我们设计的 Key 是 name + curTimestamp，每次执行数据重发时，系统当前时间会发生变化，生成的 Key 都不相同，就会产生多次结果，整个操作不是幂等的。如果我们把 Key 改为 name + eventTimestamp，由于 Event Time 的确定性，即使有数据重发，一条数据生成的 Key 也是可以确定的。因此，为了追求端到端的 Exactly-Once 保障，我们设计业务逻辑时要尽量使用确定性的计算逻辑和数据模型。

Key-Value 数据库作为 Sink 还可能遇到时间闪回的问题。我们仍以刚才的数据重发为例，假设时间戳 5 的数据经过计算产生一个(a, t=5)的结果，时间戳 8 的数据经过计算产生一个(a, t=8)的结果，不同的数据对同一个 Key 产生了影响。作业重启前，(a, t=5)与(a, t=8)先后提交给了数据库，两个数据都基于同一个 Key，当(a, t=8)被提交到数据库时，数据库一般认为当前提交是最新的，它会将(a, t=5) 覆盖，这时数据库中应该保存(a, t=8)。不幸的是，后来发生了作业重启，重启后最初的那段时间，(a, t=5)再次提交给数据库，数据库此时错误地认为这次又是最新的操作，它会再次更新相应 Key，但实际上又回退到了时间戳 5。只有当后续所有数据都重发一遍，且所有应该被覆盖的 Key 都被最新数据覆盖后，整个系统才达到数据的一致性状态。所以，在重启过程中，Key-Value 数据库里的数据在某段时间内很有可能是不一致的，当数据重发完成后，数据才恢复一致性，这时它才可以提供端到端的 Exactly-Once 保障。

7.1.3 事务写

事务（Transaction）是数据库系统所要解决的核心问题。Flink 借鉴了数据库中的事务处理技术，同时结合自身的 Checkpoint 机制来保证 Sink 只对外部输出产生一次影响。

简单概括，Flink 的事务写（Transaction Write）是指，Flink 先将待输出的数据保存下来，暂时不向外部系统提交；等到 Checkpoint 结束，Flink 上、下游所有算子的数据都一致时，将之前保存的数据全部提交到外部系统。换句话说，只有经过 Checkpoint 确认的数据才向外部系统写入。如图 7-2 所示，在数据重发的例子中，如果使用事务写，那只把时间戳 3 之前的输出提交到外部系统，时间戳 3 以后的数据（例如时间戳 5 和 8 生成的数据）先被写入缓存，等得到确认后，再一起提交到外部系统。这就避免了时间戳 5 的数据多次产生输出，并多次提交到外部系统。

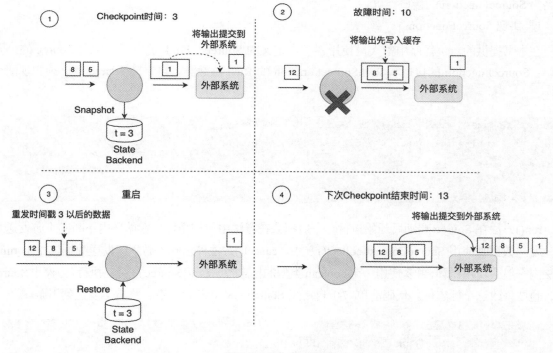

图 7-2　Flink 的事务写

在事务写的具体实现上，Flink 目前提供了两种方式：预写日志（Write-Ahead-Log，WAL）和两阶段提交（Two-Phase-Commit，2PC）。这两种方式也是很多数据库和分布式系统实现事务时经常采用的方式，Flink 根据自身的条件对这两种方式做了适应性调整。这两种方式的主要区别在于：Write-Ahead-Log 方式使用 Operator State 缓存待输出的数据；如果外部系统自身支持事务，比如 Kafka，就可以使用 Two-Phase-Commit 方式，待输出数据被缓存在外部系统。我们将在 7.2.2 小节详细介绍这两种方式。

事务写能提供端到端的 Exactly-Once 保障，它的代价也是非常明显的，即牺牲延迟。输出数据不再实时写入外部系统，而是分批次地提交。目前来说，没有完美的故障恢复和 Exactly-Once 保障机制，对于开发者来说，需要权衡不同需求。

7.2 自定义 Source 和 Sink

本节将从原理和实现两个方面来介绍 Flink 的 Source 和 Sink。

7.2.1 Flink 1.11 之前的 Source

Flink 1.11 重构了 Source 接口，是一个非常大的改动，新的 Source 接口提出了一些新的概念，在使用方式上与老 Source 接口有较大区别。这里将先重点介绍老的 Source 接口，因为老的 Source 接口更易于理解和实现，之后会简单介绍新的 Source 接口的原理。

Flink 1.11 之前的 Source 接口已经存在较长时间，如果用户想自己定义一个 Source，需要实现一个名为 SourceFunction 的接口。

1. 实现 SourceFunction

在本书提供的示例程序中曾大量使用各类自定义的 Source，Flink 提供了自定义 Source 的公开接口：SourceFunction 的接口和 RichSourceFunction 的 Rich 函数类。自定义 Source 时必须实现两个方法。

```
// Source 启动后调用 run() 方法，生成数据并将其向下游发送
void run(SourceContext<T> ctx) throws Exception;

// 停止
void cancel();
```

run() 方法在 Source 启动后开始执行，一般都会在方法中使用循环，在循环内不断向下游发送数据，发送数据时使用 SourceContext.collect() 方法。cancel() 方法停止向下游继续发送数据。由于 run() 方法内一般会使用循环，可以使用一个 boolean 类型的标志位来标记 Source 是否在执行。当停止 Source 时，也要修改这个标志位。代码清单 7-1 自定义 Source，从 0 开始计数，将数字发送到下游。

```
private static class SimpleSource
implements SourceFunction<Tuple2<String, Integer>> {

    private int offset = 0;
    private boolean isRunning = true;

    @Override
    public void run(SourceContext<Tuple2<String, Integer>> ctx) throws Exception {
        while (isRunning) {
            Thread.sleep(500);
```

```
            ctx.collect(new Tuple2<>("" + offset, offset));
            offset++;
            if (offset == 1000) {
                isRunning = false;
            }
        }
    }

    @Override
    public void cancel() {
        isRunning = false;
    }
}
```

代码清单 7-1　自定义 Source，从 0 开始计数，将数字发送到下游

在主逻辑中调用这个 Source。

```
DataStream<Tuple2<String, Integer>> countStream = env.addSource(new SimpleSource());
```

与第 4 章中介绍的 DataStream API 类似，RichSourceFunction 提供了 RuntimeContext，以及增加了 open()方法用来初始化资源，close()方法用来关闭资源。RuntimeContext 指运行时上下文，包括并行度、监控项 MetricGroup 等。比如，我们可以使用 getRuntimeContext().getIndexOfThisSubtask()获取当前子任务是多个并行子任务中的哪一个。

2．可恢复的 Source

对于代码清单 7-1 所示的示例中，假如遇到故障，整个作业重启，Source 每次从 0 开始，没有记录遇到故障前的任何信息，所以它不是一个可恢复的 Source。我们在 7.1 节中讨论过，Source 需要支持数据重发才能支持端到端的 Exactly-Once 保障。如果想支持数据重发，需要满足如下两点。

① Flink 开启 Checkpoint 机制，Source 将数据 Offset 定期写到 Checkpoint 中。作业重启后，Flink Source 从最近一次的 Checkpoint 中恢复 Offset 数据。

② Flink 所连接的上游系统支持从某个 Offset 开始重发数据。如果上游是 Kafka，它是支持 Offset 重发的。如果上游是一个文件系统，读取文件时可以直接跳到 Offset 所在的位置，从该位置重新读取数据。

在第 6 章中我们曾详细讨论 Flink 的 Checkpoint 机制，其中提到 Operator State 经常用来在 Source 或 Sink 中记录 Offset。我们在代码清单 7-1 的基础上做了一些修改，让整个 Source 能够支持 Checkpoint，即使遇到故障，也可以根据最近一次 Checkpoint 中的数据进行恢复，如代码清单 7-2 所示。

```
private static class CheckpointedSource
  extends RichSourceFunction<Tuple2<String, Integer>>
  implements CheckpointedFunction {

  private int offset;
  private boolean isRunning = true;
```

201

```
        private ListState<Integer> offsetState;

        @Override
        public void run(SourceContext<Tuple2<String, Integer>> ctx) throws Exception {
            while (isRunning) {
                Thread.sleep(100);
                // 使用同步锁，当触发某次 Checkpoint 时，不向下游发送数据
                synchronized (ctx.getCheckpointLock()) {
                    ctx.collect(new Tuple2<>("" + offset, 1));
                    offset++;
                }
                if (offset == 1000) {
                    isRunning = false;
                }
            }
        }

        @Override
        public void cancel() {
            isRunning = false;
        }

        @Override
        public void snapshotState(FunctionSnapshotContext snapshotContext) throws
Exception {
            // 清除上次状态
            offsetState.clear();
            // 将最新的 Offset 添加到状态中
            offsetState.add(offset);
        }

        @Override
        public void initializeState(FunctionInitializationContext initializationContext)
throws Exception {
            // 初始化 offsetState
            ListStateDescriptor<Integer> desc = new
ListStateDescriptor<Integer>("offset", Types.INT);
            offsetState =
initializationContext.getOperatorStateStore().getListState(desc);

            Iterable<Integer> iter = offsetState.get();
            if (iter == null || !iter.iterator().hasNext()) {
                // 第一次初始化，从 0 开始计数
                offset = 0;
            } else {
                // 从状态中恢复 Offset
```

```
            offset = iter.iterator().next();
        }
    }
}
```

代码清单 7-2　实现 CheckpointedFunction，使得 Source 支持 Checkpoint

代码清单 7-2 继承并实现了 CheckpointedFunction，可以使用 Operator State。整个作业第一次执行时，Flink 会调用 initializeState() 方法，offset 被设置为 0，之后每隔一定时间触发一次 Checkpoint，触发 Checkpoint 时会调用 snapshotState() 方法来更新状态到 State Backend。如果遇到故障，重启后会从 offsetState 状态中恢复上次保存的 Offset。

在 run() 方法中，我们增加了一个同步锁 ctx.getCheckpointLock()，是为了当触发这次 Checkpoint 时，不向下游发送数据。或者说，等本次 Checkpoint 触发结束，snapshotState() 方法执行完，再继续向下游发送数据。如果没有这个步骤，有可能会导致 run() 方法中 Offset 和 snapshotState() 方法中 Checkpoint 的 Offset 不一致。

需要注意的是，主逻辑中需要开启 Checkpoint 机制，如代码清单 7-3 所示。

```java
public static void main(String[] args) throws Exception {

    Configuration conf = new Configuration();
    // 访问 http://localhost:8082 可以看到 Flink WebUI
    conf.setInteger(RestOptions.PORT, 8082);
    // 设置本地执行环境，并行度为1
    StreamExecutionEnvironment env =
StreamExecutionEnvironment.createLocalEnvironment(1, conf);
    // 每隔2秒触发一次 Checkpoint
    env.getCheckpointConfig().setCheckpointInterval(2 * 1000);

    DataStream<Tuple2<String, Integer>> countStream = env.addSource(new
CheckpointedSource());
    // 每隔一定时间模拟一次故障
    DataStream<Tuple2<String, Integer>> result = countStream.map(new
FailingMapper(20));
    result.print();
    env.execute("checkpointed source");
}
```

代码清单 7-3　在主逻辑中调用自定义 Source，开启 Checkpoint 机制

上述代码使用 FailingMapper 模拟了一次故障。即使发生了故障，Flink 仍然能自动重启，并从最近一次的 Checkpoint 数据中恢复状态。

3. 时间戳和 Watermark

在 5.1.3 小节，我们曾经介绍过如何设置一个基于 Event Time 数据流的时间戳和 Watermark，其中一种办法就是在 Source 中设置。在自定义 Source 的过程中，SourceFunction.SourceContext 提供了

相应的方法。

```
// 设置element的时间戳为timestamp，并将element发送出去
void collectWithTimestamp(T element, long timestamp);


// 发送一个Watermark
void emitWatermark(Watermark mark);
```

其中，SourceContext.collectWithTimestamp()是一种针对 Event Time 的发送数据的方法，它是 SourceContext.collect()的一种特例。比如，我们可以将计数器 Source 中的 run()方法修改如下。

```
@Override
public void run(SourceContext<Tuple2<String, Integer>> ctx) throws Exception {
    while (isRunning) {
        Thread.sleep(100);
        // 将系统当前时间作为该数据的时间戳，并发送出去
        ctx.collectWithTimestamp(new Tuple2<>("" + offset, offset),
System.currentTimeMillis());
        offset++;
        // 每隔一段时间，发送一个Watermark
        if (offset % 100 == 0) {
          ctx.emitWatermark(new Watermark(System.currentTimeMillis()));
        }
        if (offset == 1000) {
          isRunning = false;
        }
    }
}
```

如果使用 Event Time 时间语义，越早设置时间戳和 Watermark，越能保证整个作业在时间序列上的准确性和健壮性。

我们在 5.1.3 小节也曾介绍过，对于 Event Time 时间语义，算子有一个 Watermark 对齐的过程，某些上游数据源没有数据，将导致下游算子一直等待，无法继续处理新数据。这时候要及时使用 SourceContext.markAsTemporarilyIdle()方法将该 Source 标记为空闲。比如，在实现 Flink Kafka Source 时，源码如下。

```
public void run(SourceContext<T> sourceContext) throws Exception {
    ...
    // 如果当前 Source 没有数据，将当前 Source 标记为空闲
    // 如果当前 Source 发现有新数据流入，会自动回归活跃状态
    if (subscribedPartitionsToStartOffsets.isEmpty()) {
      sourceContext.markAsTemporarilyIdle();
    }
    ...
}
```

4. 并行版本

上面提到的 Source 都是并行度为 1 的版本，或者说启动后只有一个子任务在执行。如果需要在多个子任务上并行执行的 Source，可以实现 ParallelSourceFunction 和 RichParallelSourceFunction 两个类。

7.2.2　Flink 1.11 之后的 Source

仔细分析上面的 Source 接口，可以发现这样的设计只适合进行流处理，批处理需要另外的接口。Flink 在 1.11 之后提出了一个新的 Source 接口，主要目的是统一流处理和批处理两大计算模式，提供更大规模并行处理的能力。新的 Source 接口仍然处于实验阶段，一些 Connnector 仍然基于老的 Source 接口来实现的，本书只介绍大概的原理，暂时不从代码层面做具体展示。相信在不久的未来，更多 Connector 将使用新的 Source 接口来实现。

新的 Source 接口提出了 3 个重要组件。

- 分片（Split）：Split 是将数据源切分后的一小部分。如果数据源是文件系统上的一个文件夹，Split 可以是文件夹里的某个文件；如果数据源是一个 Kafka 数据流，Split 可以是一个 Kafka Partition。因为对数据源做了切分，Source 就可以启动多个实例并行地读取。
- 读取器（SourceReader）：SourceReader 负责 Split 的读取和处理，SourceReader 运行在 TaskManager 上，可以分布式地并行运行。比如，某个 SourceReader 可以读取文件夹里的单个文件，多个 SourceReader 实例共同完成读取整个文件夹的任务。
- 分片枚举器(SplitEnumerator)：SplitEnumerator 负责发现和分配 Split。SplitEnumerator 运行在 JobManager 上，它会读取数据源的元数据并构建 Split，然后按照负载均衡策略将多个 Split 分配给多个 SourceReader。

图 7-3 展示了这 3 个组件之间的关系。其中，Master 进程中的 JobManager 运行着 SplitEnumerator，各个 TaskManager 中运行着 SourceReader，SourceReader 每次向 SplitEnumerator 请求 Split，SplitEnumerator 会分配 Split 给各个 SourceReader。

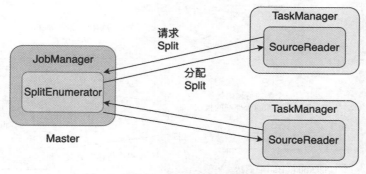

图 7-3　新 Source 接口中的 3 个重要组件

7.2.3　自定义 Sink

对于 Sink，Flink 提供的 API 为 SinkFunction 接口和 RichSinkFunction 函数类。使用时需要实现

下面的虚方法。

```
// 每条数据到达 Sink 后都会调用 invoke()方法，发送到下游外部系统
// value 为待输出数据
void invoke(IN value, Context context)
```

如 7.1 节所讨论的问题，如果想提供端到端的 Exactly-Once 保障，需要使用幂等写和事务写两种方式。

幂等写需要综合考虑业务系统的设计和下游外部系统的选型等多方面因素。数据流的一条数据经过 Flink 可能产生一到多次计算（因为故障恢复），但是最终输出的结果必须是可确定的，不能因为多次计算，导致一些变化。比如我们在前文中提到的，结果中使用系统当前时间戳作为 Key 就不是一个可确定的计算，因为每次计算的结果会随着系统当前时间戳发生变化。另外，写入外部系统一般是采用更新插入（Upsert）的方式，即将原有数据删除，将新数据插入，或者说将原有数据覆盖。一些 Key-Value 数据库经常被用来实现幂等写，幂等写也是一种实现成本相对比较低的方式。

另外一种提供端到端 Exactly-Once 保障的方式是事务写，并且有两种具体的实现方式：Write-Ahead-Log 和 Two-Phase-Commit。两者非常相似，下面分别介绍两种方式的原理，并重点介绍 Two-Phase-Commit 的具体实现。

1. Write-Ahead-Log 协议的原理

Write-Ahead-Log 是一种广泛应用在数据库和分布式系统中的保证事务一致性的协议。Write-Ahead-Log 的核心思想是，在数据写入下游系统之前，先把数据以日志（Log）的形式缓存下来，等收到明确的确认提交信息后，再将 Log 中的数据提交到下游系统。由于数据都写到了 Log 里，即使出现故障恢复，也可以根据 Log 中的数据决定是否需要恢复、如何进行恢复。图 7-4 所示为 Flink 的 Write-Ahead-Log 流程。

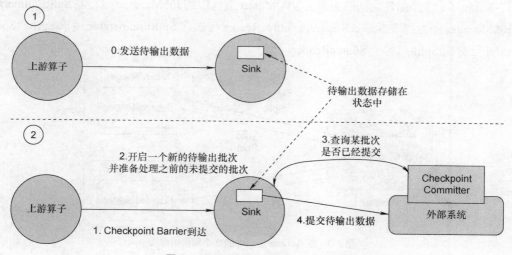

图 7-4　Flink 的 Write-Ahead-Log 流程

在 Flink 中，上游算子会不断向 Sink 发送待输出数据，这些待输出数据暂时存储在状态中，如图 7-4 的第 0 步所示。两次 Checkpoint 之间的待输出数据组成一个待输出的批次，会以 Operator State

的形式保存和备份。当 Sink 接收到一个新 Checkpoint Barrier 时，意味着 Sink 需要执行新一次 Checkpoint，它会开启一个新的批次，新流入数据都进入该批次。同时，Sink 准备将之前未提交的批次提交给外部系统。图 7-4 所示的第 1 步和第 2 步展示了这个过程。数据提交的过程又分为如下 3 步。

① Sink 向 CheckpointCommitter 查询某批次是否已经提交，通常 CheckpointCommitter 是一个与外部系统紧密相连的插件，里面存储了各批次数据是否已经写入外部系统的信息。比如，Cassandra 的 CassandraCommitter 使用了一个单独的表存储某批次数据是否已经提交。如果还未提交，则返回 false。如果外部系统是一个文件系统，我们用一个文件存储哪些批次数据已经提交。总之，CheckpointCommitter 依赖外部系统，它依靠外部系统存储了是否提交的信息。这个过程如图 7-4 的第 3 步所示。

② Sink 得知某批次数据还未提交，则使用 sendValues()方法，提交待输出数据到外部系统，即图 7-4 的第 4 步。此时，数据写入外部系统，同时也要在 CheckpointCommitter 中更新本批次数据已被提交的确认信息。

③ 数据提交成功后，Sink 会删除 Operator State 中存储的已经提交的数据。

Write-Ahead-Log 仍然无法提供百分之百的 Exactly-Once 保障，原因如下。

① sendValues()中途可能崩溃，导致部分数据已提交，部分数据还未提交。

② sendValues()成功，但是本批次数据提交的确认信息未能更新到 CheckpointCommitter 中。

这两种原因会导致故障恢复后，某些数据可能会被多次写入外部系统。

Write-Ahead-Log 的方式相对比较通用，目前 Flink 的 Cassandra Sink 使用这种方式提供 Exactly-Once 保障。

2. Two-Phase-Commit 协议的原理和实现

Two-Phase-Commit 是另一种广泛应用在数据库和分布式系统中的事务协议。与刚刚介绍的 Write-Ahead-Log 相比，Flink 中的 Two-Phase-Commit 协议不将数据缓存在 Operator State，而是将数据直接写入外部系统，比如支持事务的 Kafka。图 7-5 为 Flink 的 Two-Phase-Commit 流程图。

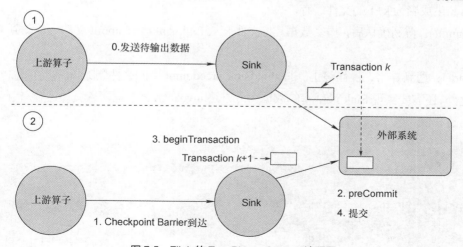

图 7-5　Flink 的 Two-Phase-Commit 流程图

如图 7-5 所示，上游算子将数据发送到 Sink 后，Sink 直接将待输出数据写入外部系统的第 k 次事务（Transaction）中。接着 Checkpoint Barrier 到达，新一次 Checkpoint 开始执行。如图 7-5 的第 2 步所示，Flink 执行 preCommit()，将第 k 次 Transaction 的数据预提交到外部系统中，预提交时，待提交数据已经写入外部系统，但是为了保证数据一致性，这些数据由于还没有得到确认提交的信息，对于外部系统的使用者来说，还是不可见的。之所以使用预提交而非提交，是因为 Flink 无法确定多个并行实例是否都完成了数据写入外部系统的过程，有些实例已经将数据写入，其他实例未将数据写入。一旦发生故障恢复，写入实例的那些数据还有可能再次被写入外部系统，这就影响了 Exactly-Once 保障的数据一致性。

接着，Flink 会执行 beginTransaction()方法，开启下一次 Transaction（Transaction $k+1$），之后上游算子流入的待输出数据都将流入新的 Transaction，如图 7-5 的第 3 步。当所有并行实例都执行图 7-5 中的第 2 步和第 3 步之后，本次 Checkpoint 已经完成，Flink 将预提交的数据最终提交到外部系统，至此待输出数据在外部系统最终可见。

接下来我们使用具体的例子来演示整个数据写入的过程，这里继续使用本章之前一直使用的数据流 DataStream<Tuple2<String, Integer>>，我们将这个数据流写入文件。为此，我们准备两个文件夹，一个名为 flink-sink-commited，这是数据最终要写入的文件夹，需要保证一条数据从 Source 到 Sink 的 Exactly-Once 一致性；第二个文件夹名为 flink-sink-precommit，存储临时文件，主要为事务机制所使用。数据先经过 flink-sink-precommit，等得到确认后，再将数据从此文件夹写入 flink-sink-commited。结合上面所述的数据写入过程，我们需要继承 TwoPhaseCommitSinkFunction，并实现下面的 4 个方法。

① beginTransaction()：开启一次新的 Transaction。我们为每次 Transaction 创建一个新的文件缓存，文件缓存名以当前时间命名，新流入数据都写入这个文件缓存。假设当前为第 k 次 Transaction，文件名为 k。文件缓存的数据在内存中，还未写入磁盘。

② preCommit()：数据预提交。文件缓存 k 从内存写入 flink-sink-precommit 文件夹，数据持久化到磁盘中。一旦 preCommit()方法被执行，Flink 会调用 beginTransaction()方法，开启下一次 Transaction，生成名为 k+1 的文件缓存。

③ commit()：得到确认后，提交数据。将文件 k 从 flink-sink-precommit 文件夹移动到 flink-sink-commited。

④ abort()：遇到异常，操作终止。将 flink-sink-precommit 中的文件删除。

除此之外，还需要实现 Sink 最基本的数据写入方法 invoke()，将数据写入文件缓存。代码清单 7-4 展示了整个过程。

```java
public static class TwoPhaseFileSink
extends TwoPhaseCommitSinkFunction<Tuple2<String, Integer>, String, Void> {
    // 缓存
    private BufferedWriter transactionWriter;
    private String preCommitPath;
    private String commitedPath;

    public TwoPhaseFileSink(String preCommitPath, String commitedPath) {
        super(StringSerializer.INSTANCE, VoidSerializer.INSTANCE);
```

```
            this.preCommitPath = preCommitPath;
            this.commitedPath = commitedPath;
        }


        @Override
        public void invoke(String transaction, Tuple2<String, Integer> in, Context context)
throws Exception {
            transactionWriter.write(in.f0 + " " + in.f1 + "\n");
        }


        @Override
        public String beginTransaction() throws Exception {
            String time =
LocalDateTime.now().format(DateTimeFormatter.ISO_LOCAL_DATE_TIME);
            int subTaskIdx = getRuntimeContext().getIndexOfThisSubtask();
            String fileName = time + "-" + subTaskIdx;
            Path preCommitFilePath = Paths.get(preCommitPath + "/" + fileName);
            // 创建一个存储本次 Transaction 的文件
            Files.createFile(preCommitFilePath);
            transactionWriter = Files.newBufferedWriter(preCommitFilePath);
            System.out.println("transaction File: " + preCommitFilePath);

            return fileName;
        }


        @Override
        public void preCommit(String transaction) throws Exception {
            // 将当前数据由内存写入磁盘
            transactionWriter.flush();
            transactionWriter.close();
        }


        @Override
        public void commit(String transaction) {
            Path preCommitFilePath = Paths.get(preCommitPath + "/" + transaction);
            if (Files.exists(preCommitFilePath)) {
                Path commitedFilePath = Paths.get(commitedPath + "/" + transaction);
                try {
                    Files.move(preCommitFilePath, commitedFilePath);
                } catch (Exception e) {
                    System.out.println(e);
                }
            }
        }


        @Override
        public void abort(String transaction) {
          Path preCommitFilePath = Paths.get(preCommitPath + "/" + transaction);
```

```
    // 如果中途遇到异常，将文件删除
    if (Files.exists(preCommitFilePath)) {
      try {
          Files.delete(preCommitFilePath);
      } catch (Exception e) {
          System.out.println(e);
      }
    }
  }
}
```

代码清单 7-4 实现了 TwoPhaseCommitSinkFunction 的 Sink

TwoPhaseCommitSinkFunction<IN, TXN, CONTEXT>接收如下 3 个泛型。

- IN 为上游算子发送过来的待输出数据类型。
- TXN 为 Transaction 类型，本例中是类型 String，Kafka 中是一个封装了 Kafka Producer 的数据类型，我们可以往 Transaction 中写入待输出的数据。
- CONTEXT 为上下文类型，是个可选选项。本例中我们没有使用上下文，所以这里使用了 Void，即空类型。

TwoPhaseCommitSinkFunction 的构造函数需要传入 TXN 和 CONTEXT 的序列化器。在主逻辑中，我们创建了两个目录，一个为预提交目录，一个为最终的提交目录。我们可以比较使用未加任何保护的 print()和该 Sink：print()直接将结果输出到标准输出，会有数据重发现象；而使用了 Two-Phase-Commit 协议，待输出结果写到了目标文件夹内，即使发生了故障恢复，也不会有数据重发现象，代码清单 7-5 展示了在主逻辑中使用 Two-Phase-Commit 的 Sink。

```
    // 每隔 5 秒进行一次 Checkpoint
    env.getCheckpointConfig().setCheckpointInterval(5 * 1000);

    DataStream<Tuple2<String, Integer>> countStream = env.addSource(new
CheckpointedSourceExample.CheckpointedSource());
    // 每隔一定时间模拟一次失败
    DataStream<Tuple2<String, Integer>> result = countStream.map(new
CheckpointedSourceExample.FailingMapper(20));

    // 类 UNIX 操作系统的临时文件夹在/tmp 下
    // Windows 用户需要修改该目录
    String preCommitPath = "/tmp/flink-sink-precommit";
    String commitedPath = "/tmp/flink-sink-commited";

    if (!Files.exists(Paths.get(preCommitPath))) {
      Files.createDirectory(Paths.get(preCommitPath));
    }
    if (!Files.exists(Paths.get(commitedPath))) {
      Files.createDirectory(Paths.get(commitedPath));
    }
```

```
// 使用 Exactly-Once 语义的 Sink，执行本程序时可以查看相应的输出目录
result.addSink(new TwoPhaseFileSink(preCommitPath, commitedPath));
//输出数据，无 Exactly-Once 保障，有数据重发现象
result.print();
```

代码清单 7-5　在主逻辑中使用 Two-Phase-Commit 的 Sink

Flink 的 Kafka Sink 中的 FlinkKafkaProducer.Semantic.EXACTLY_ONCE 选项就使用这种方式实现，因为 Kafka 提供了事务机制，开发者可以通过"预提交-提交"的两阶段提交方式将数据写入 Kafka。但是需要注意的是，这种方式理论上能够提供百分之百的 Exactly-Once 保障，但实际执行过程中，这种方式比较依赖 Kafka 和 Flink 之间的协作，如果 Flink 作业的故障恢复时间过长会导致超时，最终会导致数据丢失。因此，这种方式只能在理论上提供百分之百的 Exactly-Once 保障。

7.3　Flink 中常用的 Connector

本节将对 Flink 常用的 Connector 做一些概括性的介绍，主要包括内置输入/输出（Input/Output，I/O）接口、flink-connector 项目所涉及的 Connector、Apache Bahir 所提供的 Connector 等，如图 7-6 所示。

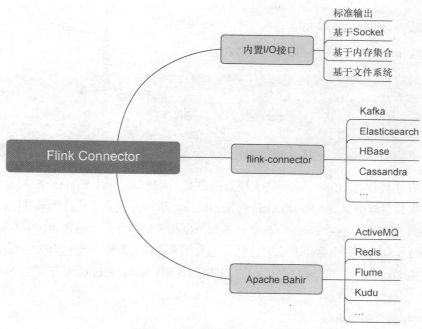

图 7-6　Flink 中常用的 Connector

Flink 支持了绝大多数的常见大数据系统，从系统的类型上，包括了消息队列、数据库、文件系统等；从具体的技术上，包括了 Kafka、Elasticsearch、HBase、Cassandra、JDBC、Kinesis、Redis 等。各个大数据系统使用起来略有不同，接下来将重点介绍一下 Flink 内置 I/O 接口和 Flink Kafka Connector，这两类 Connector 被广泛应用在很多业务场景中，具有很强的代表性。

7.3.1　内置 I/O 接口

之所以给这类 Connector 起名为内置 I/O 接口，是因为这些接口直接集成在了 Flink 的核心代码中，无论在任何环境中，我们都可以调用这些接口进行数据输入/输出操作。与内置 I/O 接口相对应的是 flink-connector 子项目以及 Apache Bahir 项目中的 Connector，flink-connector 虽然是 Flink 开源项目的一个子项目，但是并没有直接集成到二进制包（我们在第 2 章下载安装的 Flink 安装包）中。因此，使用 Flink 的内置 I/O 接口，一般不需要额外添加依赖，使用其他 Connector 需要添加相应的依赖。

Flink 的内置 I/O 接口如下。

- 基于 Socket 的 Source 和 Sink。
- 基于内存集合的 Source。
- 输出到标准输出的 Sink。
- 基于文件系统的 Source 和 Sink。

在前文中，我们其实已经使用过这里提到的接口，比如从内存集合中创建数据流并将结果输出到标准输出。像 Socket、内存集合和打印这 3 类接口非常适合调试。此外，文件系统被广泛用于大数据的持久化，是大数据架构中经常涉及的一种组件。下面我们将再次梳理一下这些接口，并重点介绍一下基于文件系统的 Source 和 Sink。

1.　基于 Socket 的 Source 和 Sink

我们可以从 Socket 数据流中读取和写入数据。

```
// 读取 Socket 中的数据，数据流数据之间用 \n 来切分
env.socketTextStream(hostname, port, "\n");

// 向 Socket 中写数入据，数据以 SimpleStringSchema 序列化
stream.writeToSocket(outputHost, outputPort, new SimpleStringSchema());
```

由于 Socket 不能保存 Offset，也无法实现数据重发，因此以它作为 Connector 可能会导致故障恢复时的数据丢失，只能提供 At-Most-Once 的投递保障。这种方式非常适合用来调试，开源工具 nc 可以创建 Socket 数据流，结合 Flink 的 Socket 接口可以用来快速验证一些逻辑。

此外，Socket Source 输入数据具有时序性，适合用来调试与时间和窗口有关的程序。

注意，使用 Socket 时，需要提前启动相应的 Socket 端口，以便 Flink 能够建立 Socket 连接，否则将抛出异常。

2.　基于内存集合的 Source

最常见调试方式是在内存中创建一些数据列表，并直接写入 Flink 的 Source。

```
DataStream<Integer> sourceDataStream = env.fromElements(1, 2, 3);
```

它内部调用的是：fromCollection(Collection<T> data, TypeInformation<T> typeInfo)。fromCollection() 基于 Java 的 Collection 接口。对于一些复杂的数据类型，我们用 Java 的 Collection 来创建数据，并

写到 Flink 的 Source 里。

```
// 获取数据类型
TypeInformation<T> typeInfo = ...
DataStream<T> collectionStream = env.fromCollection(Arrays.asList(data), typeInfo);
```

3. 输出到标准输出的 Sink

print() 和 printToErr() 分别将数据流输出到标准输出流（STDOUT）和标准错误流（STDERR）。这两个方法会调用数据的 toString() 方法，将内存对象转换成字符串，因此如果想进行调试、查看结果，一定要实现数据的 toString() 方法。Java 的 POJO 类要重写 toString() 方法，Scala 的 case class 已经有内置的 toString() 方法，无须实现。具体代码如代码清单 7-6 所示。

```java
public class StockPrice {
    public String symbol;
    public double price;
    public long ts;
    public int volume;
    public String mediaStatus;

    ...

    @Override
    public String toString() {
        return "(" + this.symbol + "," +
                this.price + "," + this.ts +
                "," + this.volume + "," +
                this.mediaStatus + ")";
    }
}
```

代码清单 7-6　Java 的 POJO 类要重写 toString 方法

print() 和 printToErr() 方法实际在 TaskManager 上执行，如果并行度大于 1，Flink 会将算子子任务的 ID 一起输出。比如，在 IntelliJ IDEA 中执行程序，可以得到类似下面的结果，每行输出前都有一个数字，该数字表示相应方法实际在哪个算子子任务上执行。

```
1> 490894,1061719,4874384,pv,1512061207
1> 502030,4129946,1567637,pv,1512061207
4> 226011,4228265,3159480,pv,1512057930
4> 228530,3404444,64179,pv,1512057930
6> 694940,4531940,4217906,pv,1512058952
...
```

4. 基于文件系统的 Source 和 Sink

（1）基于文件系统的 Source

文件系统一般用来存储数据，为批处理提供输入或输出，是大数据架构中最为重要的组件之一。

比如，消息队列可能将一些日志写入文件系统进行持久化，批处理作业从文件系统中读取数据进行分析等。在 Flink 中，基于文件系统的 Source 和 Sink 可以从文件系统中读取和输出数据。

Flink 对各类文件系统都提供了支持，包括本地文件系统以及挂载到本地的网络文件系统（Network File System，NFS）、Hadoop HDFS、Amazon S3、阿里云 OSS 等。Flink 通过路径中的文件系统描述符来确定该文件路径使用什么文件系统，例如 file:///some/local/file 或者 hdfs://host:port/file/path。

下面的代码从一个文件系统中读取一个文本文件，文件读入后以字符串的形式存在，并生成一个 DataStream<String>。

```
StreamExecutionEnvironment env =
StreamExecutionEnvironment.getExecutionEnvironment();
String textPath = ...
// readTextFile()方法默认以 UTF-8 编码格式读取文件
DataStream<String> text = env.readTextFile(textPath)
```

Flink 在内部实际调用的是一个支持更多参数的接口。

```
/**
 * 从 filePath 文件中读取数据              *
 * FileInputFormat 定义文件的格式
 * watchType 检测文件路径下的内容是否有更新
 * interval 检测间隔
 */
public <OUT> DataStreamSource<OUT> readFile(
                FileInputFormat<OUT> inputFormat,
                String filePath,
                FileProcessingMode watchType,
                long interval)
```

上述方法可以读取一个路径下的所有文件。FileInputFormat 定义了输入文件的格式，比如一个纯文本文件 TextInputFormat，后文还将详细介绍这个接口。参数 filePath 是文件路径。如果这个路径指向一个文件，Flink 将读取这个文件，如果这个路径是一个目录，Flink 将读取目录下的文件。基于 FileProcessingMode，Flink 提供了如下两种不同的读取文件的模式。

① FileProcessingMode.PROCESS_ONCE 模式只读取一遍某个目录下的内容，读取完后随即退出。

② FileProcessingMode.PROCESS_CONTINUOUSLY 模式每隔 interval 毫秒周期性地检查 filePath 路径下的内容是否有更新，如果有更新，重新读取里面的内容。

下面的代码展示了如何调用 FileInputFormat 接口。

```
// 文件路径
String filePath = ...
```

```
// 文件为纯文本格式
TextInputFormat textInputFormat = new TextInputFormat(new
org.apache.flink.core.fs.Path(filePath));

// 每隔100毫秒检测一遍
DataStream<String> inputStream = env.readFile(textInputFormat, filePath,
            FileProcessingMode.PROCESS_CONTINUOUSLY, 100);
```

Flink 在实现文件读取时，增加了一个专门检测文件路径的线程。这个线程启动后定时检测路径下的任何修改，比如是否有文件被修改，或文件夹是否添加了新内容。确切地说，这个线程检测文件的修改时间（Modified Time）是否发生了变化。FileProcessingMode.PROCESS_CONTINUOUSLY 模式下 Flink 每隔 interval 毫秒周期性地检测文件的修改时间；FileProcessingMode.PROCESS_ONCE 只检测一次，不周期性地检测。

> **注意**
>
> ----
>
> 重新读取文件内容会影响端到端的 Exactly-Once 一致性。因为检测更新是基于文件的修改时间，如果我们往一个文件中追加数据，文件的修改时间会发生变化，该文件下次检测时会被重新读取，导致一条数据可能会被多次处理。
>
> ----

FileInputFormat 是读取文件的基类，继承这个基类可以实现不同类型的文件读取，包括纯文本文件。TextInputFormat 是 FileInputFormat 的一个实现，TextInputFormat 按行读取文件，文件以纯文本的序列化方式打开。Flink 也提供了 AvroInputFormat、OrcInputFormat、ParquetInputFormat 等其他大数据架构所采用的文件格式，这些文件格式比起纯文本文件的性能更好，它们的读/写方式也各有不同。

考虑到数据的容量比较大，在实现文件读取的过程中，Flink 会判断 filePath 路径下的文件能否切分。假设这个作业的并行度是 n，而且文件能够切分，检测线程会将读入的文件切分成 n 份，后续启动 n 个并行的文件读取实例读取这 n 份切分文件。

（2）基于文件系统的 Sink

我们可以使用 writeAsText(String path)、writeAsText(String path, WriteMode writeMode) 和 writeUsingOutputFormat(OutputFormat<T> format) 等方法来将文件输出到文件系统。WriteMode 可以为 NO_OVERWRITE 和 OVERWRITE，即是否覆盖原来路径里的内容。OutputFormat 与 FileInputFormat 类似，表示目标文件的文件格式。在最新的 Flink 版本中，这几个输出到文件系统的方法被标记为 @Deprecated，表示未来将被弃用，主要考虑到这些方法没有参与 Flink 的 Checkpoint 过程中，无法提供 Exactly-Once 保障。这些方法适合用于本地调试。

在生产环境中，为了保证数据的一致性，官方建议使用 StreamingFileSink 接口。下面这个例子展示了如何将一个文本数据流输出到一个目标路径上。这里用到的是一个非常简单的配置，包括一个文件路径和一个 Encoder。Encoder 可以将数据编码以便对数据进行序列化。

```
DataStream<Address> stream = env.addSource(...)

// 使用 StreamingFileSink 将 DataStream 输出为一个文本文件
StreamingFileSink<String> fileSink = StreamingFileSink
 .forRowFormat(new Path("/file/base/path"),
            new SimpleStringEncoder<String>("UTF-8"))
 .build();
stream.addSink(fileSink);
```

StreamingFileSink 主要支持两类文件，一种是行式存储，一种是列式存储。我们平时见到的很多数据是行式存储的，即在文件的末尾追加新的行。列式存储在某些场景下的性能很高，它将一批数据收集起来，批量写入。行式存储和列式存储的接口如下。

- 行式存储：StreamingFileSink.forRowFormat(basePath, rowEncoder)。
- 列式存储：StreamingFileSink.forBulkFormat(basePath, bulkWriterFactory)。

回到刚才的例子上，它使用了行式存储，SimpleStringEncoder 是 Flink 提供的预定义的 Encoder，它通过数据流的 toString() 方法将内存数据转换为字符串，将字符串按照 UTF-8 编码写入输出中。SimpleStringEncoder<String> 可以用来编码转换字符串数据流，SimpleStringEncoder<Long> 可以用来编码转换长整数数据流。

如果数据流比较复杂，我们需要自己实现一个 Encoder。代码清单 7-7 中的数据流是一个 DataStream<Tuple2<String, Integer>>，我们需要实现 encode() 方法，将每个数据编码。

```
// 将一个二元组数据流编码并序列化
static class Tuple2Encoder implements Encoder<Tuple2<String, Integer>> {
    @Override
    public void encode(Tuple2<String, Integer> element, OutputStream stream) throws
IOException {
        stream.write((element.f0 + '@' +
element.f1).getBytes(StandardCharsets.UTF_8));
        stream.write('\n');
    }
}
```

代码清单 7-7　一个 Encoder 的实现示例

对于列式存储，也需要一个类似的 Encoder，Flink 称之为 BulkWriter，本质上将数据序列化为列式存储所需的格式。比如我们想使用 Parquet 格式，代码如下。

```
DataStream<Datum> stream = ...

StreamingFileSink<Datum> fileSink = StreamingFileSink
 .forBulkFormat(new Path("/file/base/path"),
ParquetAvroWriters.forReflectRecord(Datum.class))
 .build();

stream.addSink(fileSink);
```

考虑到大数据场景下，输出数据量会很大，而且流处理作业需要长时间执行，StreamingFileSink
的具体实现过程中使用了桶的概念。桶可以理解为输出路径的一个子文件夹。如果不做其他设置，
Flink 按照时间来将输出数据分桶，会在输出路径下生成类似下面的文件夹结构。

```
/file/base/path
└── 2020-02-25--15
        ├── part-0-0.inprogress.92c7be6f-8cfc-4ca3-905b-91b0e20ba9a9
        ├── part-1-0.inprogress.18f9fa71-1525-4776-a7bc-fe02ee1f2dda
```

目录和文件名实际上是按照下面的结构来命名的。

```
[base-path]/[bucket-path]/part-[task-id]-[id]
```

最顶层的文件夹是我们设置的输出目录，第二层是桶，Flink 将当前的时间作为 bucket-path 桶名。
实际输出时，Flink 会启动多个并行的实例，每个实例有自己的 task-id，task-id 被添加在了 part 之后。
我们也可以自定义数据分配的方式，将某一条数据分配到相应的桶中。

```
StreamingFileSink<String> fileSink = StreamingFileSink
  .forRowFormat(new Path("/file/path"),
            new SimpleStringEncoder<String>("UTF-8"))
  .withBucketAssigner(new DateTimeBucketAssigner<>())
  .build();
```

上述的文件夹结构中，有"inprogress"字样，这与 StreamingFileSink 能够提供的 Exactly-Once
保障有关。一份数据从生成到最终可用需要经过 3 个阶段：进行中（In-progress）、等待（Pending）
和结束（Finished）。当数据刚刚生成时，文件处于 In-progress 阶段；当数据已经准备好（比如单个
part 文件足够大），文件被置为 Pending 阶段；下次 Checkpoint 执行完，整个作业的状态数据是一致
的，文件最终被置为 Finished 阶段，Finished 阶段的文件名没有"inprogress"的字样。从这个角度来
看，StreamingFileSink 和 Checkpoint 机制结合，能够提供 Exactly-Once 保障。

7.3.2　Flink Kafka Connector

在第 1 章中我们曾提到，Kafka 是一个消息队列，它可以在 Flink 的上游向 Flink 发送数据，也
可以在 Flink 的下游接收 Flink 的输出。Kafka 是一个很多公司都采用的消息队列，因此非常具有代
表性。

Kafka 的 API 经过不断迭代，已经趋于稳定，我们接下来主要介绍基于稳定版本的 Kafka
Connector。如果仍然使用较旧版本的 Kafka（0.11 或更旧的版本），可以通过官方文档来了解具体的
使用方法。由于 Kafka Connector 并没有内置在 Flink 核心程序中，使用之前，我们需要在 Maven 中
添加依赖。

```
<dependency>
  <groupId>org.apache.flink</groupId>
  <artifactId>flink-connector-kafka_${scala.binary.version}</artifactId>
```

```
    <version>${flink.version}</version>
  </dependency>
```

1. Flink Kafka Source

Kafka 作为一个 Flink 作业的上游，可以为该作业提供数据，我们需要一个可以连接 Kafka 的 Source 读取 Kafka 中的内容，这时 Kafka 是一个 Producer，Flink 作为 Kafka 的 Consumer 来消费 Kafka 中的数据。代码清单 7-8 展示了如何初始化一个 Kafka Source Connector。

```
// Kafka 参数
Properties properties = new Properties();
properties.setProperty("bootstrap.servers", "localhost:9092");
properties.setProperty("group.id", "flink-group");
String inputTopic = "Shakespeare";

// Source
FlinkKafkaConsumer<String> consumer =
  new FlinkKafkaConsumer<String>(inputTopic, new SimpleStringSchema(), properties);
DataStream<String> stream = env.addSource(consumer);
```

代码清单 7-8　初始化 Kafka Source Consumer

代码清单 7-8 创建了一个 FlinkKafkaConsumer，它需要 3 个参数：Topic、反序列化方式和 Kafka 相关参数。Topic 是我们想读取的具体内容，是一个字符串，并且可以支持正则表达式。Kafka 中传输的是二进制数据，需要提供一个反序列化方式，将数据转化为具体的 Java 或 Scala 对象。Flink 已经提供了一些序列化实现，比如：SimpleStringSchema 按照字符串进行序列化和反序列化，JsonNodeDeserializationSchema 使用 Jackson 对 JSON 数据进行序列化和反序列化。如果数据类型比较复杂，我们需要实现 DeserializationSchema 或者 KafkaDeserializationSchema 接口。最后一个参数 Properties 是 Kafka 相关的设置，用来配置 Kafka 的 Consumer，我们需要配置 bootstrap.servers 和 group.id，其他的参数可以参考 Kafka 的文档进行配置。

Flink Kafka Consumer 可以配置从哪个位置读取消息队列中的数据。默认情况下，从 Kafka Consumer Group 记录的 Offset 开始消费，Consumer Group 是根据 group.id 所配置的。其他配置可以参考下面的代码。

```
StreamExecutionEnvironment env =
StreamExecutionEnvironment.getExecutionEnvironment();

FlinkKafkaConsumer<String> consumer = new FlinkKafkaConsumer<>(...);
consumer.setStartFromGroupOffsets(); // 默认从 Kafka 记录中的 Offset 开始
consumer.setStartFromEarliest();     // 从最早的数据开始
consumer.setStartFromLatest();       // 从最近的数据开始
consumer.setStartFromTimestamp(...); // 从某个时间戳开始

DataStream<String> stream = env.addSource(consumer);
```

上述代码中配置消费的起始位置只影响作业第一次启动时所应读取的位置，不会影响故障恢复时重新消费的位置。

如果作业启用了 Flink 的 Checkpoint 机制，Checkpoint 时会记录 Kafka Consumer 消费到哪个位置，或者说记录了 Consumer Group 在该 Topic 下每个分区的 Offset。如果遇到故障恢复，Flink 会从最近一次的 Checkpoint 中恢复 Offset，并从该 Offset 重新消费 Kafka 中的数据。可见，Flink Kafka Consumer 是支持数据重发的。

2. Flink Kafka Sink

Kafka 作为 Flink 作业的下游，可以接收 Flink 作业的输出，这时我们可以通过 Kafka Sink 将处理好的数据输出到 Kafka 中。在这种场景下，Flink 是生成数据的 Producer，向 Kafka 输出。

比如我们将 WordCount 程序结果输出到一个 Kafka 数据流中。

```
DataStream<Tuple2<String, Integer>> wordCount = ...

FlinkKafkaProducer<Tuple2<String, Integer>> producer = new
FlinkKafkaProducer<Tuple2<String, Integer>> (
     outputTopic,
     new KafkaWordCountSerializationSchema(outputTopic),
   properties,
   FlinkKafkaProducer.Semantic.EXACTLY_ONCE);
wordCount.addSink(producer);
```

上面的代码创建了一个 FlinkKafkaProducer，它需要 4 个参数：Topic、序列化方式、连接 Kafka 的相关参数以及选择什么样的投递保障。这些参数中，Topic 和连接的相关 Kafka 参数与前文所述的内容基本一样。

序列化方式与前面提到的反序列化方式相对应，它主要将 Java 或 Scala 对象转化为可在 Kafka 中传输的二进制数据。这个例子中，我们要传输的是一个 Tuple2<String, Integer>，需要提供对这个数据类型进行序列化的代码，例如代码清单 7-9 的序列化代码。

```
public static class KafkaWordCountSerializationSchema implements
KafkaSerializationSchema<Tuple2<String, Integer>> {

    private String topic;

    public KafkaWordCountSerializationSchema(String topic) {
        super();
        this.topic = topic;
    }

    @Override
    public ProducerRecord<byte[], byte[]> serialize(Tuple2<String, Integer> element,
Long timestamp) {
```

```
            return new ProducerRecord<byte[], byte[]>(topic, (element.f0 + ": " +
element.f1).getBytes(StandardCharsets.UTF_8));
    }
}
```

代码清单 7-9　将数据写到 Kafka Sink 时，需要进行序列化

最后一个参数决定了 Flink Kafka Sink 以什么样的语义来保障数据写入 Kafka，它接受 FlinkKafkaProducer.Semantic 的枚举类型，有 3 种类型：NONE、AT_LEAST_ONCE 和 EXACTLY_ONCE。

- None：不提供任何保障，数据可能会丢失也可能会重复。
- AT_LEAST_ONCE：保证不丢失数据，但是有可能会重复。
- EXACTLY_ONCE：基于 Kafka 提供的事务写功能，一条数据最终只写入 Kafka 一次。

其中，EXACTLY_ONCE 基于 Kafka 提供的事务写功能，使用了我们提到的 Two-Phase-Commit 协议，它保证了数据端到端的 Exactly-Once 保障。当然，这个类型的代价是输出延迟会增大。实际执行过程中，这种方式比较依赖 Kafka 和 Flink 之间的协作，如果 Flink 作业的故障恢复时间过长，Kafka 不会长时间保存事务中的数据，有可能发生超时，最终也可能会导致数据丢失。AT_LEAST_ONCE 是默认的，它不会丢失数据，但数据有可能是重复的。

7.4　实验　读取并输出股票价格数据流

经过本章的学习，读者应该基本了解了 Flink Connector 的使用方法，本节我们继续以股票交易场景来模拟数据流的输入和输出。

一、实验目的

结合股票交易场景，学习如何使用 Source 和 Sink，包括如何自定义 Source、如何调用 Kafka Sink。

二、实验内容

在第 4 章和第 5 章的实验中，我们都使用了股票交易数据，其中使用了 StockPrice 的数据结构，读取数据集中的数据来模拟一个真实数据流。这里我们将修改第 4 章实验中的 Source，在读取数据集时使用一个 Offset，保证 Source 有故障恢复的能力。

基于第 5 章中的对股票数据 x_{VWAP} 的计算程序，使用 Kafka Sink，将结果输出到 Kafka。输出之前，需要在 Kafka 中建立对应的 Topic。

三、实验要求

整个程序启用 Flink 的 Checkpoint 机制，计算 x_{VWAP}，需要重新编写 Source，使其支持故障恢复，计算结果被发送到 Kafka。计算结果可以使用 JSON 格式进行序列化。在命令行中启动一个 Kafka Consumer 来接收数据，验证程序输出的正确性。

四、实验报告

将思路和程序撰写成实验报告。

本章小结

通过本章的学习，读者应该可以了解 Flink Connector 的原理和使用方法，包括：端到端 Exactly-Once 的含义、自定义 Source 和 Sink 以及常用 Flink Connector 使用方法。相信通过本章的学习，读者已经可以将从 Source 到 Sink 的一整套流程串联起来。

08

第8章 Table API & SQL 的介绍和使用

在前文中，我们已经系统地介绍了如何使用 Flink 的 DataStream API 在时间维度上进行有状态的计算。为了方便开发和迭代，Flink 基于 DataStream/DataSet API 提供了一个更高层的关系型数据库式的 API——Table API & SQL。Table API & SQL 有以下优点。

- 结合了流处理和批处理两种场景，提供统一的对外接口。
- Table API & SQL 均以关系型数据库中的表为基础模型，Table API 和 SQL 两者结合非常紧密。
- Table API & SQL 与其他平台使用习惯相似，例如 Hive SQL、Spark DataFrame & SQL、Python pandas 等，数据科学家可以快速将其他平台的使用方法迁移到 Flink 平台上。
- 比起 DataStream/DataSet API，Table API & SQL 的开发成本较低，可以广泛应用于数据探索、业务报表、商业智能等各类场景，适合企业大规模推广。
- 很多用户对 Flink DataStream/DataSet API 的熟悉程度并不高，反而 Table API & SQL 在效率方面有很大优势：用户可以更关注业务逻辑，执行优化可以交给 Flink。

考虑到 Table API & SQL 的诸多优点，Flink 社区非常重视对它们的投入，无论是已经完成的版本还是中长期的规划中，Flink 社区都将 Table API & SQL 作为重要的发展方向。尤其是在阿里巴巴在 Flink 社区投入更多的资源之后，阿里巴巴内部版本 Blink 和开源社区版本 Flink 正在快速融合，一些 Blink 中关于 Table API & SQL 的功能已经提交到开源社区版本中，Table API & SQL 处于快速迭代开发状态中。从另一方面来讲，Table API & SQL 的一些功能也在逐渐完善，一些接口也会发生变化。

由于批处理上的关系型查询已经比较成熟，相关书籍和材料已经比较丰富，因此这里不再花费精力详细介绍，本章主要基于 Flink 1.11，围绕流处理场景来介绍 Table API & SQL。具体而言，本章主要内容如下。

- Table API & SQL 的骨架程序和使用方法。
- 流处理下特有的概念：动态表和持续查询、时间和窗口、Join。
- Flink SQL 使用过程所涉及的 SQL DDL 等重要知识点。
- 系统函数和用户自定义函数。

8.1　Table API & SQL 综述

在具体执行层面，Flink 使用一个名为执行计划器（Planner）的组件将 Table API 或 SQL 语句中的关系型查询转换为可执行的 Flink 作业，并对作业进行优化。在本书写作期间出现了阿里巴巴的 Blink 版本的 Planner（或者称为 Blink Planner）和 Flink 社区版本的 Planner（或者称为 Flink Planner、Old Planner）并存的现象。Flink 社区正在进行这方面的迭代和融合，Blink Planner 未来将逐步取代 Flink Planner，读者可以根据需求来确定使用哪种 Planner。同时，Table API & SQL 的迭代速度较快，读者可以根据 Flink 官方文档查询最新的使用方法。

本节主要介绍 Table API & SQL 程序的骨架结构以及如何连接外部系统。

8.1.1　Table API & SQL 程序的骨架结构

代码清单 8-1 展示了 Table API & SQL 程序的骨架结构。

```
// 基于StreamExecutionEnvironment 创建 TableEnvironment
StreamExecutionEnvironment env =
StreamExecutionEnvironment.getExecutionEnvironment();
StreamTableEnvironment tEnv = StreamTableEnvironment.create(env);

// 读取数据源，创建表
tableEnv.connect(...).createTemporaryTable("user_behavior");
// 注册输出表
tableEnv.connect(...).createTemporaryTable("output_table");

// 使用Table API 查询 user_behavior
Table tabApiResult = tableEnv.from("user_behavior").select(...);
// 使用SQL 查询 user_behavior
Table sqlResult = tableEnv.sqlQuery("SELECT ... FROM user_behavior ... ");

// 将查询结果输出到 outputTable
tabApiResult.executeInsert("output_table");
sqlResult.executeInsert("output_table");
```

代码清单 8-1　Table API & SQL 程序的骨架结构

从代码清单 8-1 的程序骨架结构上来看，目前的 Table API & SQL 要与 DataStream/DataSet API 相结合来使用，主要需要以下步骤。

① 创建执行环境（ExecutionEnvironment）和表环境（TableEnvironment）。

② 获取表。

③ 使用 Table API 或 SQL 在表上做查询等操作。

④ 将结果输出到外部系统。

⑤ 调用 execute()，执行作业。

在真正编写一个作业之前，我们还需要在 Maven 中添加如下相应的依赖。根据用户选择 Java 还是 Scala，需要引用 flink-table-api-*-bridge 项目，这个项目是 Table API 与 DataStream/DataSet API 之间的桥梁。

```
<!-- Java -->
<dependency>
  <groupId>org.apache.flink</groupId>
  <artifactId>flink-table-api-java-bridge_${scala.binary.version}</artifactId>
  <version>${flink.version}</version>
  <scope>provided</scope>
</dependency>
<!-- Scala -->
<dependency>
  <groupId>org.apache.flink</groupId>
  <artifactId>flink-table-api-scala-bridge_${scala.binary.version}</artifactId>
  <version>${flink.version}</version>
  <scope>provided</scope>
</dependency>
```

此外，还需要添加 Planner 相关依赖。

```
<!-- Flink 1.9之前均采用Flink Planner -->
<dependency>
  <groupId>org.apache.flink</groupId>
  <artifactId>flink-table-planner_${scala.binary.version}</artifactId>
  <version>${flink.version}</version>
  <scope>provided</scope>
</dependency>
<!-- BlinkPlanner -->
<dependency>
  <groupId>org.apache.flink</groupId>
  <artifactId>flink-table-planner-blink_${scala.binary.version}</artifactId>
  <version>${flink.version}</version>
  <scope>provided</scope>
</dependency>
```

Maven 的配置和参数可以参考本书提供的样例程序中的 pom.xml 文件。

8.1.2　创建 TableEnvironment

TableEnvironment 是 Table API & SQL 编程中最基础的类，也是整个程序的入口，它包含了程序的核心上下文信息。TableEnvironment 的核心功能如下。

- 连接外部系统。
- 向目录（Catalog）中注册表或者从中获取表。

- 执行 Table API 或 SQL 操作。
- 注册用户自定义函数。
- 提供一些其他配置功能。

在 Flink 社区对未来的规划中，TableEnvironment 将统一流处理和批处理，兼容 Java 和 Scala 两种语言。我们在 4.1.1 小节中曾提到，在目前的 Flink 中，针对流处理和批处理分别使用了 StreamExecutionEnvironment 和 ExecutionEnvironment 两套执行环境，底层有些逻辑还没完全统一，加上 Java 和 Scala 两种语言的区别，仅执行环境就有 4 种之多。在 Table API & SQL 中，TableEnvironment 也没有完全将底层逻辑统一，再加上 Blink Planner 与 Flink Planner 的区别，读者在编程时一定要注意如何初始化 TableEnvironment。

从图 8-1 中可以看到，Flink 目前保留了 5 个 TableEnvironment。其中，TableEnvironment 是最顶级的接口，StreamTableEnvironment 和 BatchTableEnvironment 都提供了 Java 和 Scala 两个实现。

- org.apache.flink.table.api.TableEnvironment：兼容 Java 和 Scala，统一流处理和批处理，适用于整个作业都使用 Table API & SQL 编写程序的场景。
- org.apache.flink.table.api.bridge.java.StreamTableEnvironment 和 org.apache.flink.table.api.bridge. scala.StreamTableEnvironment：分别用于 Java 和 Scala 的流处理场景，提供了 DataStream 和表之间相互转换的接口。如果作业除基于 Table API & SQL 外，还有和 DataStream 之间的转化，则需要使用 StreamTableEnvironment。
- org.apache.flink.table.api.bridge.java.BatchTableEnvironment 和 org.apache.flink.table.api.bridge.scala. BatchTableEnvironment：分别用于 Java 和 Scala 的批处理场景，提供了 DataSet 和表之间相互转换的接口。如果作业除基于 Table API & SQL 外，还有和 DataSet 之间的转化，则需要使用 BatchTableEnvironment。

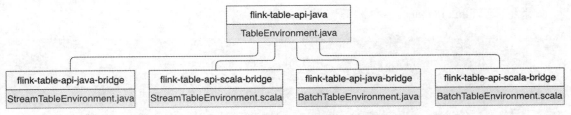

图 8-1　Flink 中保留了 5 个 TableEnvironment

代码清单 8-2 使用 Java 进行流处理，它基于 Flink Planner 创建 TableEnvironment。

```java
// 使用 Java 和 Flink Planner 进行流处理
import org.apache.flink.streaming.api.environment.StreamExecutionEnvironment;
import org.apache.flink.table.api.EnvironmentSettings;
import org.apache.flink.table.api.java.StreamTableEnvironment;

// 使用 Flink Planner 时，注意相应的 Planner 包要加入 Maven 中
EnvironmentSettings fsSettings =
EnvironmentSettings.newInstance().useOldPlanner().inStreamingMode().build();
```

225

```
    // 基于 StreamExecutionEnvironment 创建 StreamTableEnvironment
    StreamExecutionEnvironment fsEnv =
StreamExecutionEnvironment.getExecutionEnvironment();
    StreamTableEnvironment fsTableEnv = StreamTableEnvironment.create(fsEnv,
fsSettings);
    // 或者基于 TableEnvironment
    TableEnvironment fsTableEnv = TableEnvironment.create(fsSettings);
```

代码清单 8-2　基于 Java 和 Flink Planner 进行流处理

如果想基于 Blink Planner 进行流处理，那么需要将代码改为如代码清单 8-3 所示。

```
    // 使用 Java 和 Blink Planner 进行流处理
    import org.apache.flink.streaming.api.environment.StreamExecutionEnvironment;
    import org.apache.flink.table.api.EnvironmentSettings;
    import org.apache.flink.table.api.bridge.java.StreamTableEnvironment;

    // 使用 Blink Planner 时，注意相应的 Planner 包要加入 Maven 中
    EnvironmentSettings bsSettings =
EnvironmentSettings.newInstance().useBlinkPlanner().inStreamingMode().build();
    // 基于 StreamExecutionEnvironment 创建 StreamTableEnvironment
    StreamExecutionEnvironment bsEnv =
StreamExecutionEnvironment.getExecutionEnvironment();
    StreamTableEnvironment bsTableEnv = StreamTableEnvironment.create(bsEnv,
bsSettings);
    // 或者基于 TableEnvironment
    TableEnvironment bsTableEnv = TableEnvironment.create(bsSettings);
```

代码清单 8-3　基于 Java 和 Blink Planner 进行流处理

如果想基于 Flink Planner 进行批处理，代码如下。

```
    // 使用 Java 和 Flink Planner 进行批处理
    import org.apache.flink.api.java.ExecutionEnvironment;
    import org.apache.flink.table.api.bridge.java.BatchTableEnvironment;

    ExecutionEnvironment fbEnv = ExecutionEnvironment.getExecutionEnvironment();
    BatchTableEnvironment fbTableEnv = BatchTableEnvironment.create(fbEnv);
```

如果想基于 Blink Planner 进行批处理，代码如下。

```
    // 使用 Java 和 Blink Planner 进行批处理
    import org.apache.flink.table.api.EnvironmentSettings;
    import org.apache.flink.table.api.TableEnvironment;

    EnvironmentSettings bbSettings =
EnvironmentSettings.newInstance().useBlinkPlanner().inBatchMode().build();
    TableEnvironment bbTableEnv = TableEnvironment.create(bbSettings);
```

总结下来，使用 Table API & SQL 之前，要确定使用何种编程语言（Java/Scala）、进行批处理还是流处理以及使用哪种 Planner。

8.1.3　获取表

在关系型数据库中，表是描述数据的基本单元。表一般由行和列组成，如果以电商平台用户行为数据为例，我们可以将这张表理解为一个 Excel 表格，每一列代表一种属性，比如 user_id、behavior 等；每一行表示一个用户的一次行为，比如某个用户在哪个时间对哪些商品产生了哪些行为。我们一般用 Schema 来描述一个表中有哪些列，以及这些列的数据类型。例如，我们定义电商平台用户行为的 Schema，代码如下。

```
Schema schema = new Schema()
              .field("user_id", DataTypes.BIGINT())
              .field("item_id", DataTypes.BIGINT())
              .field("category", DataTypes.BIGINT())
              .field("behavior", DataTypes.STRING())
              .field("ts", DataTypes.TIMESTAMP(3));
```

在传统的关系型数据库中，表一般由开发者定义，在后续对外部系统提供服务的过程中，表是常驻数据库的，开发者不断在表上进行增、删、查、改操作。在数据分析领域，表的概念被拓展，表不仅包括了关系型数据库中传统意义上的表，也包括了文件、消息队列等。Flink 是一个计算引擎，它不提供数据存储的功能，但是可以通过 Connector 连接不同的外部系统。为了基于外部数据进行 Table API & SQL 计算，Flink 使用表表示广义上的表。它包括物理上确实存在的表，也包括基于物理表经过一些计算而生成的虚拟表，虚拟表又被称为视图（View）。

可见，如果想在 Flink 中使用表来查询数据，最重要的一步是将数据（数据库、文件或消息队列）读取并转化成一个表。我们可以在 Flink 作业运行时注册一个新的表，也可以获取已创建好的常驻集群的表。在每个 Flink 作业启动后临时创建的表是临时表（Temporary Table），随着 Flink 作业的结束，该表也被销毁，它只能在一个 Flink Session 中使用。在骨架程序中，"tableEnv.connect(...).createTemporaryTable("user_behavior");" 就创建了一个临时表。但是在更多的情况下，我们想跟传统的数据库一样提前创建好表，这些表后续可以为整个集群上的所有用户和所有作业提供服务，这种表被称为常驻表（Permanent Table）。常驻表可以在多个 Flink Session 中使用。

为了管理多个常驻表，Flink 使用 Catalog 来维护多个常驻表的名字、类型（文件、消息队列或数据库）、数据存储位置等元数据（Metadata）信息。一个 Flink 作业可以连接某个 Catalog，这样就可以直接读取其中的数据，生成表。有了 Catalog 功能，数据管理团队对数据源更了解，他们可以提前在 Catalog 中创建常驻表，注册好该表的 Schema、注明该表使用何种底层技术、写明数据存储位置等；数据分析团队可以完全不用关心这些元数据信息，无须了解该表到底是存储在 Kafka 还是 HDFS 中，直接在该表上进行查询。

本节后续部分将介绍注册表的几种常见方式。

8.1.4 在表上执行语句

1. Table API

基于表，我们可以调用 Table API 来查询其中的数据。Table API 和编程语言结合更紧密，我们可以在 Table 类上使用链式调用，调用 Table 类中的各种方法，执行各类关系型操作。代码清单 8-4 展示了在 user_behavior 上进行 groupBy() 和 select() 操作。

```
StreamTableEnvironment tEnv = ...
// 创建一个临时表: user_behavior
tEnv.connect(new FileSystem().path("..."))
        .withFormat(new Csv())
        .withSchema(schema)
        .createTemporaryTable("user_behavior");
Table userBehaviorTable = tEnv.from("user_behavior");

// 在 Table 类上使用 Table API 执行关系型操作
Table groupByUserId = userBehaviorTable.groupBy("user_id").select("user_id,
COUNT(behavior) as cnt");
```

代码清单 8-4　使用 Table API 对 Table 类执行关系型操作

2. SQL

我们也可以直接对表执行 SQL 语句。SQL 标准中定义了一系列语法和关键字，Flink SQL 用户可以基于 SQL 标准来编写 SQL 语句。与 Table API 中函数调用的方式不同，SQL 语句是纯文本形式的。Flink SQL 基于 Apache Calcite（以下简称 Calcite），Calcite 提供了 SQL 解析器，并且 Calcite 支持 SQL 标准，因此 Flink SQL 也支持 SQL 标准。

代码清单 8-5 展示了如何使用 Flink SQL 对 Table 类进行查询。

```
StreamTableEnvironment tEnv = ...
// 创建一个临时表: user_behavior
tEnv.connect(new FileSystem().path("..."))
        .withFormat(new Csv())
        .withSchema(schema)
        .createTemporaryTable("user_behavior");

// 在 Table 类上使用 SQL 执行关系型操作
Table groupByUserId = tEnv.sqlQuery("SELECT user_id, COUNT(behavior) FROM
user_behavior GROUP BY user_id");
```

代码清单 8-5　使用 Flink SQL 对 Table 类进行查询

由于 Table API 和 SQL 都基于 Table 类，我们可以使用 Table API 生成一个表，在此之上进行 SQL 查询；也可以先进行 SQL 查询得到一个表，在此之上调用 Table API。由此可见，Table API 和 SQL 的结合非常紧密。本书后文将主要介绍 Flink SQL。

8.1.5　将表结果输出

我们可以将查询结果通过 TableSink 输出到外部系统。TableSink 和前文提到的 DataStream API 中的 Sink 很像，它是一个数据输出的统一接口，可以将数据以 CSV、Parquet、Avro 等格式序列化，并将数据发送到关系型数据库、Key-Value 数据库、消息队列或文件系统上。TableSink 与 Catalog、Schema 等概念紧密相关。代码清单 8-6 展示了如何将查询结果输出到文件系统。

```
StreamTableEnvironment tEnv = ...
tEnv.connect(new FileSystem().path("..."))
    .withFormat(new Csv().fieldDelimiter('|'))
    .withSchema(schema)
    .createTemporaryTable("CsvSinkTable");

// 执行查询操作，得到一个名为 result 的表
Table result = ...
// 将 result 发送到名为 CsvSinkTable 的 TableSink
result.executeInsert("CsvSinkTable");
```

代码清单 8-6　使用 TableSink 将查询结果输出到文件系统

8.1.6　执行作业

图 8-2 所示为 Table API & SQL 从调用到执行的大致流程。Table API 或者 SQL 调用经过 Planner 最终转化为一个 JobGraph，Planner 在中间起到一个转换和优化的作用。

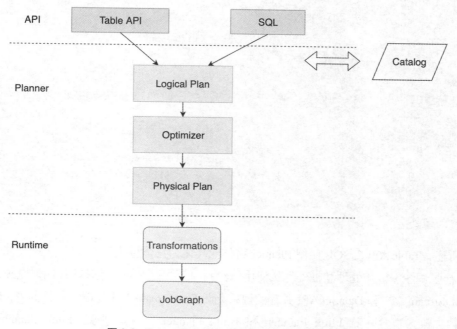

图 8-2　Table API & SQL 从调用到执行的大致流程

图 8-2 中，Table API 和 SQL 首先转换为一个未经过优化的逻辑执行计划（Logical Plan），其中 Flink SQL 使用 Calcite 进行 SQL 解析。之后优化器（Optimizer）会对 Logical Plan 进行优化，得到物理执行计划（Physical Plan）。Physical Plan 转换为 Flink 的 Transformation，然后转换为 3.3.1 节提到的 JobGraph，JobGraph 可以提交到 Flink 集群上。对于流作业和批作业，Blink Planner 有不同的优化规则。

我们可以使用 Table.explain() 来查看语法树、逻辑执行计划和物理执行计划。

```
// 声明一个 SQL 查询
Table groupByUserId = tEnv.sqlQuery(...)

String explanation = groupByUserId.explain(groupByUserId);
System.out.println(explanation);
```

我们可以得到这个 Table 的语法树（未优化的逻辑执行计划）、优化后的逻辑执行计划以及最终的物理执行计划，如下所示。

```
== Abstract Syntax Tree ==
LogicalAggregate(group=[{0}], behavior_cnt=[COUNT($1)])
+- LogicalProject(user_id=[$0], behavior=[$3])
   ...


== Optimized Logical Plan ==
GroupAggregate(groupBy=[user_id], select=[user_id, COUNT(behavior) AS
behavior_cnt])
  +- Exchange(distribution=[hash[user_id]])
    +- Calc(select=[user_id, behavior])
      ...


== Physical Execution Plan ==
Stage 1 : Data Source
    content : Source: KafkaTableSource(user_id, item_id, category_id, behavior, ts)

    Stage 2 : Operator
        content :
SourceConversion(table=[default_catalog.default_database.user_behavior, source:
[KafkaTableSource(user_id, item_id, category_id, behavior, ts)]], fields=[user_id,
item_id, category_id, behavior, ts])
        ship_strategy : FORWARD
            ...
```

综上所述，Table API & SQL 使用 Planner 将作业转化为具体可执行的程序。

Flink 社区试图保证流处理和批处理从使用体验到内部执行上的一致性。我们曾提到，Flink 1.11 存在着 DataStream API 和 DataSet API 并存的现象，即 DataStream API 处理无界数据流，DataSet API 处理有界数据集；也存在着 Flink Planner 和 Blink Planner 并存的现象。Flink Planner 需要适配 DataStream API 和 DataSet API，而 Blink Planner 的核心思想是将流处理和批处理统一，它认为批处理是流处理的一个子集，对有界数据集进行处理。因此，这两种 Planner 在具体实现上有一些区别。Flink 社区决定逐渐将 Flink Planner 废弃，并不断推动流处理和批处理一体化。因此，读者在使用时最好根据最新文档来选择合适的 Planner。

8.1.7　获取表的具体方式

在 Flink 1.11 中，Table API & SQL 与外部系统交互主要有如下两种方式。

① 在程序中使用代码编程配置。

② 使用声明式的语言，如 SQL 的数据库定义语言（Data Definition Language，DDL）或 YAML 文件。

无论哪种方式，都需要配置外部系统的必要参数、序列化方式和 Schema。

1. 代码配置方式

在程序中使用的代码配置方式又具体分为如下两种。

① 使用 connect() 方法连接外部系统。

② 将 DataStream 或 DataSet 转换为表。

其中，第一种方式支持的外部系统有限，目前可以支持文件系统、Kafka、Elasticsearch、HBase 等。第二种方式和第 7 章所提到的 Flink Connector 使用方法相似，以流处理为例，我们首先需要获取一个 DataStream，再进一步将其转化为表。

我们先看 connect() 方法，代码清单 8-7 展示了一个比较详细的例子，它从一个 Kafka 数据流中获取表，数据使用 JSON 序列化，最终创建一个名为 user_behavior 的表。

```
tEnv
    // 使用 connect 方法连接外部系统
    .connect(
      new Kafka()
      .version("universal")      // 必填，Kafka 版本，合法的参数有 0.8、0.9、0.10、0.11 或
universal
      .topic("user_behavior")    // 必填，Topic 名
      .startFromLatest()         // 首次消费时数据读取的位置
      .property("zookeeper.connect", "localhost:2181")   // Kafka 连接参数
      .property("bootstrap.servers", "localhost:9092")
      )
    // 序列化方式 可以是 JSON、Avro 等
    .withFormat(new Json())
    // 数据的 Schema
    .withSchema(
      new Schema()
      .field("user_id", DataTypes.BIGINT())
      .field("item_id", DataTypes.BIGINT())
      .field("category_id", DataTypes.BIGINT())
      .field("behavior", DataTypes.STRING())
      .field("ts", DataTypes.TIMESTAMP(3))
```

```
    )
    // 临时表的表名，后续可以在 SQL 语句中使用这个表名
    .createTemporaryTable("user_behavior");
```

代码清单 8-7　使用 connect 连接 Kafka

关于 connect() 以及各个外部系统的具体连接方法，本书将不逐一讲解，读者可以根据 Flink 官网的最新文档来学习使用。由于 SQL DDL 的方式表达能力更强，Flink 社区计划用 SQL DDL 替代 connect()。SQL DDL 将在下文介绍。

我们也可以依托 DataStream API，将一个 DataStream 转换为表。

```
DataStream<UserBehavior> userBehaviorDataStream = ...
// 将数据流转换为一个视图，使用 UserBehavior 这个 POJO 类的各字段名作为 user_behavior 的字段名
tEnv.createTemporaryView("user_behavior", userBehaviorDataStream);
```

注意，Flink 1.11 的 TableEnvironment 不支持将 DataStream 或 DataSet 转换为表，使用此功能需要使用 StreamTableEnvironment 或者 BatchTableEnvironment。

2. 声明式方式

另一种获取表的方式是使用 SQL DDL 或 YAML 等声明式方式来配置外部系统。

很多系统用 YAML 文件来配置参数，不过目前 YAML 只能和 SQL Client 配合。而 1.11 版本的 SQL Client 暂时只具备测试功能，还不能用于生产环境，这里暂不介绍，感兴趣的读者可以通过官网文档了解。SQL DDL 是很多熟悉 SQL 的读者经常使用的功能，比如 CREATE TABLE、DROP TABLE 等，是很多 SQL 用户经常使用的语句。对于同样的 Kafka 数据流，使用 SQL DDL 连接 Kafka 可以如代码清单 8-8 所示。

```
CREATE TABLE user_behavior (
    -- 表的 Schema
    user_id BIGINT,
    item_id BIGINT,
    category_id BIGINT,
    behavior STRING,
    ts TIMESTAMP(3),
    WATERMARK FOR ts as ts - INTERVAL '5' SECOND  -- 定义 Watermark ts 为 Event Time
) WITH (
    -- 外部系统连接参数
    'connector.type' = 'kafka',
    'connector.version' = 'universal',  -- Kafka 版本
    'connector.topic' = 'user_behavior',  -- Kafka Topic
    'connector.startup-mode' = 'latest-offset',  -- 从最近的 Offset 开始读取数据
    'connector.properties.zookeeper.connect' = 'localhost:2181',  -- Kafka 连接参数
    'connector.properties.bootstrap.servers' = 'localhost:9092',
    -- 序列化方式
```

```
        'format.type' = 'json'  -- 数据流格式为 JSON
);
```

代码清单 8-8　使用 SQL DDL 连接 Kafka

将上面的 SQL 语句复制到 tEnv.executeSql("CREATE TABLE ...")，并放在主逻辑中执行即可。在以上所有这些获取表的方式中，Flink 对 SQL DDL 的支持更好，我们将在 8.5 节详细介绍如何使用 SQL 语句创建表。

8.2　动态表和持续查询

在 8.1 节中，我们已经了解了 Table API & SQL 的基本使用方法，本节主要探讨一些流处理上进行关系型查询时需要注意的问题。

8.2.1　动态表和持续查询

首先我们需要了解一下在数据流上进行关系型查询的基本原理。

关系型数据库起源于 20 世纪 70 年代，距今已经有 50 年的历史。关系型数据库主要基于埃德加·弗兰克·科德（Edgar Frank Codd）提出的关系代数（Relational Algebra），SQL 是基于关系代数的查询语言。如今，关系型数据库以及 SQL 已经成为数据查询领域的标准之一，特别是 SQL 因其标准性和易用性，已经不仅仅局限在关系型数据库上做查询，它正被广泛应用于各类数据分析场景。不过，关系代数模型在其创立和发展过程中并不是为流处理而设计的，它更适合进行批处理。

1. 批处理关系型查询与流处理的区别与联系

表 8-1 所示为传统批处理关系型查询和流处理的区别。传统的关系型查询和流处理在输入数据、执行过程和查询结果等方面存在着一定的区别。

表 8-1　　批处理关系型查询与流处理的区别

	批处理关系型查询	流处理
输入数据	数据是有界的，在有限的数据上进行查询	数据流是无界的，在源源不断的数据流上进行查询
执行过程	一次查询是在一个批次的数据上进行查询，所查询的数据是静态确定的	一次查询启动后需要等待数据不断流入，所查询的数据在未来源源不断地到达
查询结果	一次查询完成后即结束。结果是确定的	一次查询会根据新流入数据不断更新结果

从表 8-1 中可以看到，在数据流上应用关系型查询是非常有挑战性的：数据流是无界的，一次查询启动后，需要持续对数据流做处理，查询结果根据新流入数据而不断更新。虽然流处理有难度，但也并不是无解的，这里就涉及物化视图的概念。

在传统关系型查询中有物理表和虚拟视图的概念：物理表是真实存在的；虚拟视图是在物理表上基于查询生成的虚拟的表，视图有 Schema，但并不实现数据存储。我们可以像使用一个物理表一样在一个视图上进行查询，但由于视图没有存储数据，它要先执行定义视图的查询。在这两个概念的基础上，一些人提出了物化视图的概念，即将视图里所需的数据物理化地缓存起来，它提前缓存了数据，因此比起虚拟的视图来说执行速度更快。当物化视图所依赖的物理表发生变化时，在物化视图中的缓存也必须随之变化。流处理上的关系型查询借鉴了物化视图的实现思路，将外部系统中的数据缓存起来，当数据流入时，物化视图随之更新。

2. 动态表上的持续查询

从表 8-1 中可以看出，流处理中没有静态的物理表，Flink 提出了动态表（Dynamic Table）的概念，旨在解决如何在数据流上进行关系型查询。

动态表用来表示不断流入的数据表，数据流是源源不断流入的，动态表也是随着新数据的流入而不断更新的。在动态表上进行查询，被称为持续查询（Continuous Query），因为底层的计算是持续不断的。一个持续查询的结果也是一个动态表，它会根据新流入的数据不断更新结果。在动态表上进行持续查询与物化视图不断更新缓存中的数据非常相似。图 8-3 展示了数据流、动态表和持续查询之间的关系，相关说明如下。

① 数据流被转换为动态表。

② 在动态表上执行持续查询，以生成一个新的动态表。

③ 将生成的持续查询转化为一个数据流。

图 8-3　数据流、动态表和持续查询之间的关系

我们继续以电商平台用户行为分析为例来看看数据流和动态表之间的转换。如图 8-4 左侧所示，一个数据流包含用户行为，可以转化成图 8-4 中右侧的动态表，实际上这个动态表是不断更新的。

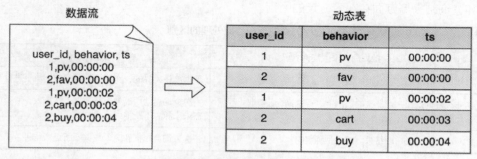

图 8-4　电商平台用户行为数据流转换为动态表

我们在这个动态表上进行下面的查询。

```
SELECT
    user_id,
    COUNT(behavior) AS behavior_cnt
FROM user_behavior
GROUP BY user_id
```

上述 SQL 语句按 user_id 字段分组，统计每个 user_id 所产生的行为。在批处理时，这样的 SQL 查询会在一个静态的数据集上生成一个确定的结果。但对于流处理来说，每当新数据流入时，查询的结果也要随之更新，图 8-5 展示了动态表查询的一个过程。

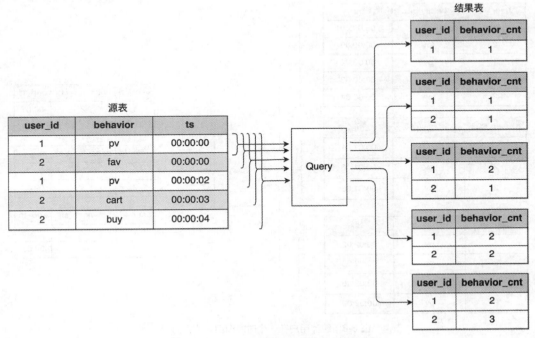

图 8-5　一个持续查询示例：统计用户行为

当第一条数据(1, pv, 00:00:00)插入源表时，整个源表只有这一条数据，生成的结果为(1, 1)。当第二条数据(2, fav, 00:00:00)进入源表时，SQL 引擎在结果表中插入结果(2, 1)。接着，user_id 为 1 的用户再次产生了行为，新数据插入会导致原来的统计结果(1, 1)发生变化，变成了(1, 2)。这里不再是往结果表中插入新数据，而是更改原来的结果数据。

这个数据流是源源不断流入的，还会有下一分钟、下一小时的数据继续流入，我们可以在时间维度上对数据分组，这里以一分钟为一组，编写下面的 SQL 语句。

```
SELECT
    user_id,
    COUNT(behavior) AS behavior_cnt,
    TUMBLE_END(ts, INTERVAL '1' MINUTE) AS end_ts
FROM user_behavior
GROUP BY user_id, TUMBLE(ts, INTERVAL '1' MINUTE)
```

这个查询与第一个查询非常相似，只不过数据是按照滚动时间窗口来分组的。图 8-6 展示了这个查询的执行过程，相当于数据按照时间进行了切分，在特定时间窗口内进行用户行为的统计。我们将在 8.3 节详细介绍时间窗口的分组方法。

我们以第一个时间窗口为例，数据在 00:00:00 和 00:00:59 之间有 5 条数据，对这 5 条数据统计

235

得到一个结果，结果表的最后一列 end_ts 为窗口结束时间戳。下一个时间窗口的数据到达后，对 00:01:00 和 00:01:59 之间的数据进行统计，由于 end_ts 字段发生了变化，新结果并不是直接在旧结果上做更新，而是在结果表中插入新数据。

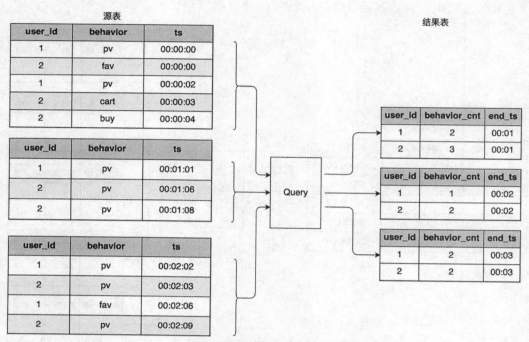

图 8-6　统计用户在一个时间窗口内的行为

根据前面的两个 SQL 语句以及执行结果，我们看到流处理上进行关系型查询一般有如下两种生成结果的方式。

① 第二个查询语句只追加结果，或者说只在结果表上进行插入操作。

② 第一个查询语句追加结果的同时，也对结果不断更新，或者说既进行插入操作又进行更新操作或删除操作。

在批处理中，结果生成是确定的，但在流处理中，这两种方式会对计算结果的输出产生影响。

3. 动态表的两种输出模式

前面提到，计算结果的输出会有两种模式。一种是在结果末尾追加，我们称这种模式为追加（Append-only）模式；一种是既在结果末尾追加，又对已有数据更新，这种模式被称为更新（Update）模式。对数据更新又细分为两种模式，可以先将旧数据撤回，再添加新数据，这种模式被称为撤回（Retract）模式；或者直接在旧数据上做更新，这种模式被称为插入更新（Upsert）模式。

下面的代码将一个表转换为 DataStream，使用了 Append-only 模式。这种模式相对比较简单，这里不再仔细分析。

```
StreamTableEnvironment tEnv = ...
Table table = ...

// 将表转换为 DataStream
```

```
// Append-only 模式
DataStream<Row> dsRow = tEnv.toAppendStream(table, Row.class);
```

我们仍然以第一个查询为例，讨论一下 Retract 和 Upsert 两种模式。如果使用 Retract 模式，除了原有的结果，还需要增加一个类型为 Boolean 的标志位列，这个标志位列用来确定当前这行数据是新加入的还是需要撤回的，如图 8-7 所示。

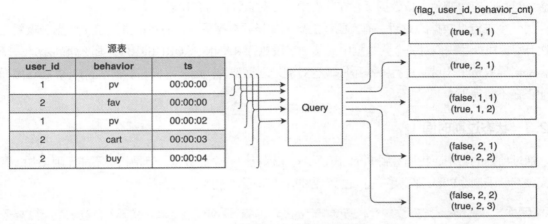

图 8-7　Retract 模式下对数据的更新

结果共有 3 列(flag, user_id, behavior_cnt)，其中第一列为标志位，表示本行数据是加入还是撤回，后两列是查询结果。对于前两行输入，数据经过 SQL 引擎后，生成的结果追加到结尾，因此，标志位都为 true。第三行输入进入后，我们需要对结果进行更新，这时 SQL 引擎先将原来的旧数据置为 false，即(false, 1, 1)，然后将新数据追加进来，即(true, 1, 2)。

```
// 将表转换为 DataStream
// Retract 模式，Boolean 为标志位
DataStream<Tuple2<Boolean, Row>> retractStream = tableEnv.toRetractStream(table,
Row.class);
```

另一种模式为 Upsert 模式，即对结果中已存在的数据使用 SQL 中的更新操作或删除操作，更新或删除该行数据。Upsert 模式的前提是，输出结果中有一个唯一的 ID，可以根据唯一 ID 更新结果。在这个例子中，user_id 可以被用来作为唯一 ID，因为 user_id 一般不会重复。Upsert 模式相比 Retract 模式的成本稍低。Upsert 模式也要和特定的 TableSink 紧密结合，比如 Key-Value 数据库更适合进行 Upsert 操作。

8.2.2　流处理的限制

至此，我们已经了解了流式关系型查询的基本原理，但目前 Flink 的流处理并不能支持所有的 SQL 语句，因为流处理的本质是使用状态来缓存数据，包括表和中间计算过程都是 Flink 中的状态。因此，我们写的 SQL 查询不能占用太多的状态资源。

仍然以前文提到的两个 SQL 语句为例，目前这两个 SQL 语句都是可执行的。第一个 SQL 语句

转化为 DataStream API 实现的话，整个作业所需保存的状态数据为(user_id, behavior_cnt)二元组。当新数据流入时，如果是状态中已存在的 user_id，直接更新状态；如果是新 user_id，则在状态中添加一条数据。除非用户量极大，否则这个状态数据是可维护的。但是如果这个作业源源不断地有新用户流入，作业长时间执行，已有状态不进行清理，状态有可能突破存储限制，导致作业崩溃。对于第二个 SQL 语句，我们建立了滚动时间窗口，在第 5 章窗口算子的介绍中，我们提到了增量计算的概念，这可以有效避免大量数据缓存在状态中，相对来说内存风险较小。

另一个难点是数据的更新。前文已经提到，如果源数据更新，有可能导致整个数据表重新进行一次计算。比如，我们对一个元数据中的某个字段执行 RANK 或 ORDER BY，那么每新增加一个数据，都会导致整个表重新进行一次排序，这对流处理框架的性能要求极高。目前，Flink 在这方面的功能正在不断完善。

8.2.3　状态过期时间

通过前面的讨论，我们看到 Flink 通过状态来保存一些中间数据。但是状态不能无限增加，否则会突破存储限制。Flink 提供了一个配置，帮助我们清除一些空闲状态数据。

```
tEnv.getConfig.setIdleStateRetentionTime(Time.hours(1), Time.hours(2));
```

空闲状态数据是指该数据长时间没有更新，仍然保留在状态中。上面的方法有两个参数：minTime 和 maxTime，空闲状态至少会保留 minTime 的时间，这个时间内数据不会被清理；超过 maxTime 的时间后，空闲状态会被清除。一旦这个数据被清除，那意味着后续数据流入，会被认为是一个新数据重新添加到状态中。基于这样的数据，得到的计算结果是近似准确的。可见，这是一个在结果准确度和计算性能之间的平衡。

注意 ◆

如果将 minTime 和 maxTime 设置为 0，表示不做过期时间设置，状态永远不会清除。maxTime 至少要比 minTime 多 5 分钟。

8.3　时间和窗口

本节主要讨论如何在 Flink SQL 上使用窗口。

8.3.1　时间属性

Table API & SQL 支持时间维度上的处理。时间属性（Time Attribute）用一个 TIMESTAMP(int precision)数据类型来表示，这个类型与 SQL 标准中的时间戳类型相对应，是 Table API& SQL 中专门用来表征时间属性的数据类型。precision 为精度，表示秒以下保留几位小数点，可以是 0~9 的数字。具体而言，时间的格式如下。

```
year-month-day hour:minute:second[.fractional]
```

假如我们想要使用一个纳秒精度的时间，应该声明类型为 TIMESTAMP(9)，套用上面的时间格式的话，可以表征从 0000-01-01 00:00:00.000000000 到 9999-12-31 23:59:59.999999999。绝大多数情况下，我们使用毫秒精度即可，即 TIMESTAMP(3)。

当涉及时间窗口时，往往就要涉及窗口的时间单位，现有的时间单位有 MILLISECOND、SECOND、MINUTE、HOUR、DAY、MONTH 和 YEAR。

在第 5 章中，我们曾介绍，Flink 提供了 3 种时间语义：Processing Time、Ingestion Time 和 Event Time。Processing Time 是数据被处理时的操作系统时间，Ingestion Time 是数据流入 Flink 的时间，Event Time 是数据实际发生的时间。我们在第 5 章曾详细探讨这几种时间语义的使用方法，这里我们主要介绍在 Table API & SQL 中 Processing Time 和 Event Time 两种时间语义的使用方法。

如果想在 Table API & SQL 中使用时间相关的计算，我们必须在 Java 或 Scala 代码中设置使用哪种时间语义。

```
StreamExecutionEnvironment env =
StreamExecutionEnvironment.getExecutionEnvironment();

// 默认使用 Processing Time
env.setStreamTimeCharacteristic(TimeCharacteristic.ProcessingTime);

// 使用 Ingestion Time
env.setStreamTimeCharacteristic(TimeCharacteristic.IngestionTime);

// 使用 Event Time
env.setStreamTimeCharacteristic(TimeCharacteristic.EventTime);
```

同时，我们必须要在 Schema 中指定一个字段为时间属性，否则 Flink 无法知道具体哪个字段与时间相关。

指定时间属性时可以有下面几种方式：使用 SQL DDL 或者在 DataStream 转化为表时定义一个时间属性。

1. Processing Time

（1）SQL DDL

Processing Time 使用节点的操作系统的当前时间作为时间，在 Table API & SQL 中相应字段被称为 proctime。它不需要配置 Watermark。使用时，我们在原本的 Schema 上添加一个虚拟的时间戳列，时间戳列由 PROCTIME() 函数计算产生。

```
CREATE TABLE user_behavior (
    user_id BIGINT,
    item_id BIGINT,
    category_id BIGINT,
    behavior STRING,
    ts TIMESTAMP(3),
    -- 在原有 Schema 基础上添加一列 proctime
    proctime as PROCTIME()
```

```
) WITH (
   ...
);
```

后续过程中，我们可以在 proctime 时间属性上进行相关计算。

```
SELECT
   user_id,
   COUNT(behavior) AS behavior_cnt,
   TUMBLE_END(proctime, INTERVAL '1' MINUTE) AS end_ts
FROM user_behavior
GROUP BY user_id, TUMBLE(proctime, INTERVAL '1' MINUTE)
```

（2）在 DataStream 转化为表时

将 DataStream 转化为表。

```
DataStream<UserBehavior> userBehaviorDataStream = ...

// 定义了 Schema 中各字段的名字，其中 proctime 使用了 proctime 属性，该属性帮我们生成 Processing Time
tEnv.createTemporaryView("user_behavior", userBehaviorDataStream,
             "userId as user_id, itemId as item_id, categoryId as category_id,
behavior, proctime.proctime");
```

可以看到，proctime 属性追加到了其他字段之后，是在原有 Schema 基础上增加的一个字段。Flink 帮我们自动生成了 Processing Time 的时间属性。

2. Event Time

Event Time 时间语义使用一条数据实际发生的时间作为时间属性，在 Table API & SQL 中相应字段通常被称为 rowtime。在这种模式下多次重复计算时，计算结果是确定的。这意味着，Event Time 时间语义可以保证流处理和批处理的统一。对于 Event Time 时间语义，我们需要设置每条数据发送时的时间戳，并提供一个 Watermark。Watermark 表示迟于该时间的数据都作为迟到数据对待。

（1）SQL DDL

我们需要在 SQL DDL 中使用 WATERMARK 关键字，用来表明某个字段是 Event Time 时间属性，并且设置一个 Watermark 等待策略。

```
CREATE TABLE user_behavior (
   user_id BIGINT,
   item_id BIGINT,
   category_id BIGINT,
   behavior STRING,
   ts TIMESTAMP(3),
   -- 定义 ts 字段为 Event Time 时间戳，Watermark 比时间戳最大值还延迟了 5 秒
   WATERMARK FOR ts as ts - INTERVAL '5' SECOND
) WITH (
   ...
);
```

在上面的 DDL 中，WATERMARK 起到了定义 Event Time 时间属性的作用，它的基本语法规则如下。

```
WATERMARK FOR rowtime_column AS watermark_strategy_expression
```

rowtime_column 为时间戳字段，可以是数据中的自带字段，也可以是类似 PROCTIME()函数计算出的虚拟时间戳字段，这个字段必须是 TIMESTAMP(3)类型。

watermark_strategy_expression 定义了 Watermark 的生成策略，返回值必须是 TIMESTAMP(3)类型。Flink 提供了如下几种常用的策略。

- 数据自身的时间戳严格按照单调递增的形式出现，即晚到达的时间戳总比早到达的时间戳大，可以使用 WATERMARK FOR rowtime_column AS rowtime_column 或 WATERMARK FOR rowtime_column AS rowtime_column - INTERVAL '0.001' SECOND 生成 Watermark。这个策略的原理是：监测所有数据时间戳，并记录时间戳最大值，在最大值基础上添加一个 1 毫秒的延迟作为 Watermark 时间。

- 数据本身是乱序到达的，Watermark 在时间戳最大值的基础上延迟一定时间，如果数据比这个时间还晚，则被定为迟到数据。我们可以使用 WATERMARK FOR rowtime_column AS rowtime_column - INTERVAL 'duration' timeUnit 生成 Watermark。例如，WATERMARK FOR ts as ts - INTERVAL '5' SECOND 定义的 Watermark 比时间戳最大值还延迟了 5 秒。这里的 timeUnit 可以是 SECOND、MINUTE 或 HOUR 等时间单位。

（2）在 DataStream 转化为表时

如果将 DataStream 转化为一个表，那么需要在 DataStream 上设置好时间戳和 Watermark。我们曾在第 5 章中讲解如何对数据流设置时间戳和 Watermark。设置好后，再将 DataStream 转为表。

```
env.setStreamTimeCharacteristic(TimeCharacteristic.EventTime);

DataStream<UserBehavior> userBehaviorDataStream = env
        .addSource(...)
        // 在 DataStream 里设置时间戳和 Watermark
        .assignTimestampsAndWatermarks(...);

// 创建 user_behavior 表
// ts.rowtime 表示该列使用 Event Time 时间戳
tEnv.createTemporaryView("user_behavior", userBehaviorDataStream, "userId as
user_id, itemId as item_id, categoryId as category_id, behavior, ts.rowtime");
```

8.3.2　窗口聚合

基于上述的时间属性，我们可以在时间维度上进行一些分组和聚合操作。SQL 用户经常使用聚合操作，比如 GROUP BY 和 OVER WINDOW，目前 Flink 已经在流处理中支持了这两种 SQL 语法。

1. GROUP BY

GROUP BY 是很多 SQL 用户经常使用的窗口聚合操作，在流处理的时间窗口上进行 GROUP BY

与批处理中的非常相似，在之前的例子中我们已经使用了 GROUP BY。以 GROUP BY field1、time_attr_window 语句为例，所有含有相同 field1 和 time_attr_window 的行会被分到一组中，再对这组数据中的其他字段 field2 进行聚合操作，常见的聚合操作有 COUNT、SUM、AVG、MAX 等。可见，时间窗口 time_attr_window 被当作整个表的一个字段，用来进行聚合，图 8-8 展示了这个过程。

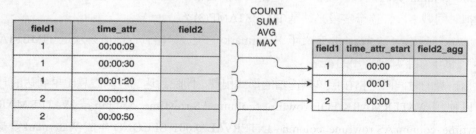

图 8-8　时间窗口上的 GROUP BY

下面的 SQL 语句是我们之前使用的例子。

```
SELECT
    user_id,
    COUNT(behavior) AS behavior_cnt,
    TUMBLE_END(proctime, INTERVAL '1' MINUTE) AS end_ts
FROM user_behavior
GROUP BY user_id, TUMBLE(proctime, INTERVAL '1' MINUTE)
```

这里再次对这个 SQL 语句进行分析、解释。我们定义一个 1 分钟的滚动窗口，滚动窗口函数定义为 TUMBLE(proctime, INTERVAL '1' MINUTE)，窗口以 proctime 这个 Processing Time 为时间属性。TUMBLE(time_attr, interval)是一个窗口分组函数，这是一个滚动窗口，它将某个时间段内的数据都分到一组上。我们可以在 SELECT 中添加字段 TUMBLE_START(proctime, INTERVAL '1' MINUTE)查看窗口的起始时间。接下来我们将介绍几种常见的窗口分组函数。

（1）3 种窗口分组函数

我们在第 5 章中曾详细分析几种窗口的区别，表 8-2 展示了 Flink SQL 中窗口分组函数和对应的使用介绍。

表 8-2　　　　　　　　　　　　　3 种窗口分组函数及使用介绍

窗口分组函数	使用介绍
TUMBLE(time_attr, interval)	定义一个滚动窗口，窗口是定长的，长度为 interval，窗口之间互不重叠，滚动向前。比如我们定义了一个 1 分钟的滚动窗口，所有属于该时间段的数据都会被归到该窗口中
HOP(time_attr, slide_interval, size_interval)	定义一个滑动窗口，窗口长度是定长的，长度为 size_interval，窗口以 slide_interval 的速度向前滑动。如果 slide_interval 比 size_interval 小，那么窗口之间会重叠。这意味着一条数据可能被划分到多个窗口中。比如，窗口长度 size_interval 为 3 分钟，滑动速度 slide_interval 为 1 分钟，那么每 1 分钟都产生一个窗口，一条数据应该会被分到 3 个窗口中。如果 slide_interval 等于 size_interval，窗口就是一个滚动窗口。如果 slide_interval 大于 size_interval，那么窗口之间有间隙
SESSION(time_attr, interval)	定义一个会话窗口，窗口长度是变长的，当两条数据之间的 Session Gap 超过了 interval，则这两条数据被划分到两个窗口上。或者说，一个窗口等待超过 interval 后仍无数据进入，该窗口关闭。比如，我们定义 Session Gap 为 3 分钟，一个窗口最后一条数据流入之后的 3 分钟内没有新数据流入，则该窗口关闭，之后的数据被划分到下一个窗口

在这些函数中，时间间隔应该按照 INTERVAL 'duration' timeUnit 的格式来写。比如，1 分钟可以写为 INTERVAL '1' MINUTE。

Flink 的流处理和批处理都支持上述 3 种窗口分组函数。批处理没有时间语义之说，直接使用数据集中的时间字段；流处理中，时间语义可以选择为 Event Time 或 Processing Time，时间窗口必须基于 8.3.1 小节提到的时间属性字段。

（2）窗口的起始和结束时间

如果想查看窗口的起始和结束时间，需要使用起始时间函数或结束时间函数。如表 8-3 所示，我们以滚动窗口为例，列出常用的函数。

表 8-3　　　　　　　　　　窗口时间相关函数和使用介绍

函数	使用介绍
TUMBLE_START(time_attr, interval)	返回当前窗口的起始时间（包含边界），如[00:10, 00:20) 的窗口，返回 00:10
TUMBLE_END(time_attr, interval)	返回当前窗口的结束时间（包含边界），如[00:00, 00:20) 的窗口，返回 00:20
TUMBLE_ROWTIME(time_attr, interval)	返回窗口的结束时间（不包含边界），如 [00:00, 00:20] 的窗口，返回 00:19:59.999 。返回值是一个 rowtime，可以基于该字段做时间属性相关的操作，如内联视图子查询或时间窗口 Join。它只能用在 Event Time 时间语义的作业上
TUMBLE_PROCTIME(time-attr, size-interval)	返回窗口的结束时间（不包含边界），如 [00:00, 00:20] 的窗口，返回 00:19:59.999 。返回值是一个 proctime，可以基于该字段做时间属性相关的操作，如内联视图子查询或时间窗口 Join。它只能用在 Processing Time 时间语义的作业上

注意

同一个 SQL 查询中，TUMBLE(time_attr, interval)函数中的 interval 和 TUMBLE_START(time_attr, interval)函数中的 interval 要保持一致。确切地说，INTERVAL 'duration' timeUnit 中的 duration 时间长度和 timeUnit 时间单位都要保持一致。

我们已经在前面的例子中展示了 TUMBLE_END，这里不再过多解释。TUMBLE_START 或 TUMBLE_END 返回的是可展示的时间，已经不再是一个时间属性，无法被后续其他查询用来作为时间属性做进一步查询。假如我们想基于窗口时间戳做进一步的查询，比如内联视图子查询或 Join 等操作，我们需要使用 TUMBLE_ROWTIME 和 TUMBLE_PROCTIME，如代码清单 8-9 所示。

```
SELECT
  TUMBLE_END(rowtime, INTERVAL '20' MINUTE),
    user_id,
    SUM(cnt)
FROM (
    SELECT
      user_id,
      COUNT(behavior) AS cnt,
      TUMBLE_ROWTIME(ts, INTERVAL '10' SECOND) AS rowtime
    FROM user_behavior
    GROUP BY user_id, TUMBLE(ts, INTERVAL '10' SECOND)
```

```
    )
GROUP BY TUMBLE(rowtime, INTERVAL '20' MINUTE), user_id
```

代码清单 8-9　一个使用 TUMBLE_ROWTIME 函数的内联视图子查询

代码清单 8-9 是一个嵌套的内联视图子查询，我们先做一个 10 秒钟的视图，并在此基础上进行 20 分钟的聚合。子查询使用了 TUMBLE_ROWTIME，这个字段仍然是一个时间属性，后续其他操作可以在此基础上继续使用各种时间相关计算。

前面详细分析了滚动窗口的各个函数，对于滑动窗口，Flink 提供 HOP_START()、HOP_END()、HOP_ROWTIME()、HOP_PROCTIME()函数；对于会话窗口，Flink 提供 SESSION_START()、SESSION_END()、SESSION_ROWTIME()和 SESSION_PROCTIME()函数。这些函数的使用方法比较相似，这里不再赘述。

综上，GROUP BY 将多行数据分到一组，然后对一组数据进行聚合，聚合结果为一行数据。或者说，GROUP BY 一般是指多行变一行。

2. OVER WINDOW

SQL 中专门进行窗口处理的函数为 OVER WINDOW。OVER WINDOW 与 GROUP BY 有些不同，它对每一行数据都生成窗口，在窗口上进行聚合，聚合的结果会生成一个新字段。或者说，OVER WINDOW 一般是指一行变一行。

图 8-9 展示了 OVER WINDOW 的工作流程，窗口确定的方式为：先对 field1 做分组，相同 field1 的数据被分到一起，按照时间属性排序，即图 8-9 中的 PARTITION BY 和 ORDER BY 部分；然后每行数据都建立一个窗口，窗口起始点是 field1 分组的第一行数据，结束点是当前行；窗口划分好后，再对窗口内的 field2 字段做各类聚合操作，生成 field2_agg 新字段，常见的聚合操作有 COUNT、SUM、AVG 或 MAX 等。从图 8-9 中可以看出，每一行都有一个窗口，当前行是这个窗口的最后一行，窗口的聚合结果生成一个新的字段。具体的实现逻辑上，Flink 为每一行数据维护一个窗口，为每一行数据执行一次窗口计算，完成计算后会清除过期数据。

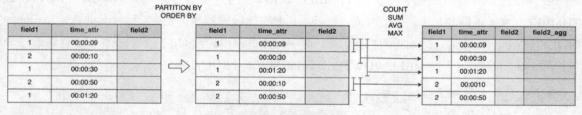

图 8-9　OVER WINDOW 的工作流程

Flink SQL 中对 OVER WINDOW 的定义遵循了标准的 SQL 语法，我们先来看一下 OVER WINDOW 的语法结构。

```
SELECT
    AGG_FUNCTION(field2) OVER (windowDefinition2) AS field2_agg,
    ...
    AGG_FUNCTION(fieldN) OVER (windowDefinitionN) AS fieldN_agg
FROM tab1
```

其中，windowDefinition2 是定义窗口的规则，包括根据哪些字段进行 PARTITION BY 等；在定义好的窗口上，我们使用 AGG_FUNCTION(field2) 对 field2 字段进行聚合。或者我们可以使用别名来定义窗口 WINDOW w AS ...。

```
SELECT
    AGG_FUNCTION(field2) OVER w AS field2_agg,
    ...
FROM tab1
WINDOW w AS (windowDefinition)
```

那么具体应该如何划分窗口，如何编写 windowDefinition 呢？图 8-9 只演示了一种窗口划分的方式，常用的窗口划分方式可以基于行（ROWS OVER WINDOW），也可以基于时间段（RANGES OVER WINDOW）。接下来我们通过一些例子来展示窗口的划分。

（1）ROWS OVER WINDOW

我们首先演示基于行来划分窗口，这里仍然以用户行为数据流来演示。

```
SELECT
    user_id,
    behavior,
    COUNT(*) OVER w AS behavior_count,
    ts
FROM user_behavior
WINDOW w AS (
    PARTITION BY user_id
    ORDER BY ts
    ROWS BETWEEN UNBOUNDED PRECEDING AND CURRENT ROW
)
```

上面的 SQL 语句中，WINDOW w AS (...)定义了一个名为 w 的窗口，它根据用户的 user_id 来分组，并按照 ts 来排序。原始数据并不是基于用户 ID 来分组的，PARTITION BY user_id 起到了分组的作用，相同 user_id 的用户被分到了一组，组内按照时间戳 ts 来排序。这里完成了图 8-9 所示最左侧表到中间表的转化。

ROWS BETWEEN UNBOUNDED PRECEDING AND CURRENT ROW 定义了窗口的起始点和结束点，窗口的起始点为 UNBOUNDED PRECEDING，这两个 SQL 关键词组合在一起表示窗口起始点是数据流中最开始的行，CURRENT ROW 表示结束点是当前行。ROWS BETWEEN ... AND ...语句定义了窗口的起始和结束。结合分组和排序策略，这就意味着，窗口从数据流的第一行起始到当前行结束，按照 user_id 分组，按照 ts 排序。

对于 OVER WINDOW，Flink 只支持基于时间属性的排序，无法基于其他字段进行排序。

图 8-10 展示了按行划分窗口的基本原理，上半部分使用 UNBOUNDED PRECEDING 表示起始点，那么窗口是从数据流的第一行开始一直到当前行；下半部分使用 1 PRECEDING 表示起始点，窗口的起始点是当前行的前一行，我们可以把 1 换成其他我们想要的数字。

注意 ▶

图 8-10 所示最后两行数据从时间上虽然同时到达，但由于窗口是按行划分的，最后两行数据被划分到 W4 和 W5 两个窗口，这与后文提到的按时间段划分有所区别。

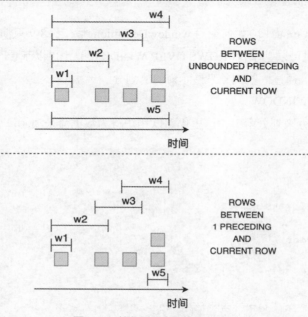

图 8-10　按行划分窗口的基本原理

如果输入数据流如表 8-4 所示，那么对于之前的 SQL 语句，查询的结果将如表 8-5 所示。

表 8-4 　　　　　　　　　　　　　ROWS OVER WINDOW 输入数据流

user_id	pv_count	ts
1	pv	2017-12-01 00:00:00
2	fav	2017-12-01 00:00:00
1	pv	2017-12-01 00:00:02
2	cart	2017-12-01 00:00:03

表 8-5 　　　　　　　　　　　　　ROWS OVER WINDOW 输出数据

user_id	behavior	behavior_cnt	ts
1	pv	1	2017-12-01 00:00:00
2	fav	1	2017-12-01 00:00:00
1	pv	2	2017-12-01 00:00:02
2	cart	2	2017-12-01 00:00:03

可以看到，对于输入的每一行数据，都有一行输出。

总结下来，ROWS OVER WINDOW 方式应该按照代码清单 8-10 来编写 SQL 语句。

```
SELECT
    field1,
    AGG_FUNCTION(field2) OVER (
     [PARTITION BY (value_expression1,..., value_expressionN)]
     ORDER BY timeAttr
     ROWS
     BETWEEN (UNBOUNDED | rowCount) PRECEDING AND CURRENT ROW) AS fieldName
FROM tab1


-- 使用 AS
SELECT
    field1,
    AGG_FUNCTION(field2) OVER w AS fieldName
FROM tab1
WINDOW w AS (
    [PARTITION BY (value_expression1,..., value_expressionN)]
    ORDER BY timeAttr
    ROWS
    BETWEEN (UNBOUNDED | rowCount) PRECEDING AND CURRENT ROW
)
```

代码清单 8-10　ROWS OVER WINDOW 的 SQL 语句

使用这种方式时需要注意如下事项。

- PARTITION BY 是可选的，可以根据一到多个字段来对数据进行分组。
- ORDER BY 之后必须是一个时间属性，用于对数据进行排序。
- ROWS BETWEEN ... AND ...用来界定窗口的起始点和结束点。UNBOUNDED PRECEDING 表示整个数据流的开始作为起始点，也可以使用 rowCount PRECEDING 来表示当前行之前的某行作为起始点，rowCount 是一个数字；CURRENT ROW 表示当前行作为结束点。

（2）RANGES OVER WINDOW

第二种划分的方式是基于时间段来划分窗口，SQL 中关键字为 RANGE。这种窗口的结束点也是当前行，起始点是当前行之前的某个时间点。我们仍然以用户行为数据流为例，SQL 语句改为如下代码。

```
SELECT
    user_id,
    COUNT(*) OVER w AS behavior_count,
    ts
FROM user_behavior
WINDOW w AS (
    PARTITION BY user_id
```

```
    ORDER BY ts
    RANGE BETWEEN INTERVAL '2' SECOND PRECEDING AND CURRENT ROW
)
```

可以看到，与 ROWS 的区别在于，RANGE 后面使用的是一个时间段，根据当前行的时间减去这个时间段，可以得到起始时间。

图 8-11 展示了按时间段划分窗口的基本原理，上半部分使用 UNBOUNDED PRECEDING 表示起始点，与按行划分不同的是，最后两行虽然同时到达，但是它们被划分为一个窗口（见图 8-11 上半部分中的 w4）；下半部分使用 INTERVAL '2' SECOND 表示起始点，窗口的起始点是当前行的时间减去 2 秒，最后两行也被划分到了一个窗口（见图 8-11 下半部分中的 w4）。

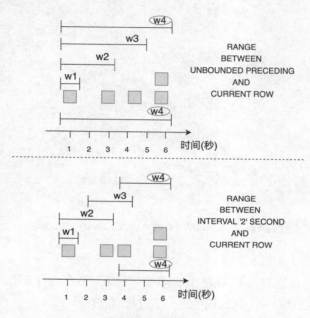

图 8-11　按时间段划分窗口的基本原理

总结下来，RANGE OVER WINDOW 方式应该按照代码清单 8-11 来编写 SQL 语句。

```
SELECT
    field1,
    AGG_FUNCTION(field2) OVER (
    [PARTITION BY (value_expression1,..., value_expressionN)]
    ORDER BY timeAttr
    RANGE
    BETWEEN (UNBOUNDED | timeInterval) PRECEDING AND CURRENT ROW) AS fieldName
FROM tab1

-- 使用 AS
SELECT
    field1,
    AGG_FUNCTION(field2) OVER w AS fieldName
```

```
FROM tab1
WINDOW w AS (
    [PARTITION BY (value_expression1,..., value_expressionN)]
    ORDER BY timeAttr
    RANGE
    BETWEEN (UNBOUNDED | timeInterval) PRECEDING AND CURRENT ROW
)
```

代码清单 8-11　RANGE OVER WINDOW 的 SQL 语句

使用这种方式时需要注意如下事项。

- PARTITION BY 是可选的，可以根据一到多个字段来对数据进行分组。
- ORDER BY 之后必须是一个时间属性，用于对数据进行排序。
- RANGE BETWEEN ... AND ...用来界定窗口的起始点和结束点。UNBOUNDED PRECEDING 表示数据流的开始作为起始点，也可以使用 timeInterval PRECEDING 来表示当前行之前的某个时间点作为起始点。

综上，对于 OVER WINDOW，每行数据都生成一个窗口，窗口内的数据聚合后生成一个新字段。窗口的划分可以按行（ROWS），也可以按时间段（RANGE）。

8.4　Join

Join 是 SQL 中最常用的数据处理机制，它可以将两个数据源中的相关行相互连接起来。常用的 Join 方式有：INNER JOIN、LEFT/RIGHT/FULL OUTER JOIN。不同的 Join 决定了两个数据源不同的连接方式。对于批处理，在静态的数据上进行 Join 已经比较成熟，常用的算法有：嵌套循环（Nested Join）、排序合并（Sort Merge）、哈希合并（Hash Merge）等。这里以嵌套循环为例解释 Join 的实现原理。

假设我们有如下批处理查询。

```
SELECT
    orders.order_id,
    customers.customer_name,
    orders.order_date
FROM orders INNER JOIN customers
ON orders.customer_id = customers.customer_id;
```

上述语句在两个确定的数据集上进行计算，它被翻译成伪代码，如代码清单 8-12 所示。

```
// 循环遍历 orders 的每个元素
for row_order in orders:
    // 循环遍历 customers 的每个元素
    for row_customer in customers:
        if row_order.customer_id = row_customer.customer_id
```

```
                return (row_order.order_id, row_customer.customer_mame,
        row_order.order_date)
            end
        end
```

代码清单 8-12 Join 的嵌套循环伪代码

嵌套循环的基本原理是使用两层循环，遍历数据集中的每个元素，当两个数据集中的数据相匹配时，返回结果。我们知道，一旦数据量增大，嵌套循环算法会产生非常大的计算压力。之前多次提到，流处理场景下数据是不断生成的，一旦数据源有更新，相应的动态表也要随之更新，进而重新进行一次上述的循环算法，这对流处理来说是一个不小的挑战。

目前，Flink 提供了 3 种基于动态表的 Join：时间窗口 Join（Time-windowed Join）、临时表 Join（Temporal Table Join）和传统意义上的 Join（Regular Join）。这里我们先介绍前两种流处理中所特有的 Join，了解前两种流处理的特例可以让我们更好地理解传统意义上的 Join。

8.4.1 时间窗口 Join

在电商平台上，买家一般会先和卖家聊天沟通，经过一些对话之后才会下单购买。这里我们做一个简单的数据模型，假设一个关于聊天对话的数据流 chat 记录了买家首次和卖家的聊天信息，它包括以下字段：买家 ID（buyer_id），商品 ID（item_id），时间戳（ts）。如果买家从开启聊天到最后下单的速度比较快，说明这个商品的转化率比较高，非常值得进一步分析。我们想统计具有较高转化率的商品，比如统计从首次聊天到用户下单购买的时间小于 1 分钟的商品。

如图 8-12 所示，左侧为记录用户首次聊天的数据流 chat，它有 3 个字段 buyer_id、item_id 和 ts；右侧为我们之前一直使用的 user_behavior。

user_behavior			
user_id	item_id	behavior	ts
1	1000	pv	00:00:00
2	1001	pv	00:00:00
1	1000	pv	00:00:02
2	1001	cart	00:00:03
2	1001	buy	00:01:04

chat		
buyer_id	item_id	ts
1	1000	00:00:05
2	1001	00:00:08

result		
item_id	chat_ts	buy_ts
1001	00:00:08	00:01:04

图 8-12 chat 和 user_behavior 的 Join

我们以 item_id 字段来对两个数据流进行 Join，同时还增加一个时间窗口的限制，即首次聊天发生之后的 1 分钟内。相应的 SQL 语句如下。

```
SELECT
    user_behavior.item_id,
    user_behavior.ts AS buy_ts
FROM chat, user_behavior
WHERE chat.item_id = user_behavior.item_id
    AND user_behavior.behavior = 'buy'
    AND user_behavior.ts BETWEEN chat.ts AND chat.ts + INTERVAL '1' MINUTE;
```

时间窗口 Join 其实和第 5 章中的 Interval Join 比较相似，可以用图 8-13 来解释其原理。我们对 A 和 B 两个表做 Join，需要对 B 设置一个上、下界，A 中所有界限内的数据都要与 B 中的数据做连接。

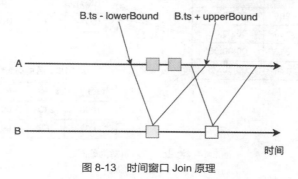

图 8-13　时间窗口 Join 原理

一个更加通用的语法如下。

```
SELECT
    *
FROM A, B
WHERE A.id = B.id
    AND A.ts BETWEEN B.ts - lowBound AND B.ts + upperBound;
```

从语法中可以读出，BETWEEN ... AND ...设置了一个时间窗口，B 中某个元素的窗口为[B.ts - lowBound, B.ts + upperBound]的闭区间，如果 A 的元素恰好落在这个区间，则该元素与 B 中相应元素连接。其中，A 和 B 都使用时间属性进行上述窗口操作。此外，我们还需要等于谓词来进行匹配，比如 A.id = B.id，否则大量数据会被连接到一起。

除了使用 BETWEEN ... AND ...来确定窗口起始点和结束点外，Flink 也支持比较符号 >、<、>=、<=。所以，一个时间窗口也可以被写为 A.ts >= B.ts - lowBound AND A.ts <= B.ts + upperBound。

　　A 和 B 必须是 Append-only 模式的表，即只可以插入，不可以更新。

在实现上，Flink 使用状态来存储一些时间窗口相关数据。时间一般接近单调递增（Event Time 模式不可能保证百分百的单调递增）。过期后，这些状态数据会被清除。当然，比起 Processing Time，使用 Event Time 意味着窗口要等待更长的时间才能关闭，状态数据量会更大。

8.4.2　临时表 Join

电商平台的商品价格有可能发生变化，假如我们有一个商品数据源，里面有各个商品的价格变化数据，它由 item_id、price 和 version_ts 组成。其中，price 为当前的价格，version_ts 为价格变化的时间戳。一旦一件商品的价格有变化，数据都会追加到这个表中，这个表保存了价格变化的日志。如果我们想获取一件被购买的商品最近的价格，需要从这个表中找到最新的数据。这个表可以根据时间戳拆分为临时表，临时表如图 8-14 所示。

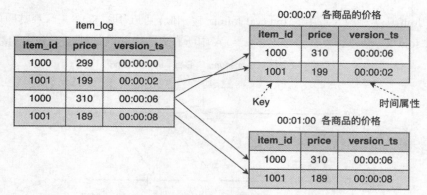

图 8-14　将 item_log 拆解为临时表

从图 8-14 中可以看到，由于商品价格在变化，各商品不同时间点的价格不同。假如我们想获取 00:00:07 时间点各商品价格，得到的结果为右侧上表；如果想获取 00:01:00 时间点各商品的价格，得到的结果为右侧下表。从图 8-14 所示的拆解过程可以看到，临时表可以让我们获得某个时间点的信息，就像整个数据的一个子版本，版本之间通过时间属性来区分。

对于临时表来说，数据源必须是一个 Append-only 的追加表，表中有一个 Key 作为唯一标识，数据追加到这个表后，我们可以根据 Key 来更新临时表。图 8-14 所示的表使用 item_id 作为 Key。每行数据都有一个时间属性，用来标记不同的版本，时间属性可以是 Event Time 也可以是 Processing Time。图 8-14 所示的表使用 version_ts 作为时间属性字段。

总结下来，定义一个 Temporal Table 需要注意以下几点。

- 数据源是一个 Append-only 的追加表。
- 定义 Key，Key 被用来作为唯一标识。
- 数据源中有时间属性字段，根据时间的先后来区分不同的版本。

下面的代码生成临时表，其中 registerFunction() 方法对临时表进行了注册，它定义了 Key 并指定了时间属性字段，我们将在 8.7 节中专门介绍 registerFunction() 使用方法。

```
DataStream<Tuple3<Long, Long, Timestamp>> itemStream = ...

// 获取表
Table itemTable = tEnv.fromDataStream(itemStream, "item_id, price,
version_ts.rowtime");
// 注册 Temporal Table Function，定义 Key 并指定时间属性字段
tEnv.registerFunction("item", itemTable.createTemporalTableFunction("version_ts",
"item_id"));
```

注册后，我们拥有了一个名为 item 的临时表，接下来可以利用 SQL 对这个表进行 Join。

```
SELECT
    user_behavior.item_id,
    latest_item.price,
    user_behavior.ts
FROM
```

```
    user_behavior, LATERAL TABLE(item(user_behavior.ts)) AS latest_item
WHERE user_behavior.item_id = latest_item.item_id
    AND user_behavior.behavior = 'buy'
```

上述 SQL 语句中 user_behavior.behavior = 'buy'用来筛选购买行为；临时表 Temporal Table item(user_behavior.ts)按照 user_behavior 中的时间点 ts 来获取该时间点对应的 item 的版本，将它重命名为 latest_item。上述 SQL 语句的计算过程如图 8-15 所示。

item_log

item_id	price	versionTs
1000	299	00:00:00
1001	199	00:00:00
1000	310	00:00:15
1001	189	00:00:15

result

item_id	price	buy_ts
1001	189	00:01:04

user_behavior

user_id	item_id	behavior	ts
1	1000	pv	00:00:00
2	1001	pv	00:00:00
1	1000	pv	00:00:02
2	1001	cart	00:00:03
2	1001	buy	00:01:04

图 8-15　临时表 Join：对 item_log 和 user_behavior 进行 Join

整个程序的 Java 实现如代码清单 8-13 所示。

```
// userBehavior
DataStream<Tuple4<Long, Long, String, Timestamp>> userBehaviorStream = env
    .fromCollection(userBehaviorData)
    // 使用 Event Time 时必须设置时间戳和 Watermark
    .assignTimestampsAndWatermarks(…);

// 获取表
Table userBehaviorTable = tEnv.fromDataStream(userBehaviorStream, "user_id, item_id,
behavior,ts.rowtime");
tEnv.createTemporaryView("user_behavior", userBehaviorTable);

// item
DataStream<Tuple3<Long, Long, Timestamp>> itemStream = env
    .fromCollection(itemData)
    .assignTimestampsAndWatermarks(…);
Table itemTable = tEnv.fromDataStream(itemStream, "item_id, price,
version_ts.rowtime");

// 注册临时表，定义 Key 并指定时间戳
tEnv.registerFunction(
    "item",
    itemTable.createTemporalTableFunction("version_ts", "item_id"));

String sqlQuery = "SELECT \n" +
    "   user_behavior.item_id," +
    "   latest_item.price,\n" +
    "   user_behavior.ts\n" +
```

```
"FROM " +
"  user_behavior, LATERAL TABLE(item(user_behavior.ts)) AS latest_item\n" +
"WHERE user_behavior.item_id = latest_item.item_id" +
"  AND user_behavior.behavior = 'buy'";

// 执行 SQL 语句
Table joinResult = tEnv.sqlQuery(sqlQuery);
DataStream<Row> result = tEnv.toAppendStream(joinResult, Row.class);
```

代码清单 8-13　对两个表进行临时表 Join

从时间维度上来看，临时表 Join 的效果如图 8-16 所示。

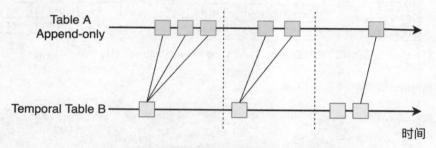

图 8-16　Append-only 的表与临时表进行 Join 操作

将这个场景推广，如果想在其他地方使用临时表 Join，需要按照下面的模板编写 SQL 语句。

```
SELECT *
FROM A, LATERAL TABLE(B(A.ts))
WHERE A.id = B.id
```

使用时，要注意如下事项。

- 表 A 必须是一个 Append-only 的追加表。
- 临时表 B 的数据源必须是一个 Append-only 的追加表，且必须使用 registerFunction() 将该追加表注册到 Catalog 中。注册时需要指定 Key 和时间属性。
- 表 A 和临时表 B 通过 Key 进行等于谓词匹配：A.id = B.id。

在具体实现临时表时，Flink 维护了一个类似 Keyed State 的状态，对于某个 Key 值，会保存对应的状态数据。相比 Processing Time，Event Time 为了等待一些迟到数据，状态数据量会更大一些。

8.4.3　传统意义上的 Join

基于前面列举的两种时间维度上的 Join，我们可以更好地理解传统意义上的 Regular Join。对于刚刚的例子，如果商品表不是把所有变化历史都记录下来，而是只保存了某一时间点的最新值，那么我们应该使用传统意义上的 Join。如图 8-17 所示，item 表用来存储当前最新的商品信息数据，在 00:02:00 时间点，item 表有了变化，Join 结果如图 8-17 中的 result 表所示。

实际上，大部分数据库都如图 8-17 中左侧所示，只保存数据的最新值，而数据库的变化历史日志不会呈现给用户，仅用来做故障恢复。那么，对于这种类型的表，具体的 SQL 语句如下。

```
SELECT
    user_behavior.item_id,
    item.price
FROM
        user_behavior, item
WHERE user_behavior.item_id = item.item_id
        AND user_behavior.behavior = 'buy'
```

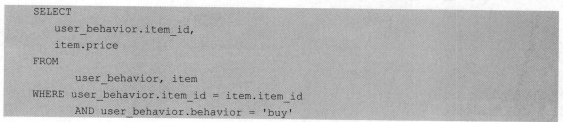

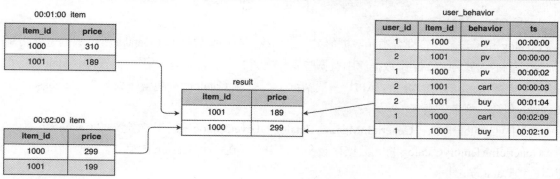

图 8-17　传统意义上的 Join

传统意义上的 Join 是最常规的 Join，它不像时间窗口 Join 和临时表 Join 那样需要在 SQL 语句中考虑太多与时间相关的问题。它的 SQL 语法也和批处理中的 Join 一样，一般符合下面的模板。

```
SELECT *
FROM A INNER JOIN B
ON A.id = B.id
```

A 和 B 可以是 Append-only 模式下的追加表，也可以是 Update 模式下的更新表，A、B 两个表中的数据可以插入、删除和更新。A、B 表对应的数据都会被连接起来。在具体实现上，Flink 需要将两个表都放在状态中存储。任何一个表有新数据加入，都会和另外表中所有对应数据进行连接。因此，传统意义上的 Join 适合数据量不太大或数据增长量非常小的场景。我们可以配置一定的过期时间，超过这个时间后，数据会被清除。我们利用在 8.2.3 小节中提到的方法来设置过期时间：tEnv.getConfig.setIdleStateRetentionTime(Time.hours(1), Time.hours(2))。

目前，Flink 可以支持 INNER JOIN、LEFT JOIN、RIGHT JOIN 和 FULL OUTER JOIN，只支持等于谓词匹配：ON A.id = B.id。使用传统意义上的 Join 时，尽量避免出现笛卡儿积式的连接。

注意

在传统意义上的 Join 中，我们无法使用 SELECT 来查询时间属性字段，因为 Flink SQL 无法严格保证数据按照时间属性排序。如果我们想要查询时间字段，一个办法是在定义 Schema 时，不明确指定该字段为时间属性，比如使用 SQL DDL 定义时，不设置 WATERMARK FOR rowtime_column AS watermark_strategy_expression。

8.5 SQL DDL

通过前文的介绍，我们已经对 Flink SQL 有了一些了解。Flink SQL 底层使用 Dynamic Table 来进行流处理，它支持时间窗口和 Join 操作。本节将围绕 SQL DDL，主要介绍获取、创建、修改和删除元数据时所涉及的一些注意事项。

8.5.1 注册和获取表

1. Catalog 简介

Catalog 用于记录并管理各类元数据信息，比如我们有哪些数据库（Database）、数据是以文件还是消息队列的形式存储、某个数据库中有哪些表和视图、当前有哪些可用的函数等。Catalog 提供了一个注册、管理和访问元数据的 API。一般情况下，一个 Catalog 中包含一到多个 Database，一个 Database 包含一到多个表。

常见的 Catalog 包括：GenericInMemoryCatalog、HiveCatalog 和用户自定义的 Catalog。

GenericInMemoryCatalog 将元数据存储在内存中，只在一个 Session 内生效。默认情况下，都是使用这种 Catalog。

Hive 的元数据管理功能是 SQL-on-Hadoop 领域事实上的标准，很多企业的生产环境使用 Hive 管理元数据，Hive 可以管理包括纯 Hive 表和非 Hive 表。为了与 Hive 生态兼容，Flink 推出了 HiveCatalog。对于同时部署了 Hive 和 Flink 的环境，HiveCatalog 允许用户在 Flink SQL 上读取原来 Hive 中的各个表。对于只部署了 Flink 的环境，HiveCatalog 是目前将元数据持久化的唯一方式。持久化意味着某些元数据管理团队可以先将 Kafka 或 HDFS 中的数据注册到 Catalog 中，其他数据分析团队无须再次注册表，只需每次从 Catalog 中获取表，不用关心数据管理相关问题。如果没有进行元数据持久化，用户每次都需要注册表。

用户也可以自定义 Catalog，需要实现 Catalog 接口。

2. 获取表

我们编写好 SQL 查询语句（SELECT 语句）后，需要使用 TableEnvironment.sqlQuery("SELECT ...") 来执行 SQL 查询语句，这个方法返回的结果是一个表。表可以用于后续的 Table API & SQL 查询，也可以被转换为 DataStream 或者 DataSet。总之，Table API 和 SQL 可以完美融合。

我们使用 FROM table_name 从某个表中查询数据，table_name 表必须被注册到 TableEnvironment 中。注册有以下几种方式。

- 使用 SQL DDL 中的 CREATE TABLE ...创建表。
- 使用 TableEnvironment.connect()连接一个外部系统。
- 从 Catalog 中获取已注册的表。

第 1 种 SQL DDL 的方式，我们会用 CREATE TABLE table_name ...来明确指定表的名字为 table_name。而第 2 种和第 3 种方式，我们是在 Java/Scala 代码中获取一个表，获取表后，明确使用 createTemporaryView()方法声明一个表并指定一个名字。例如，下面的代码中，我们获取了一个表，并通过 createTemporaryView()注册该表名字为 user_behavior。

```
Table userBehaviorTable = tEnv.fromDataStream(userBehaviorStream, "user_id, item_id,
behavior, ts.rowtime");

// createTemporaryView 创建名为 user_behavior 的表
tEnv.createTemporaryView("user_behavior", userBehaviorTable);
```

对于 TableEnvironment.connect() 所连接的外部系统，也可以使用 createTemporaryTable() 方法，以链式调用的方式注册名字。

```
tEnv
    // 使用 connect() 方法连接外部系统
    .connect(...)
    // 序列化方式，可以是 JSON、Avro 等
    .withFormat(...)
    // 数据的 Schema
    .withSchema(...)
    // 临时表的表名，后续可以在 SQL 语句中使用这个表名
    .createTemporaryTable("user_behavior");
```

connect() 方法不如 SQL DDL 表达能力强，同时维护太多 API 的成本高，Flink 社区计划废弃 connect() 方法，主推 SQL DDL。

注册好表名后，就可以在 SQL 语句中使用 FROM user_behavior 来查询该表。

即使没有明确指定表名，也没有问题。Table.toString() 可以返回表的名字，如果没有给这个表指定表名，Flink 会为其自动分配一个唯一的表名，不会与其他表名冲突，如下所示。

```
// 获取一个表，并没有明确为其分配表名
Table table = ...;
String tableName = table.toString();
tEnv.sqlQuery("SELECT * FROM " + tableName);
```

甚至可以省略 toString() 方法，直接将表与 SQL 语句用加号 "+" 连接，因为 "+" 会自动调用 Table.toString() 方法。

```
// 获取一个表，并没有明确为其分配表名
Table table = ...;
// 加号 "+" 会在编译期间自动调用 Table.toString() 方法
tEnv.sqlQuery("SELECT * FROM " + table);
```

3. HiveCatalog

如果想将元数据持久化到 HiveCatalog 中，可参考代码清单 8-14。

```
TableEnvironment tEnv = ...

// 创建一个 HiveCatalog
// 4 个参数分别为：catalogName、databaseName、hiveConfDir、hiveVersion
```

```
    Catalog catalog = new HiveCatalog("mycatalog", null, "<path_of_hive_conf>",
"<hive_version>");

    // 注册 Catalog, 取名为 mycatalog
    tEnv.registerCatalog("mycatalog", catalog);

    // 创建一个 Database, 取名为 mydb
    tEnv.executeSql("CREATE DATABASE mydb WITH (...)");

    // 创建一个表, 取名为 mytable
    tEnv.executeSql("CREATE TABLE mytable (name STRING, age INT) WITH (...)");

    // 返回所有表
    tEnv.listTables();
```

代码清单 8-14   Hive Catalog 使用示例

8.5.2   USE 和 SHOW 语句

创建完 Catalog、Database 后, 可以像使用其他 SQL 引擎一样, 如代码清单 8-15 所示, 使用 SHOW
和 USE 语句。

```
    -- 展示所有 Catalog
    SHOW CATALOGS;

    -- 使用 mycatalog
    USE CATALOG mycatalog;

    -- 展示当前 Catalog 里所有 Database
    SHOW DATABASES;

    -- 使用 mydb
    USE mydb;

    -- 展示当前 Catalog 中当前 Database 里所有表
    SHOW TABLES;
```

代码清单 8-15   在 Flink SQL 中使用 SHOW 和 USE 语句

SHOW、USE 语句需要粘贴到 executeSql() 方法中。

```
    Catalog catalog = ...

    tEnv.registerCatalog("mycatalog", catalog);
    tEnv.executeSql("USE catalog mycatalog");
    tEnv.executeSql("CREATE DATABASE mydb");
    tEnv.executeSql("USE mydb");
```

8.5.3 CREATE、DROP、ALTER 语句

CREATE、ALTER、DROP 是 SQL 中最常见的 3 种 DDL 语句，可以创建、修改和删除数据库（Database）、表（Table）和函数（Function）。

CREATE 语句可以创建数据库、表和函数：

- CREATE TABLE；
- CREATE DATABASE；
- CREATE FNCTION。

ALTER 语句可以修改已有的数据库、表和函数：

- ALTER TABLE；
- ALTER DATABASE；
- ALTER FNCTION。

DROP 语句可以删除之前创建的数据库、表和函数：

- DROP TABLE；
- DROP DATABASE；
- DROP FUNCTION。

这些语句可以放到 TableEnvironment.executeSql() 的参数里，也可以在 SQL Client 里执行。代码清单 8-16 展示了如何在 TableEnvironment 中使用 executeSql()。

```
// tEnv: 是 TableEnvironment
// 创建表 CREATE TABLE
tEnv.executeSql("CREATE TABLE user_behavior (" +
        "   user_id BIGINT," +
        "   item_id BIGINT," +
        "   category_id BIGINT," +
        "   behavior STRING," +
        "   ts TIMESTAMP(3)," +
        "   WATERMARK FOR ts as ts - INTERVAL '5' SECOND  -- 在 ts 上定义 Watermark,
ts 成为事件时间列" +
        ") ...");

// 修改数据库
tEnv.executeSql("ALTER DATABASE db1 set ('k1' = 'a', 'k2' = 'b')")

// 删除表
tEnv.executeSql("DROP TABLE user_behavior");
```

代码清单 8-16　在 TableEnvironment 中执行 SQL DDL

1. CREATE/ALTER/DROP TABLE 语句

（1）CREATE TABLE 语句

CREATE TABLE 语句需要按照下面的语法编写。

```
CREATE TABLE [catalog_name.][db_name.]table_name
 (
   { <column_definition> | <computed_column_definition> }[ , ...n]
   [ <watermark_definition> ]
 )
 [COMMENT table_comment]
 [PARTITIONED BY (partition_column_name1, partition_column_name2, ...)]
 WITH (key1=val1, key2=val2, ...)
```

一个名为 table_name 的表隶属于一个名为 db_name 的 Database，db_name 又隶属于名为 catalog_name 的 Catalog。如果不明确指定 db_name 和 catalog_name，该表被注册到默认的 Catalog 和默认的 Database 中。如果 table_name 与已有的表名重复，会抛出异常。

```
<column_definition>、<computed_column_definition>和<watermark_definition>需要符合下
面的模板：
<column_definition>:
  column_name column_type [COMMENT column_comment]

<computed_column_definition>:
  column_name AS computed_column_expression [COMMENT column_comment]

<watermark_definition>:
  WATERMARK FOR rowtime_column_name AS watermark_strategy_expression
```

COMMENT 用来对字段做注释，使用 DESCRIBE table_name 命令时，可以查看到字段的一些注释和描述信息。

<column_definition>在传统的 SQL DDL 中经常见到，Watermark 策略在 8.3.1 小节已经介绍，不赘述，这里介绍计算列（Computed Column）、WITH 语句和 PAPTITIONED BY 语句。

① 计算列

计算列是虚拟字段，不是一个实际存储在表中的字段。计算列可以通过表达式、内置函数、或自定义函数等方式，使用其他列的数据，计算出其该列的数值。比如，一个订单表中有单价（price）和数量（quantity），总价可以被定义为 total AS price * quantity。计算列表达式可以是已有的物理列、常量、函数的组合，但不能是 SELECT ...式的子查询。计算列虽然是个虚拟字段，但在 Flink SQL 中可以像普通字段一样被使用。

计算列常常被用于定义时间属性，在 8.3.1 小节我们曾介绍了如何定义 Processing Time：使用 proc AS PROCTIME()来定义一个名为 proc 的计算列，该列可以在后续计算中被用作时间属性。PROCTIME()是 Flink 提供的内置函数，用来生成 Processing Time。

```
CREATE TABLE mytable (
    id BIGINT,
    -- 在原有 Schema 基础上添加一列 proc
    proc as PROCTIME()
```

```
) WITH (
   ...
);
```

关于计算列，相关知识点可以总结如下。

- 计算列是一个虚拟列，计算的过程可以由函数、已有物理列、常量等组成，可以用在 SELECT 语句中。
- 计算列不能作为 INSERT 语句的输出目的地，或者说我们不能使用 INSERT 语句将数据插入到目标表的计算列上。

② WITH 语句

在 8.1.7 小节中我们曾介绍连接外部系统时必须配置相应参数，这些参数以 key=value 的形式被放在 WITH 语句中。

```
CREATE TABLE my_table (
   -- Schema
   ...
) WITH (
   -- 声明参数
   'connector.type' = 'kafka',
   'connector.version' = 'universal',
   ...
)
```

在上述例子中使用的外部系统是 Kafka，我们需要配置一些与 Kafka 连接相关的参数。Flink 的官方文档中有不同 Connector 的详细参数配置示例，这里不再详细介绍每种 Connector 需要配置哪些参数。

 提示

使用 CREATE TABLE 创建的表可以作为 Source 也可以作为 Sink。

③ PARTITIONED BY 语句

根据某个字段进行分区。如果这个表中的数据实际存储在一个文件系统上，Flink 会为每个分区创建一个文件夹。例如，以日期为分区，那么每天的数据被放在一个文件夹中。PARTITIONED BY 语句经常被用在批处理中。

注意，这里是 PARTITIONED BY，与 OVER WINDOW 中的 PARTITON BY 语法和含义均不同。

（2）ALTER TABLE 语句

ALTER TABLE 语句目前支持修改表名和一些参数。

```
-- 修改表名
ALTER TABLE [catalog_name.][db_name.]table_name RENAME TO new_table_name
```

```
-- 修改参数，如果某个 Key 之前被 WITH 语句设置过，再次设置会将旧数据覆盖
ALTER TABLE [catalog_name.][db_name.]table_name SET (key1=val1, key2=val2, ...)
```

（3）DROP TABLE 语句

DROP TABLE 语句用来删除一个表。IF EXISTS 表示只对已经存在的表进行删除。

```
DROP TABLE [IF EXISTS] [catalog_name.][db_name.]table_name
```

2. CREATE/ALTER/DROP DATABASE 语句

（1）CREATE DATABASE 语句

CREATE DATABASE 语句一般使用下面的语法。

```
CREATE DATABASE [IF NOT EXISTS] [catalog_name.]db_name
  [COMMENT database_comment]
  WITH (key1=val1, key2=val2, ...)
```

上述语法与其他 SQL 引擎中的比较相似。其中 IF NOT EXISTS 表示，如果这个数据库不存在才创建，否则不会创建。

（2）ALTER DATABASE 语句

ALTER DATABASE 语句一般使用下面的语法。

```
ALTER DATABASE [catalog_name.]db_name SET (key1=val1, key2=val2, ...)
```

ALTER DATABASE 语句支持修改参数，新数据会覆盖旧数据。

（3）DROP DATABASE 语句

DROP DATABASE 语句一般使用下面的语法。

```
DROP DATABASE [IF EXISTS] [catalog_name.]db_name [ (RESTRICT | CASCADE) ]
```

RESTRICT 选项表示如果数据库非空，那么会抛出异常，默认开启本选项；CASCADE 选项表示会将数据库下所属的表和函数等都删除。

3. CREATE/ALTER/DROP FUNCTION 语句

传统 SQL 引擎都会提供的上述 CREATE 功能，Flink Table API & SQL 还提供了函数相关功能。我们也可以用 Java 或 Scala 自定义函数，然后注册进来，在 SQL 语句中使用。CREATE FUNCTION 的语法如下所示，我们将在 8.7 节详细介绍如何使用 Java/Scala 自定义函数。

```
CREATE [TEMPORARY|TEMPORARY SYSTEM] FUNCTION
  [IF NOT EXISTS] [catalog_name.][db_name.]function_name
  AS identifier [LANGUAGE JAVA|SCALA]
```

8.5.4 INSERT 语句

INSERT 语句可以向表中插入数据，一般用于向外部系统输出数据。它的语法如下。

```
INSERT { INTO | OVERWRITE } [catalog_name.][db_name.]table_name [PARTITION part_spec]
```

```
SELECT ...

part_spec:
  (part_col_name1=val1 [, part_col_name2=val2, ...])
```

上述 SQL 语句将 SELECT 查询结果写入目标表中。OVERWRITE 选项表示将原来的数据覆盖，否则新数据只是追加进去。PARTITION 表示数据将写入哪个分区。如果 CREATE TABLE 语句是按照日期进行分区，那么每个日期会有一个文件夹，PARTITION 后要填入一个日期，数据将写入日期对应的目录中。分区一般常用于批处理场景。代码清单 8-17 所示为一些向文件系统输出数据的示例。

```
-- 创建一个表，作为输出
CREATE TABLE behavior_cnt (
  user_id BIGINT,
  cnt BIGINT
) WITH (
  'connector.type' = 'filesystem',  -- 使用 filesystem Connector
  'connector.path' = 'file:///tmp/behavior_cnt',  -- 输出地址为本地路径
  'format.type' = 'csv'  -- 数据源格式为 JSON
)

-- 向一个 Append-only 的追加表中输出数据
INSERT INTO behavior_cnt
SELECT
    user_id,
    COUNT(behavior) AS cnt
FROM user_behavior
GROUP BY user_id, TUMBLE(ts, INTERVAL '10' SECOND)
```

代码清单 8-17　向文件系统输出数据的示例

或者是将特定的值写入目标表。

```
INSERT { INTO | OVERWRITE } [catalog_name.][db_name.]table_name VALUES values_row [,
values_row ...]
```

举例如下。

```
CREATE TABLE students (name STRING, age INT, score DECIMAL(3, 2)) WITH (...);

INSERT INTO students
  VALUES ('Li Lei', 35, 1.28), ('Han Meimei', 32, 2.32);
```

8.6　系统内置函数

Table API & SQL 提供给用户强大的操作数据的方法：函数。对于函数，可以有两个维度来对其分类。

第一个维度根据是否为系统内置来分类。系统内置函数（System Function）是 Flink 提供的内置函数，在任何地方都可以直接拿来使用。非系统内置函数一般注册到某个 Catalog 下的数据库里，该函数有自己的命名空间（Namespace），表示该函数归属于哪个 Catalog 和 Database。例如，使用名为 func 的函数时需要加上 Namespace，如 mycatalog.mydb.func。由于函数被注册到 Catalog 中，这种函数被称为目录函数（Catalog Function）。

第二个维度根据是否为临时函数来分类。临时函数（Temporary Function）只存在于某个 Flink Session 中，Session 结束后就被销毁，其他 Session 无法使用。非临时函数，又被称为持久化函数（Persistent Function），可以存在于多个 Flink Session 中，它可以是一个系统内置函数，也可以是一个目录函数。

根据这两个维度，函数可以被划分如下 4 类。

- 临时系统内置函数（Temporary System Function）。
- 持久化系统内置函数（System Function）。
- 临时目录函数（Temporary Catalog Function）。
- 持久化目录函数（Catalog Function）。

这些函数可以在 Table API 中使用 Java、Scala 或 Python 代码调用，也可以在 Flink SQL 中以 SQL 语句的形式调用。这里以 SQL 语句为例来介绍如何调用这些函数。绝大多数系统内置函数已经内置在 Table API & SQL 中，它们也是持久化函数，本节将主要介绍这部分内容，8.7 节将介绍目录函数。由于系统内置函数较多，这里只介绍一些常用的函数并提供一些例子，其他函数的具体使用方法可以参考 Flink 的官方文档。

8.6.1　标量函数

标量函数（Scalar Function）接收零个、一个或者多个输入，生成一个单值输出。

1. 比较函数

（1）value1 = value2

如果 value1 和 value2 相等，返回 TRUE；如果 value1 或 value2 中任何一个值为 NULL，返回 UNKNOWN。

（2）value1 <> value2

如果 value1 和 value2 不相等，返回 TRUE；如果 value1 或 value2 中任何一个值为 NULL，返回 UNKNOWN。

（3）value1 >= value2

如果 value1 大于等于 value2，返回 TRUE；如果 value1 或 value2 中任何一个值为 NULL，返回 UNKNOWN。其他>、<、<=比较函数与此相似。

（4）value IS NULL 和 value IS NOT NULL

判断 value 是否为 NULL。

（5）value1 BETWEEN [ASYMMETRIC | SYMMETRIC] value2 AND value3

判断 value1 是否在某个区间内。支持 DOUBLE、BIGINT、INT、VARCHAR、DATE、TIMESTAMP、

TIME 等类型。

例如, 12 BETWEEN 15 AND 12 返回 FALSE, 12 BETWEEN SYMMETRIC 15 AND 12 返回 TRUE。SYMMETRIC 表示包含区间边界。value1 NOT BETWEEN [ASYMMETRIC | SYMMETRIC] value2 AND value3 与之相似。

（6）string1 LIKE string2

如果 string1 符合 string2 的模板, 返回 TRUE。LIKE 主要用于字符串匹配, string2 中可以使用 % 来定义通配符。例如, 'TEST' LIKE '%EST'返回 TRUE。string1 NOT LIKE string2 与之类似。

（7）string1 SIMILAR TO string2

如果 string1 符合 SQL 正则表达式 string2, 返回 TRUE。例如, 'TEST' SIMILAR TO '.EST'返回 TRUE。string1 NOT SIMILAR TO string2 与之类似。

（8）value1 IN (value2 [, value3]*)

如果 value1 在列表中, 列表包括 value2、value3 等元素, 返回 TRUE。例如, 'TEST' IN ('west', 'TEST', 'rest')返回 TRUE；'TEST' IN ('west', 'rest')返回 FALSE。value1 NOT IN (value2 [, value3]*)与之类似。

（9）EXISTS (sub-query)

如果子查询有至少一行结果, 返回 TRUE。例如, 下面的 SQL 语句使用了 EXISTS, 实际上起到了 Join 的作用。

```
SELECT *
FROM l
WHERE EXISTS (select * from r where l.a = r.c)
```

（10）value IN (sub-query)

如果 value 等于子查询中的一行结果, 返回 TRUE。value NOT IN (sub-query)与之类似。

```
SELECT *
FROM tab
WHERE a IN (SELECT c FROM r)
```

注意 ●

对于流处理, EXISTS(sub-query)和 value IN (sub-query)都需要使用状态进行计算, 我们必须确保配置了状态过期时间, 否则状态数据量可能会无限增大。

------

2. 逻辑函数

（1）boolean1 OR boolean2

如果 boolean1 或 boolean2 中任何一个值为 TRUE, 返回 TRUE。

（2）boolean1 AND boolean2

如果 boolean1 和 boolean2 都为 TRUE, 返回 TRUE。

（3）NOT boolean

如果 boolean 为 TRUE, 返回 FALSE；boolean 为 FALSE, 返回 TRUE。

（4）boolean IS FALSE、boolean IS TRUE 和 boolean IS UNKNOWN

根据 boolean 的值，判断是否为 FALSE、TRUE 或者 UNKNOWN。boolean IS NOT FALSE 等与之类似。

3. 数学函数

（1）加、减、乘、除

利用加（+）、减（-）、乘（*）、除（/）对数字字段做运算。下面的例子以加法为例，其他运算与之类似。

```
SELECT int1+int2 AS add
FROM tab
```

（2）ABS(numeric)

该函数返回 numeric 的绝对值。

（3）MOD(numeric1, numeric2)

余数函数，numeric1 除以 numeric2，返回余数。

（4）SQRT(numeric)

平方根函数，返回 numeric 的平方根。

（5）LN(numeric)、LOG10(numeric)和 LOG2(numeric)

对数函数，返回 numeric 的对数，对数分别以 e 为底、以 10 为底和以 2 为底。

（6）EXP(numeric)

指数函数，返回以 e 为指数的 numeric 的幂。

（7）SIN(numeric)、COS(numeric)等

三角函数，包括 SIN、COS、TAN 等。

（8）RAND()

该函数返回范围为 0~1 的一个伪随机数。

（9）CEIL(numeric)和 FLOOR(numeric)

该函数向上和向下取整。

4. 字符串函数

（1）string1 || string2

该函数连接两个字符串。

（2）CONCAT(string1, string2,...)

该函数连接多个字符串。

（3）CHAR_LENGTH(string)和 CHARACTER_LENGTH(string)

该函数返回字符串 string 的长度。

（4）SUBSTRING(string FROM start [FOR length])

该函数对字符串做截断，返回 string 的一部分，从 start 位置开始，默认到字符串结尾结束，填写 length 参数后，字符串截断到 start + length 位置。

（5）POSITION(string1 IN string2)

该函数返回 string1 在 string2 中第一次出现的位置，如果未曾出现则返回 0。

（6）TRIM([BOTH | LEADING | TRAILING] string1 FROM string2)

该函数将 string2 中出现的 string1 移除。BOTH 选项表示移除左右两侧的字符串。一般情况下，如果不指定 string1，默认移除空格。例如，TRIM(LEADING 'x' FROM 'xxxxSTRINGxxxx')返回 STRINGxxxx。

（7）REGEXP_REPLACE(string1, string2, string3)

替换函数，将 string1 中符合正则表达式 string2 的字符全替换为 string3。例如，REGEXP_REPLACE ('foobar', 'oo|ar', '')移除了符合正则表达式 oo|ar 的字符，返回 fb。

5. 时间函数

（1）DATE string、TIME string 和 TIMESTAMP string

这些函数将字符串 string 转换为 java.sql.Date、java.sql.Time 或 java.sql.Timestamp。我们可以在 WHERE 语句中做过滤。

```
SELECT * FROM tab
WHERE b = DATE '1984-07-12'
AND c = TIME '14:34:24'
AND d = TIMESTAMP '1984-07-12 14:34:24
```

或者应用在 SELECT 语句中。

```
SELECT a, b, c,
 DATE '1984-07-12',
 TIME '14:34:24',
 TIMESTAMP '1984-07-12 14:34:24'
FROM tab
```

（2）LOCALTIME、LOCALTIMESTAMP

这些函数返回当前本地时间，格式为 java.sql.Time 或 java.sql.Timestamp。

（3）YEAR(date)、MONTH(date)和 DAYOFYEAR(date)等

这些函数从 java.sql.Date 中提取出年、月、日。例如，YEAR(DATE '1994-09-27')返回为 1994，MONTH(DATE '1994-09-27')返回为 9，DAYOFYEAR(DATE '1994-09-27')返回为 270。

（4）HOUR(timestamp)、MINUTE(timestamp)和 SECOND(timestamp)

这些函数从 java.sql.Timestamp 中提取出时、分、秒。例如，HOUR(TIMESTAMP '1994-09-27 13:14:15')返回 13，MINUTE(TIMESTAMP '1994-09-27 13:14:15')返回 14。

（5）FLOOR(timepoint TO timeintervalunit)和 CEIL(timepoint TO timeintervalunit)

该函数向下和向上取整。例如，FLOOR(TIME '12:44:31' TO MINUTE)返回 12:44:00，CEIL(TIME '12:44:31' TO MINUTE)返回 12:45:00。

6. 判断函数

```
CASE ... WHEN ... END
```

该函数类似很多编程语言提供的 switch ... case ... 判断函数。在 Flink SQL 中可以对某个字段进行判断，其语法如下。

```
CASE value
    WHEN value1_1 [, value1_2 ]* THEN result1
    [ WHEN value2_1 [, value2_2 ]* THEN result2 ]*
    [ ELSE resultZ ]
END
```

例如，对表中字段 a 进行判断，生成一个新字段 correct，SQL 语句如下。

```
SELECT
  CASE a
    WHEN 1 THEN 1
    ELSE 99
  END AS correct
FROM tab
```

也可以对一个表达式进行判断，其语法如下。

```
CASE
    WHEN condition1 THEN result1
    [ WHEN condition2 THEN result2 ]*
    [ ELSE resultZ ]
END
```

例如，对表中字段 c 进行 c > 0 的判断，为 TRUE 时生成 b，SQL 语句如下。

```
SELECT
    CASE
        WHEN c > 0 THEN b
        ELSE NULL
    END
FROM tab
```

7. 类型转化函数

```
CAST(value AS type)
```

该函数将字段 value 的类型转化为 type。例如，int1 字段原本为 INT 类型，现将其转化为 DOUBLE 类型。

```
SELECT CAST(int1 AS DOUBLE) as aa
FROM tab
```

8.　集合函数

（1）ARRAY '[' value1 [, value2]* ']'

该函数将多个字段连接成一个列表。例如，某表中两个字段 a 和 b 均为 INT 类型，将其连接到一起，然后再添加一个数字 99。

```
SELECT
    ARRAY[a, b, 99]
FROM tab
```

（2）CARDINALITY(array)

该函数返回列表中元素的个数。利用上述例子如下。

```
SELECT CARDINALITY(arr)
FROM (
  SELECT ARRAY[a, b, 99] AS arr FROM tab
)
```

ARRAY[a, b, 99]创建一个由 3 个元素组成的列表，CARDINALITY(arr)返回值为 3。

8.6.2　聚合函数

在 8.3.2 小节中，我们重点讲解了 GROUP BY 和 OVER WINDOW 的窗口划分方式，聚合函数一般应用在窗口上，对窗口内的多行数据进行处理，并生成一个聚合后的结果。

（1）COUNT([ALL] expression | DISTINCT expression1 [, expression2]*)

该函数返回行数，默认情况下使用 ALL 选项，即返回所有行。使用 DISTINCT 选项后，该函数对数据做去重处理。

（2）AVG([ALL | DISTINCT] expression)

该函数返回平均值，默认情况下使用 ALL 选项。使用 DISTINCT 选项后，该函数对数据做去重处理。

（3）SUM([ALL | DISTINCT] expression)

该函数对数据求和，默认情况下使用 ALL 选项。使用 DISTINCT 选项后，该函数对数据做去重处理。

（4）MAX([ALL | DISTINCT] expression)和 MIN([ALL | DISTINCT] expression)

该函数求数据中的最大值/最小值，默认情况下使用 ALL 选项。使用 DISTINCT 选项后，该函数对数据做去重处理。

（5）STDDEV_POP([ALL | DISTINCT] expression)

该函数求数据总体的标准差，默认情况下使用 ALL 选项。使用 DISTINCT 选项后，该函数对数据做去重处理。

8.6.3　时间单位

一些时间相关计算需要使用时间单位，常见的有 YEAR、MONTH、WEEK、DAY、HOUR、MINUTE 和 SECOND 等。

8.7 用户自定义函数

系统内置函数给我们提供了大量内置功能，但对于一些特定领域或特定场景，系统内置函数还远远不够，Flink 提供了用户自定义函数功能，开发者可以实现一些特定的需求。用户自定义函数需要注册到 Catalog 中，因此这类函数又被称为目录函数。目录函数大大增强了 Flink SQL 的表达能力。

8.7.1 注册函数

在使用某个函数前，一般需要将该函数注册到 Catalog 中。注册时需要调用 TableEnvironment 中的 registerFunction()方法。每个 TableEnvironment 都会有一个成员 FunctionCatalog，FunctionCatalog 中存储了函数的定义，当注册函数时，实际上是将该函数名和对应的实现写入 FunctionCatalog 中。以注册一个 ScalarFunction 为例，它的源码如下。

```
FunctionCatalog functionCatalog = ...

/**
 * 注册一个 ScalaFunction
 * name: 函数名
 * function: 一个自定义的 ScalaFunction
 */
public void registerFunction(String name, ScalarFunction function) {
        functionCatalog.registerTempSystemScalarFunction(
            name,
            function);
}
```

在 8.6 节中，我们已经提到，系统内置函数提供了包括数学、比较、字符串、聚合等常用函数，如果这些系统内置函数无法满足我们的需求，我们可以使用 Java、Scala 或 Python 自定义所需函数。接下来我们将详细讲解如何自定义函数以及如何使用函数。

8.7.2 标量函数

标量函数接收零个、一个或者多个输入，生成一个单值输出。这里以处理经纬度为例来展示如何自定义标量函数。

当前，大量的应用极度依赖地理信息（Geographic Information）：打车软件需要用户定位起点和终点、外卖平台需要确定用户送餐地点、运动类 App 会记录用户的活动轨迹等。我们一般使用经度（Longitude）和纬度（Latitude）来标记一个地点。经纬度作为原始数据很难直接拿来分析，需要做一些转化，而 Table API & SQL 中没有相应的函数，因此需要我们自己来实现。

如果想自定义函数，我们需要继承 org.apache.flink.table.functions.ScalarFunction 类，实现 eval 方法。这与第 4 章介绍的 DataStream API 中的自定义函数有异曲同工之处。假设我们需要判断一个经纬度数据是否在北京四环经纬度范围以内，可以使用 Java 实现代码清单 8-18 所示的函数。

```
public class IsInFourRing extends ScalarFunction {

    // 北京四环经纬度范围
    private static double LON_EAST = 116.48;
    private static double LON_WEST = 116.27;
    private static double LAT_NORTH = 39.988;
    private static double LAT_SOUTH = 39.83;

    // 判断输入的经纬度数据是否在北京四环经纬度范围内
    public boolean eval(double lon, double lat) {
        return !(lon > LON_EAST || lon < LON_WEST) &&
               !(lat > LAT_NORTH || lat < LAT_SOUTH);
    }
}
```

代码清单 8-18　实现一个经纬度判断自定义函数

在代码清单 8-18 中，eval() 方法接收两个 Double 类型的输入，对数据进行处理，生成一个 boolean 类型的输出。代码清单 8-18 中最重要的就是 eval() 方法，它决定了这个自定义函数的内在逻辑。自定义好函数之后，我们还需要用 registerFunction() 方法将该函数注册到 Catalog 中，并起名为 IsInFourRing，这样就可以在 SQL 语句中使用 IsInFourRing 函数进行计算了。代码清单 8-19 展示了一个完整的程序。

```
List<Tuple4<Long, Double, Double, Timestamp>> geoList =
new ArrayList<>();
geoList.add(Tuple4.of(1L, 116.2775, 39.91132, Timestamp.valueOf("2020-03-06
00:00:00")));
geoList.add(Tuple4.of(2L, 116.44095, 39.88319, Timestamp.valueOf("2020-03-06
00:00:01")));
geoList.add(Tuple4.of(3L, 116.25965, 39.90478, Timestamp.valueOf("2020-03-06
00:00:02")));
geoList.add(Tuple4.of(4L, 116.27054, 39.87869, Timestamp.valueOf("2020-03-06
00:00:03")));

DataStream<Tuple4<Long, Double, Double, Timestamp>> geoStream = env
        .fromCollection(geoList)
        .assignTimestampsAndWatermarks(...);

// 创建表
Table geoTable = tEnv.fromDataStream(geoStream, "id, long, alt, ts.rowtime,
proc.proctime");
tEnv.createTemporaryView("geo", geoTable);

// 注册函数到 Catalog 中，指定名字为 IsInFourRing
tEnv.registerFunction("IsInFourRing", new IsInFourRing());

// 在 SQL 语句中使用 IsInFourRing 函数
```

```
    Table inFourRingTab = tEnv.sqlQuery("SELECT id FROM geo WHERE IsInFourRing(long,
alt)");
```

代码清单 8-19　在 Flink SQL 中注册并使用自定义函数完整程序

我们也可以利用编程语言的重载特性，针对不同类型的输入设计不同的函数。假如经纬度参数以 float 或者 String 类型传入，为了适应这些输入类型，可以实现多个 eval()方法，让编译器帮忙重载，如代码清单 8-20 所示。

```
public boolean eval(double lon, double lat) {
    return !(lon > LON_EAST || lon < LON_WEST) &&
            !(lat > LAT_NORTH || lat < LAT_SOUTH);
}


public boolean eval(float lon, float lat) {
    return !(lon > LON_EAST || lon < LON_WEST) &&
          !(lat > LAT_NORTH || lat < LAT_SOUTH);
}


public boolean eval(String lonStr, String latStr) {
    double lon = Double.parseDouble(lonStr);
    double lat = Double.parseDouble(latStr);
    return !(lon > LON_EAST || lon < LON_WEST) &&
          !(lat > LAT_NORTH || lat < LAT_SOUTH);
}
```

代码清单 8-20　实现并重载多个 eval 方法

eval()方法的输入和输出类型决定了 ScalarFunction 的输入和输出类型。在具体的执行过程中，Flink 的类型系统会自动推测输入和输出类型，一些无法被自动推测的类型可以使用 DataTypeHint 来提示 Flink 使用哪种输入/输出类型。下面的代码接收两个 Timestamp 作为输入，返回两个时间戳之间的差，用 DataTypeHint 提示将返回结果转化为 BIGINT 类型。

```
public class TimeDiff extends ScalarFunction {

    public @DataTypeHint("BIGINT") long eval(Timestamp first, Timestamp second) {
        return java.time.Duration.between(first.toInstant(),
second.toInstant()).toMillis();
    }
}
```

DataTypeHint 可以满足绝大多数的需求，如果类型仍然复杂，开发者可以自己重写 UserDefinedFunction. getTypeInference(DataTypeFactory)方法，返回合适的类型。

8.7.3　表函数

另一种常见的用户自定义函数为表函数（Table Function）。表函数能够接收零到多个标量输入，与标量函数不同的是，表函数输出零到多行，每行数据有一到多列。从这些特征来看，表函数更像是一个表，一般出现在 FROM 之后。我们在 8.4.2 小节中提到的临时表就是一种表函数。

为了定义表函数，我们需要继承 org.apache.flink.table.functions.TableFunction 类，然后实现 eval() 方法，这与标量函数几乎一致。同样，我们可以利用重载，实现一到多个 eval() 方法。与标量函数中只输出一个标量不同，表函数可以输出零到多行数据，eval() 方法里使用 collect() 方法将结果输出，输出的数据类型由 TableFunction<T> 中的泛型 T 决定。

代码清单 8-21 将字符串输入按照#切分，输出零到多行数据，输出类型为 String。

```java
public class TableFunc extends TableFunction<String> {

    // 按#切分字符串，输出零到多行数据
    public void eval(String str) {
        if (str.contains("#")) {
            String[] arr = str.split("#");
            for (String i: arr) {
                collect(i);
            }
        }
    }
}
```

代码清单 8-21　表函数实现示例

在主逻辑中，我们需要使用 registerFunction() 方法注册函数，并指定一个名字。在 SQL 语句中，使用 LATERAL TABLE(<TableFunctionName>) 来调用该表函数，如代码清单 8-22 所示。

```java
List<Tuple4<Integer, Long, String, Timestamp>> list = new ArrayList<>();
list.add(Tuple4.of(1, 1L, "Jack#22", Timestamp.valueOf("2020-03-06 00:00:00")));
list.add(Tuple4.of(2, 2L, "John#19", Timestamp.valueOf("2020-03-06 00:00:01")));
list.add(Tuple4.of(3, 3L, "nosharp", Timestamp.valueOf("2020-03-06 00:00:03")));

DataStream<Tuple4<Integer, Long, String, Timestamp>> stream = env
        .fromCollection(list)
        .assignTimestampsAndWatermarks(...);
// 获取 Table
Table table = tEnv.fromDataStream(stream, "id, long, str, ts.rowtime");
tEnv.createTemporaryView("input_table", table);

// 注册函数到 Catalog 中，指定名字为 Func
tEnv.registerFunction("Func", new TableFunc());

// input_table 与 LATERAL TABLE(Func(str)) 进行 JOIN
Table tableFunc = tEnv.sqlQuery("SELECT id, s FROM input_table, LATERAL
TABLE(Func(str)) AS T(s)");
```

代码清单 8-22　注册和使用表函数的完整过程

273

在代码清单 8-22 中，LATERAL TABLE(Func(str))接受 input_table 中的字段 str，并将其作为输入，它被设置为一个新表，名为 T，T 中有一个字段 s，s 是自定义的 TableFunc 的输出。代码清单 8-22 中，input_table 和 LATERAL TABLE(Func(str))之间使用逗号,隔开，实际上这两个表是按照 CROSS JOIN 方式连接起来的，CROSS JOIN 指的是两个表在做笛卡儿积，这个 SQL 语句返回值如下。

```
1,22
1,Jack
2,19
2,John
```

我们也可以使用其他类型的 Join，比如 LEFT JOIN。

```
// input_table 与 LATERAL TABLE(Func(str))进行 LEFT JOIN
Table joinTableFunc = tEnv.sqlQuery("SELECT id, s FROM input_table LEFT JOIN LATERAL TABLE(Func(str)) AS T(s) ON TRUE");
```

ON TRUE 条件表示左侧表中的所有数据都与右侧表进行连接，如果左侧表有数据，右侧表没有数据，会输出 null，因此结果中多出了一行 3,null。

```
1,22
1,Jack
2,19
2,John
3,null
```

8.7.4 聚合函数

在 8.6 节中我们曾介绍了聚合函数，聚合函数一般对多行数据进行聚合，输出一个标量。常用的聚合函数有 COUNT、SUM 等。对于一些特定问题，这些系统内置函数可能无法满足需求，在 Flink SQL 中，用户可以对聚合函数进行用户自定义，这种函数被称为用户自定义聚合函数（User-Defined Aggregate Function）。

假设我们的表中有下列字段：id、数值 v、权重 w。我们对 id 使用 GROUP BY，计算 v 的加权平均值。计算的过程如图 8-18 所示。

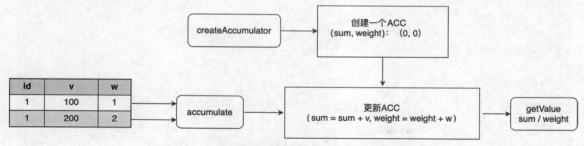

图 8-18　用户自定义聚合函数：计算加权平均值

代码清单 8-23 实现了一个加权平均函数 WeightedAvg，该函数接收两个 Long 类型的输入，返回一个 Double 类型的输出。计算过程使用了中间结果数据类型 WeightedAvgAccum，它记录了当前加权和 sum 以及权重 weight。

```java
import org.apache.flink.table.functions.AggregateFunction;
import java.util.Iterator;

/**
 * 加权平均函数
 */
public class WeightedAvg extends AggregateFunction<Double,
WeightedAvg.WeightedAvgAccum> {

    @Override
    public WeightedAvgAccum createAccumulator() {
        return new WeightedAvgAccum();
    }

    // 需要物化输出时，getValue()方法会被调用
    @Override
    public Double getValue(WeightedAvgAccum acc) {
        if (acc.weight == 0) {
            return null;
        } else {
            return (double) acc.sum / acc.weight;
        }
    }

    // 新数据到达时，更新 ACC
    public void accumulate(WeightedAvgAccum acc, long iValue, long iWeight) {
        acc.sum += iValue * iWeight;
        acc.weight += iWeight;
    }

    // 用于有界 OVER WINDOW，将较早的数据剔除
    public void retract(WeightedAvgAccum acc, long iValue, long iWeight) {
        acc.sum -= iValue * iWeight;
        acc.weight -= iWeight;
    }

    // 将多个 ACC 合并为一个 ACC
    public void merge(WeightedAvgAccum acc, Iterable<WeightedAvgAccum> it) {
        Iterator<WeightedAvgAccum> iter = it.iterator();
        while (iter.hasNext()) {
            WeightedAvgAccum a = iter.next();
            acc.weight += a.weight;
```

```
        acc.sum += a.sum;
    }
}


// 重置 ACC
public void resetAccumulator(WeightedAvgAccum acc) {
    acc.weight = 0l;
    acc.sum = 0l;
}


/**
 * ACC
 * sum:当前加权和
 * weight: 权重
 */
public static class WeightedAvgAccum {
    public long sum = 0;
    public long weight = 0;
}
}
```

代码清单 8-23　自定义聚合函数，实现加权平均计算

从代码清单 8-23 中我们可以看到，自定义聚合函数时，我们需要继承 org.apache.flink.table.functions. AggregateFunction 类。注意，该类与 5.3.3 小节中所介绍的 AggregateFunction 命名空间不同，在引用时不要写错。不过这两个 AggregateFunction 的工作原理大同小异。首先，AggregateFunction 调用 createAccumulator() 方法创建一个 ACC，ACC 用来存储中间结果。接着，每当表中有新数据到达时，Flink SQL 会调用 accumulate() 方法，新数据会作用在 ACC 上，ACC 被更新。当一个分组的所有数据都被 accumulate() 处理，getValue() 方法可以将 ACC 中的中间结果输出。

综上，定义一个 AggregateFunction 时，如下 3 个方法是必须实现的。

- createAccumulator()：创建 ACC，可以使用一个自定义的数据结构。
- accumulate()：处理新流入数据，更新 ACC；第一个参数是 ACC，accumulate() 支持多列参数，第二个以及以后的参数为流入数据。
- getValue()：输出结果，返回值的数据类型 T 与 AggregateFunction<T>中定义的泛型 T 保持一致。

createAccumulator() 创建一个 ACC。accumulate() 方法的第一个参数为 ACC，第二个及以后的参数为整个 AggregateFunction 的输入参数。该方法的作用就是接受输入，并将输入作用到 ACC 上，更新 ACC。getValue() 方法的返回值的类型 T 为整个 AggregateFunction<T>的输出类型。

除了上面 3 个方法，下面的 3 个方法需要根据使用情况来决定是否需要定义。例如，在流处理的会话窗口上进行聚合时，必须定义 merge() 方法，因为当发现某行数据恰好可以将两个窗口连接为一个窗口时，merge() 方法可以将两个窗口内的 ACC 合并。

- retract()：有界 OVER WINDOW 场景下，窗口是有界的，需要将早期的数据剔除。
- merge()：将多个 ACC 合并为一个 ACC，常用于流处理的会话窗口分组和批处理分组。
- resetAccumulator()：重置 ACC，用于批处理分组。

这些方法必须声明为 public，且不能为 static，方法名必须与上述名字保持一致。

如代码清单 8-24 所示，在主逻辑中，我们注册该函数，并在 SQL 语句中使用它。

```
List<Tuple4<Integer, Long, Long, Timestamp>> list = new ArrayList<>();
list.add(Tuple4.of(1, 1001, 1l, Timestamp.valueOf("2020-03-06 00:00:00")));
list.add(Tuple4.of(1, 2001, 2l, Timestamp.valueOf("2020-03-06 00:00:01")));
list.add(Tuple4.of(3, 3001, 3l, Timestamp.valueOf("2020-03-06 00:00:13")));

DataStream<Tuple4<Integer, Long, Long, Timestamp>> stream = env
        .fromCollection(list)
        .assignTimestampsAndWatermarks(...);

Table table = tEnv.fromDataStream(stream, "id, v, w, ts.rowtime");

tEnv.createTemporaryView("input_table", table);

tEnv.registerFunction("WeightAvg", new WeightedAvg());

Table agg = tEnv.sqlQuery("SELECT id, WeightAvg(v, w) FROM input_table GROUP BY id");
```

代码清单 8-24　在主逻辑中注册和调用自定义的聚合函数

8.8　实验 使用 Flink SQL 处理 IoT 数据

经过本章的学习，结合第 3~7 章的背景知识，读者应该对 Table API & SQL 有了比较全面的了解，SQL 提供了一种更为通用的接口，相比 Java/Scala 来说更方便易用。本节将结合 IoT 场景来展示如何使用 Flink SQL 进行数据处理和分析。

一、实验目的

熟悉 Flink SQL 的各类操作，包括使用 Flink SQL 连接数据源、进行时间窗口操作、进行两个表的临时表 Join 等。

二、实验内容

本实验基于一个处理后的室内环境数据，假设我们使用 IoT 设备来收集温度、湿度、光照等数据，结合室内人数、人物活动以及门窗开关等情况，我们可以进行一些分析和研究。

假设我们有多个房间（A、B、C 等），每个房间部署有传感器，传感器可以收集温度、相对湿度、光照等数据。图 8-19 展示了房间 A 的布局，其中 A1~A4 为传感器。图 8-19 中有一些长度和宽度，

277

主要用来描述房间构造，对我们要处理的数据并没有太大影响。

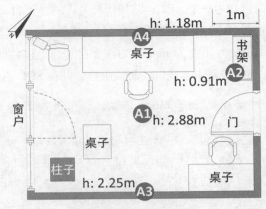

图 8-19　房间 A 的布局

传感器收集上来的数据集名为 sensor.csv，包括字段：room、node_id、temp、humidity、light、ts。各字段含义如下。

- room：房间号，这里为 A、B、C 等。
- node_id：该房间内的传感器编号，以图 8-19 所示的房间 A 为例，共 4 个传感器，编号为 1 至 4。
- temp：摄氏温度，单位为°C。
- humidity：相对湿度，单位为%。
- light：光传感器波长，单位为 nm。
- ts：数据收集时间戳，形如 2016-03-15 19:34:05。

此外，第二个数据流收集房间的环境信息，数据集名为 env.csv。该数据流记录了房间环境的变动，任何变动都将在数据流中增加一条记录。数据流包括字段：room、occupant、activity、door、win、ts。各字段含义如下。

- room：房间号，这里为 A、B、C 等。
- occupant：房间人数。
- activity：人物行为。0 表示无活动、1 表示阅读、2 表示站立、3 表示行走、4 表示工作。
- door：门的状态。0 表示关、1 表示开。
- win：窗的状态，0 表示关、1 表示开。
- ts：以上环境信息发生改动的时间戳，形如 2016-03-15 19:34:05。

数据集和数据流都在工程目录的 src/main/resources/iot 下。

三、实验要求

结合本书内容和 Flink 官方文档，完成下面的程序。

- 程序 1：使用流处理模式，读取 sensor.csv 和 env.csv 中的数据，注意将 ts 字段作为时间属性，同时需要定义 Watermark 策略。

- 程序 2：按房间号分组，计算该房间内每分钟的平均温度和湿度，输出到文件系统上。
- 程序 3：基于临时表 Join，将 sensor.csv 和 env.csv 按照房间号连接，生成一个宽表（宽表有助于后续数据分析流程），将结果输出到文件系统上。宽表包括字段：room、node_id,temp、humidity、light、occupant、activity、door、win、ts。

四、实验报告

将思路和程序撰写成实验报告。

本章小结

通过本章的学习，读者朋友应该可以了解 Table API & SQL 的原理和使用方法，尤其是 Flink SQL 在流处理场景下的具体使用方法。其中，比较核心的知识点包括：Table API & SQL 的骨架结构、流处理场景基于动态表进行持续查询、在时间维度上进行窗口操作、两个表之间的 Join、系统内置函数以及用户自定义函数的使用方法。可以看到，如果所解决的问题是简单的数据提取或关系代数的运算，可以使用 Table API & SQL。

09

第 9 章　Flink 的部署和配置

通过对前文的学习，我们已经学习了如何编写 Flink 程序，包括使用 DataStream API 和使用 Table API & SQL 来编写程序。本章将重点介绍如何部署和配置 Flink 作业，主要内容如下。

- Flink 集群几种常见的部署模式。
- 如何配置一个 Flink 作业，包括 CPU、内存和硬盘的配置。
- 如何设置算子链与槽位共享。
- 如何使用命令行工具提交和管理作业。
- 如何与 Hadoop 集成。

掌握这些知识后，我们可以在生产环境中向 Flink 集群提交作业。

9.1　Flink 集群部署模式

当前，信息系统基础设施正在飞速发展，常见的基础设施包括物理机集群、虚拟机集群、容器集群等。为了兼容这些基础设施，Flink 曾在 1.7 版本中做了重构，提出了第 3 章中所示的 Master-Worker 架构，该架构可以兼容几乎所有主流信息系统的基础设施，包括 Standalone 集群、Hadoop YARN 集群或 Kubernetes 集群。

9.1.1　Standalone 集群

一个 Standalone 集群包括至少一个 Master 进程和至少一个 TaskManager 进程，每个进程作为一个单独的 Java JVM 进程。其中，Master 节点上运行 Dispatcher、ResourceManager 和 JobManager，Worker 节点将运行 TaskManager。图 9-1 展示了一个 4 节点的 Standalone 集群，其中，IP 地址为192.168.0.1 的节点为 Master 节点，其他 3 个为 Worker 节点。

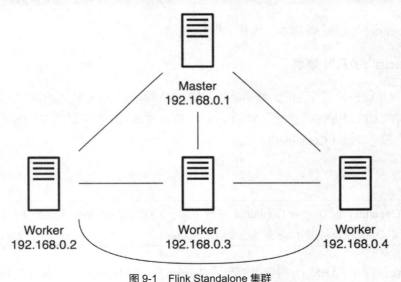

图 9-1　Flink Standalone 集群

第 2 章的实验中，我们已经展示了如何下载和解压 Flink，该集群只部署在本地，结合图 9-1，本节介绍如何在一个物理机集群上部署 Standalone 集群。我们可以将解压后的 Flink 主目录复制到所有节点的相同路径上；也可以在一个共享存储空间（例如 NFS）的路径上部署 Flink，所有节点均可以像访问本地目录那样访问共享存储上的 Flink 主目录。此外，节点之间必须实现免密码登录：基于安全外壳协议（Secure Shell，SSH），将公钥拷贝到待目标节点，可以实现节点之间免密码登录。所有节点上必须提前安装并配置好 JDK，将$JAVA_HOME 放入环境变量。

我们需要编辑 conf/flink-conf.yaml 文件，将 jobmanager.rpc.address 配置为 Master 节点的 IP 地址192.168.0.1；编辑 conf/slaves 文件，将 192.168.0.2、192.168.0.3 和 192.168.0.4 等 Worker 节点的 IP 地址加入该文件中。如果每个节点除了 IP 地址外，还配有主机名（Hostname），我们也可以用 Hostname 替代 IP 地址来做上述配置。

综上，配置一个 Standalone 集群需要注意以下几点。

- 为每个节点分配固定的 IP 地址，或者配置 Hostname，节点之间设置免密码 SSH 登录。
- 在所有节点上提前安装配置 JDK，将 $JAVA_HOME 添加到环境变量中。
- 配置 conf/flink-conf.yaml 文件，设置 jobmanager.rpc.address 为 Master 节点的 IP 地址或 Hostname。配置 conf/slaves 文件，将 Worker 节点的 IP 地址或 Hostname 添加进去。
- 将 Flink 主目录同步到所有节点的相同目录下，或者部署在一个共享目录上，共享目录可被所有节点访问。

接着，我们回到 Master 节点，进入 Flink 主目录，运行 bin/start-cluster.sh。该脚本会在 Master 节点启动 Master 进程，同时读取 conf/slaves 文件，脚本会帮我们 SSH 登录到各节点上，启动 TaskManager。至此，我们启动了一个 Flink Standalone 集群，我们可以使用 Flink Client 向该集群的 Master 节点提交作业。

```
$ ./bin/flink run -m 192.168.0.1:8081 ./examples/batch/WordCount.jar
```

可以使用 bin/stop-cluster.sh 脚本关停整个集群。

9.1.2 Hadoop YARN 集群

Hadoop 一直是很多公司首选的大数据基础架构，YARN 也是经常使用的资源调度器。YARN 可以管理一个集群的 CPU 和内存等资源，MapReduce、Hive 或 Spark 都可以向 YARN 申请资源。YARN 中的基本调度资源是容器（Container）。

> **注意**
>
> ----
>
> YARN Container 和 Docker Container 有所不同。YARN Container 只适合 JVM 上的资源隔离，Docker Container 则是更广泛意义上的 Container。
>
> ----

为了让 Flink 运行在 YARN 上，需要提前配置 Hadoop 和 YARN，这包括下载针对 Hadoop 的 Flink，设置 HADOOP_CONF_DIR 和 YARN_CONF_DIR 等与 Hadoop 相关的配置，启动 YARN 等。网络上有大量相关教程，这里不赘述 Hadoop 和 YARN 的安装方法，但是用户需要按照 9.5 节介绍的内容来配置 Hadoop 相关依赖。

在 YARN 上使用 Flink 有 3 种模式：Per-Job 模式、Session 模式和 Application 模式。Per-Job 模式指每次向 YARN 提交一个作业，YARN 为这个作业单独分配资源，基于这些资源启动一个 Flink 集群，该作业运行结束后，相应的资源会被释放。Session 模式在 YARN 上启动一个长期运行的 Flink 集群，用户可以向这个集群提交多个作业。Application 模式在 Per-Job 模式上做了一些优化。图 9-2 展示了 Per-Job 模式的作业提交流程。

Client 首先将作业提交给 YARN 的 ResourceManager，YARN 为这个作业生成一个 ApplicationMaster 以运行 Fink Master，ApplicationMaster 是 YARN 中承担作业资源管理等功能的组件。ApplicationMaster 中运行着 JobManager 和 Flink-YARN ResourceManager。JobManager 会根据本次作

业所需资源向 Flink-YARN ResourceManager 申请 Slot 资源。

> 这里有两个 ResourceManager，一个是 YARN 的 ResourceManager，它是 YARN 的组件，不属于 Flink，它负责整个 YARN 集群全局层面的资源管理和任务调度；一个是 Flink-YARN ResourceManager，它是 Flink 的组件，它负责当前 Flink 作业的资源管理。

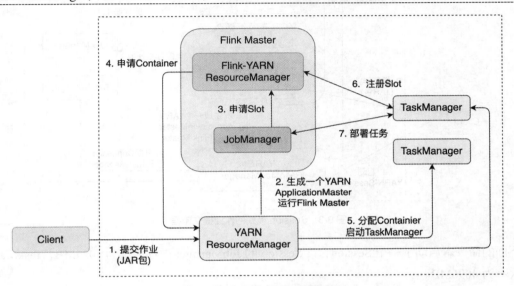

图 9-2　Per-Job 模式的作业提交流程

Flink-YARN ResourceManager 会向 YARN 申请所需的 Container，YARN 为之分配足够的 Container 作为 TaskManager。TaskManager 里有 Flink 计算所需的 Slot，TaskManager 将这些 Slot 注册到 Flink-YARN ResourceManager 中。注册成功后，JobManager 将作业的计算任务部署到各 TaskManager 上。

下面的命令使用 Per-Job 模式启动单个作业。

```
$ ./bin/flink run -m yarn-cluster ./examples/batch/WordCount.jar
```

-m yarn-cluster 表示该作业使用 Per-Job 模式运行在 YARN 上。

图 9-3 展示了 Session 模式的作业提交流程。

Session 模式将在 YARN 上启动一个 Flink 集群，用户可以向该集群提交多个作业。

首先，我们在 Client 上，用 bin/yarn-session.sh 启动一个 YARN Session。Flink 会先向 YARN ResourceManager 申请一个 ApplicationMaster，里面运行着 Dispatcher 和 Flink-YARN ResourceManager，这两个组件将长期对外提供服务。当提交一个具体的作业时，作业相关信息被发送给了 Dispatcher，Dispatcher 会启动针对该作业的 JobManager。

接下来的流程就与 Per-Job 模式几乎一模一样：JobManager 申请 Slot，Flink-YARN ResourceManager 向 YARN 申请所需的 Container，每个 Container 里启动 TaskManager，TaskManager 向 Flink-YARN ResourceManager 注册 Slot，注册成功后，JobManager 将计算任务部署到各 TaskManager 上。如果用

户提交下一个作业，那么 Dispatcher 启动新的 JobManager，新的 JobManager 负责新作业的资源申请和任务调度。

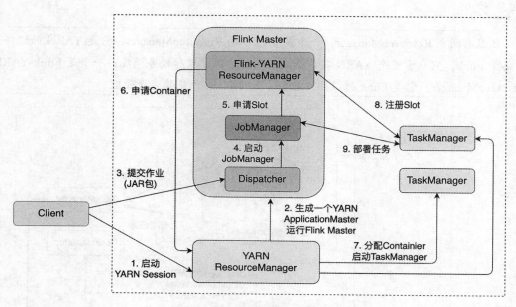

图 9-3　Session 模式的作业提交流程

下面的命令本启动了一个 Session，该 Session 的 JobManager 内存大小为 1024MB，TaskManager 内存大小为 4096MB。

```
$ ./bin/yarn-session.sh -jm 1024m -tm 4096m
```

启动后，屏幕上会显示 Flink WebUI 的连接信息。例如，在一个本地部署的 YARN 集群上创建一个 Session 后，假设分配的 WebUI 地址为：http://192.168.31.167:54680/。将地址复制到浏览器，打开即显示 Flink WebUI。

之后我们可以使用 bin/flink 在该 Session 上启动一个作业。

```
$ ./bin/flink run ./examples/batch/WordCount.jar
```

上述提交作业的命令没有特意指定连接信息，所提交的作业会直接在 Session 中运行，这是因为 Flink 已经将 Session 的连接信息记录了下来。从 Flink WebUI 页面上可以看到，刚开始启动时，UI 上显示 Total/Available Task Slots 为 0，Task Managers 也为 0。随着作业的提交，资源会动态增加：每提交一个新的作业，Flink-YARN ResourceManager 会动态地向 YARN ResourceManager 申请资源。

比较 Per-Job 模式和 Session 模式发现：Per-Job 模式下，一个作业运行完后，JobManager、TaskManager 都会退出，Container 资源会释放，作业会在资源申请和释放上消耗时间；Session 模式下，Dispatcher 和 Flink-YARN ResourceManager 是可以被多个作业复用的。无论哪种模式，每个作业都有一个 JobManager 与之对应，该 JobManager 负责单个作业的资源申请、任务调度、Checkpoint 等协调性功能。Per-Job 模式更适合长时间运行的作业，作业对启动时间不敏感，一般是长期运行的流处理任务。Session 模式更适合短时间运行的作业，一般是批处理任务。

除了 Per-Job 模式和 Session 模式，Flink 还提供了一个 Application 模式。Per-Job 和 Session 模式作业提交的过程比较依赖 Client，一个作业的 main()方法是在 Client 上执行的。main()方法会将作业的各个依赖下载到本地，生成 JobGraph，并将依赖以及 JobGraph 发送到 Flink 集群。在 Client 上执行 main()方法会导致 Client 的负载很重，因为下载依赖和将依赖打包发送到 Flink 集群都对网络带宽有一定要求，执行 main()方法会加重 CPU 的负担。而且在很多企业，多个用户会共享一个 Client，多人共用加重了 Client 的压力。为了解决这个问题，Flink 的 Application 模式允许 main()方法在 JobManager 上执行，这样可以分担 Client 的压力。在资源隔离层面上，Application 模式与 Per-Job 模式基本一样，相当于为每个作业应用创建一个 Flink 集群。

具体而言，我们可以用下面的代码，基于 Application 模式提交作业。

```
$ ./bin/flink run-application -t yarn-application \
-Djobmanager.memory.process.size=2048m \
-Dtaskmanager.memory.process.size=4096m \
-Dyarn.provided.lib.dirs="hdfs://myhdfs/my-remote-flink-dist-dir" \
./examples/batch/WordCount.jar
```

在上面这段提交作业的代码中，run-application 表示使用 Application 模式，-D 前缀加上参数配置来设置一些参数，这与 Per-Job 模式和 Session 模式的参数设置稍有不同。为了让作业下载各种依赖，可以向 HDFS 上传一些常用的 JAR 包，本例中上传路径是 hdfs://myhdfs/my-remote-flink-dist-dir，然后使用-Dyarn.provided.lib.dirs 告知 Flink 上传 JAR 包的地址，Flink 的 JobManager 会前往这个地址下载各种依赖。

9.1.3 Kubernetes 集群

Kubernetes（简称 K8s）是一个开源的 Container 编排平台。近年来，Container 以及 Kubernetes 大行其道，获得了业界的广泛关注，很多信息系统正在逐渐将业务迁移到 Kubernetes 上。

在 Flink 1.10 之前，Flink 的 Kubernetes 部署需要用户对 Kubernetes 各组件和工具有一定的了解，而 Kubernetes 涉及的组件和概念较多，学习成本较高。和 YARN 一样，Flink Kubernetes 部署方式支持 Per-Job 和 Session 两种模式。为了进一步减小 Kubernetes 部署的难度，Flink 1.10 提出了原生 Kubernetes 部署，同时也保留了之前的模式。新的 Kubernetes 部署非常简单，将会成为未来的趋势，因此本小节只介绍这种原生 Kubernetes 部署方式。

原生 Kubernetes 部署是 Flink 1.10 推出的新功能，还在持续迭代中，一些配置文件和命令行参数有可能在未来的版本迭代中发生变化，读者使用前最好阅读最新的官方文档。

在使用 Kubernetes 之前，需要确保 Kubernetes 版本为 1.9 以上，配置~/.kube/config 文件，提前创建用户，并赋予相应权限。

Flink 原生 Kubernetes 部署目前支持 Session 模式和 Application 模式。Session 模式是在 Kubernetes

集群上启动 Session，然后在 Session 中提交多个作业。未来的版本将支持原生 Kubernetes Per-Job 模式。图 9-4 所示为一个原生 Kubernetes Session 模式的作业提交流程。

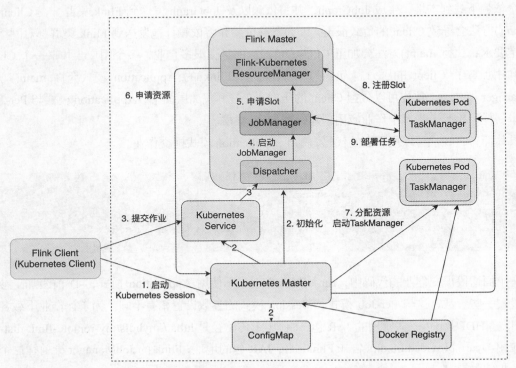

图 9-4　原生 Kubernetes Session 模式的作业提交流程

如图 9-4 中所示的第 1 步，我们用 bin/kubernetes-session.sh 启动一个 Kubernetes Session，Kubernetes 相关组件将进行初始化，Kubernetes Master、ConfigMap 和 Kubernetes Service 等模块生成相关配置，剩下的流程与 YARN 的 Session 模式几乎一致。Client 提交作业到 Dispatcher，Dispatcher 启动一个 JobManager，JobManager 向 Flink-Kubernetes ResourceManager 申请 Slot，Flink-Kubernetes ResourceManager 进而向 Kubernetes Master 申请资源。Kubernetes Master 分配资源，启动 Kubernetes Pod，运行 TaskManager，TaskManager 向 Flink-Kubernetes ResourceManager 注册 Slot，这个作业可以基于这些资源进行部署。

如图 9-4 中所示的第 1 步，我们需要启动一个 Flink Kubernetes Session，其他参数需要参考 Flink 官方文档中的说明，相关命令如下。

```
$ ./bin/kubernetes-session.sh \
  -Dkubernetes.cluster-id=<ClusterId> \
  -Dkubernetes.container.image=<image> \
  -Dtaskmanager.memory.process.size=4096m \
  -Dkubernetes.taskmanager.cpu=2 \
  -Dtaskmanager.numberOfTaskSlots=4 \
  -Dresourcemanager.taskmanager-timeout=3600000
```

上面的命令启动了一个名为 ClusterId 的 Flink Kubernetes Session 集群，集群中的每个

TaskManager 有 2 个 CPU、4096MB 的内存、4 个 Slot。ClusterId 是该 Flink Kubernetes Session 集群的标识，实际使用时我们需要设置一个名字，如果不进行设置，Flink 会给我们分配一个名字。

为了使用 Flink WebUI，可以使用下面的命令进行端口转发。

```
$ kubectl port-forward service/<ClusterID> 8081
```

在浏览器中打开地址 http://127.0.0.1:8001，就能看到 Flink 的 WebUI 了。与 Flink YARN Session 一样，刚开始所有的资源都是 0，随着作业的提交，Flink 会动态地向 Kubernetes 申请更多资源。

我们继续使用 bin/flink 向这个 Session 集群中提交作业。

```
$ ./bin/flink run -d -e kubernetes-session \
  -Dkubernetes.cluster-id=<ClusterId> examples/streaming/WindowJoin.jar
```

可以使用下面的命令关停这个 Flink Kubernetes Session 集群。

```
$ echo 'stop' | ./bin/kubernetes-session.sh \
  -Dkubernetes.cluster-id=<ClusterId> \
-Dexecution.attached=true
```

原生 Kubernetes 也有 Application 模式，Kubernetes Application 模式与 YARN Application 模式类似。使用时，需要先将作业打成 JAR 包，放到 Docker 镜像中，代码如下。

```
FROM flink
RUN mkdir -p $FLINK_HOME/usrlib
COPY /path/of/my-flink-job-*.jar /opt/flink/usrlib/my-flink-job.jar
```

然后使用下面的代码行提交作业。

```
$ ./bin/flink run-application -p 8 -t kubernetes-application \
  -Dkubernetes.cluster-id=<ClusterId> \
  -Dtaskmanager.memory.process.size=4096m \
  -Dkubernetes.taskmanager.cpu=2 \
  -Dtaskmanager.numberOfTaskSlots=4 \
  -Dkubernetes.container.image=<CustomImageName> \
  local:///opt/flink/usrlib/my-flink-job.jar
```

其中，-Dkubernetes.container.image 用来配置自定义的镜像，local:///opt/flink/usrlib/my-flink-job.jar 表示 JAR 包在镜像中的位置。

9.2　配置文件

在前文的介绍中，我们曾多次提 Flink 主目录下的 conf/flink-conf.yaml 文件，这个文件在作业配置中起到了至关重要的作用。

flink-conf.yaml 是一个 YAML 配置文件，文件里使用 Key-Value 来设置一些参数。这个文件会被很多 Flink 进程读取，文件改动后，相关进程必须重启才能生效。例如，9.1 节中提到，Standalone 集群使用 bin/start-cluster.sh 脚本启动时，会读取 Master 的 IP 地址等。从官网下载的 flink-conf.yaml 文件已经对一些参数做了配置，这些配置主要针对的是单机环境，如果用户在集群环境中使用它，就需要修改一些配置。

本节将从 Java、CPU、内存、磁盘等几大方向来介绍一些常用的配置。由于配置众多，无法一一列举，用户需要阅读 Flink 官方文档来进行更多个性化配置。

9.2.1　Java 和类加载

在安装 Java 时，我们一般会将 Java 的路径以 $JAVA_HOME 的形式添加到环境变量 $PATH 中，默认情况下，Flink 使用环境变量中的 Java 来运行程序。或者在 flink-conf.yaml 中设置 env.java.home 参数，使用安装到某个位置的 Java。

env.java.opts 设置所有 Flink JVM 进程参数，env.java.opts.jobmanager 和 env.java.opts.taskmanager 分别设置 JobManager 和 TaskManager 的 JVM 进程参数。下面的配置使得所有 Flink JVM 进程使用并发垃圾回收器。

```
env.java.opts: -XX:+UseConcMarkSweepGC -XX:CMSInitiatingOccupancyFraction=75
```

类加载（Classloading）对于很多应用开发者来说可能不需要过多关注，但是对于框架开发者来说需要非常小心。类加载的具体作用是将 Java 的 .class 文件加载到 JVM 虚拟机中。我们知道，当 Java 程序启动时，要使用 -classpath 参数设置从某些路径上加载所需要的依赖包。

```
$ java -classpath ".;./lib/*"
```

上面的命令将当前目录 . 和当前目录下的文件夹 ./lib 两个路径加载进来，两个路径中的包都能被引用。一个 Java 程序需要引用的类库和包很多，包括 JDK 核心类库和各种第三方类库，JVM 启动时，并不会一次性加载所有 JAR 包中的 .class 文件，而是动态加载。一个 Flink 作业一般主要加载下面两种类。

- Java Classpath：包括 JDK 核心类库和 Flink 主目录下 lib 文件夹中的类，其中 lib 文件夹中一般包含一些第三方依赖，比如 Hadoop 依赖。
- 用户类（User Code）：用户编写的应用作业中的类，这些用户源码被打成 JAR 包，每提交一个作业时，相应的 JAR 包会被提交。

向集群提交一个 Flink 作业时，Flink 会动态加载这些类，隐藏一些不必要的依赖，以尽量避免依赖冲突。常见的类依赖加载策略有两种：子类优先（Child-first）和父类优先（Parent-first）。

Child-first 指 Flink 会优先加载用户编写的应用作业中的类，然后再加载 Java Classpath 中的类。Parent-first 指 Flink 会优先加载 Java Classpath 中的类。Flink 默认使用 Child-first 策略，flink-conf.yaml 的配置为：classloader.resolve-order: child-first。这种策略的好处是，用户在自己的应用作业中所使用的类库可以和 Flink 核心类库不一样，在一定程度上避免依赖冲突。这种策略适合绝大多数情况。

但是，Child-first 策略在个别情况下也有可能出问题，这时候需要使用 Parent-first 策略，

flink-conf.yaml 的配置为：classloader.resolve-order: parent-first。Parent-first 也是 Java 默认的类加载策略。

注意 ◆

有些类加载的过程中总会使用 Parent-first 策略。classloader.parent-first-patterns.default 配置了必须使用 Parent-first 策略的类，如下所列。

```
java.;scala.;org.apache.flink.;com.esotericsoftware.kryo;org.apache.hadoop.;
javax.annotation.;org.slf4j;org.apache.log4j;org.apache.logging;org.apache.
commons.logging;ch.qos.logback;org.xml;javax.xml;org.apache.xerces;org.w3c
```

classloader.parent-first-patterns.default 列表最好不要随便改动，如果想要添加一些需要使用 Parent-first 的类，应该将那些类放在 classloader.parent-first-patterns.additional 中，类之间用分号;隔开。在加载过程中，classloader.parent-first-patterns.additional 列表中的类会追加到 classloader.parent-first-patterns.default 列表后。

9.2.2　并行度与槽位划分

在第 3 章中我们已经介绍过 Flink 的 JobManager 和 TaskManager 的功能，其中 TaskManager 运行具体的计算。每个 TaskManager 占用一定的 CPU 和内存资源，一个 TaskManager 会被切分为一到多个 Slot，Slot 是 Flink 运行具体计算任务的最小单元。如果一个作业不进行任何优化，作业中某个算子的子任务会被分配到一个 Slot 上，这样会产生资源浪费。9.3 节会介绍，多个子任务可以连接到一起，放在一个 Slot 中运行。最理想的情况下，一个 Slot 上运行着一个作业所有算子组成的流水线（Pipeline）。

前文中我们曾多次提到并行度的概念：如果一个作业的并行度为 parallelism，那么该作业的每个算子都会被切分为 parallelism 个子任务。如果作业开启了算子链和槽位共享，那么这个作业需要 parallelism 个 Slot。所以说，一个并行度为 parallelism 的作业至少需要 parallelism 个 Slot。

在 flink-conf.yaml 中，taskmanager.numberOfTaskSlots 配置一个 TaskManager 可以划分成多少个 Slot。默认情况下它的值为 1。对于 Standalone 集群来说，官方建议将参数值配置为与 CPU 核心数相等或成比例。例如，这个参数值可以配置为 CPU 核心数或 CPU 核心数的一半。TaskManager 的内存会平均分配给每个 Slot，但并没有将某个 CPU 核心绑定到某个 Slot 上。或者说，TaskManager 中的多个 Slot 是共享多个 CPU 核心的，每个 Slot 获得 TaskManager 中内存的一部分。

关于如何配置 taskmanager.numberOfTaskSlots 参数，其实并没有一个绝对的准则。每个 TaskManager 下有一个 Slot，那么该 Slot 会独立运行在一个 JVM 进程中；每个 TaskManager 下有多个 Slot，那么多个 Slot 同时运行在一个 JVM 进程中。TaskManager 中的多个 Slot 可以共享 TCP 连接、"心跳信息"以及一些数据结构，这在一定程度上减少了一些不必要的消耗。但是，我们要知道，Slot 是以线程为基本计算单元的，线程的隔离性相对较差，一个线程中的错误可能导致整个 JVM 进程崩溃，运行在其上的其他 Slot 也会被波及。假如一个 TaskManager 下只有一个 Slot，因为 TaskManager

是一个进程，进程之间的隔离度较好，但这种方式下，作业性能肯定会受到影响。

Standalone 集群一般部署在物理机或多核虚拟机上，对 CPU 的资源划分粒度比较粗，所以官方建议把 taskmanager. numberOfTaskSlots 参数值配置为 CPU 核心数。YARN 和 Kubernetes 这些调度平台对资源的划分粒度更细，可以精确地将 CPU 核心分配给 Container，比如可以配置单 CPU 的 Container 节点给只有一个 Slot 的 TaskManager 使用。Flink YARN 可以使用 yarn.containers.vcores 配置每个 Container 中 CPU 核心的数量，默认情况下它的值等于 taskmanager.numberOfTaskSlots。Flink Kubernetes 可以使用 kubernetes.taskmanager.cpu 配置单个 TaskManager 的 CPU 数量，默认情况下它的值等于 taskmanager.numberOfTaskSlots。

总结下来，关于计算的并行划分，有两个参数是可以配置的：作业并行度和 TaskManager 中 Slot 的数量。作业的并行度可以在用户代码中配置，也可以在提交作业时通过命令行参数配置。TaskManager 中 Slot 数量通过 taskmanager.numberOfTaskSlots 配置。假设作业开启了算子链和槽位共享，该作业的 TaskManager 数量为：

$$numberOfTaskManagers = ceil\left(\frac{parallelism}{numberOfTaskSlots}\right)$$

可以肯定的是，作业并行划分并不能一蹴而就，需要根据具体情况经过一些调优后才能达到最佳状态。这包括使用何种部署方式、部署时如何给 TaskManager 划分资源、如何配置 taskmanager. numberOfTaskSlots，以及如何进行 JVM 调优等。在 YARN 和 Kubernetes 这样的部署环境上，一个简单、易上手的部署方式是：配置 taskmanager.numberOfTaskSlots 为 1，给每个 Container 申请的 CPU 数量也为 1，提交作业时根据作业的数据量大小配置并行度。Flink 会根据上述参数分配足够的 TaskManager 运行该作业。

9.2.3　内存

1．堆区内存和堆外内存

内存管理是每个 Java 开发者绕不开的话题。在 JVM 中，内存一般分为堆区（On-heap 或 Heap）内存和堆外（Off-heap）内存。在一个 JVM 程序中，堆区是被 JVM 虚拟化之后的内存空间，里面存放着绝大多数 Java 对象的实例，被所有线程共享。Java 使用垃圾回收（Garbage Collection，GC）机制来清理内存中的不再使用的对象，堆区是垃圾回收的主要工作区域。内存经过垃圾回收之后，会产生大量不连续的空间，在某个时间点，JVM 必须进行一次彻底的垃圾回收（Full GC）。Full GC 时，垃圾回收器会对所有分配的堆区内存进行完整的扫描，扫描期间，绝大多数正在运行的线程会被暂时停止。这意味着，一次 Full GC 对一个 Java 应用造成的影响，跟堆区内存所存储的数据多少是成正比的，过大的堆区内存会影响 Java 应用的性能。例如，一个 Java 应用的堆区内存大小大于 100GB，Full GC 会产生分钟级的卡顿。

然而，在大数据时代，一个 Java 应用的堆区内存需求会很大，使用超过 100GB 大小的内存的情况比比皆是。因此，如果一个程序只使用堆区内存会产生一个悖论，即如果开辟的堆区内存过小，数据超过了内存限制，会抛出 OutOfMemoryError 异常（简称 OOM 问题），影响系统的稳定；如果堆区内存过大，GC 时会经常卡顿，影响系统的性能。一种解决方案是将一部分内存对象迁移到堆外内存上。堆外内存直接受操作系统管理，可以被其他进程和设备访问，可以方便地开辟一片很大的内存空间，又能解决 GC 带来的卡顿问题，特别适合读/写操作比较频繁的场景。堆外内存虽然强大，但也有其负面影响，比如：堆外内存的使用、监控和调试更复杂，一些操作在堆外内存上会比较慢。

图 9-5 是对 Flink 内存模型的划分示意图。无论 Flink 的 JobManager 还是 TaskManager 都是一个 JVM 进程，整个 Flink JVM 进程的内存（见图 9-5 中 Total Process Memory 部分）包括两大部分：Flink 占用的内存（见图 9-5 中 Total Flink Memory 部分）和 JVM 相关内存（见图 9-5 中 JVM Specific Memory 部分）。JVM Specific Memory 是绝大多数 Java 程序都需要的一块内存区域，比如各个类的元数据会放在该区域。Total Flink Memory 是 Flink 能使用到的内存，Total Flink Memory 又包括 JVM 堆区内存（见图 9-5 中 JVM Heap 部分）和堆外内存（见图 9-5 中 Off-heap Memory 部分）。Off-heap Memory 包括一些 Flink 所管理的内存（见图 9-5 中 Flink Managed Memory 部分），一般主要在 TaskManager 上给个别场景使用，Off-heap Memory 另外一部分主要给网络通信缓存使用的内存（见图 9-5 中 Direct Memory）。

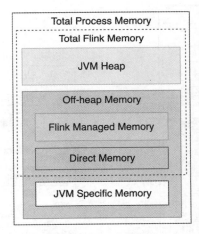

图 9-5　Flink 内存模型

注意

Flink 1.10 开始对内存管理和设置进行了一次较大改动，相关的配置与之前的版本有明显不同，这里只介绍 Flink 1.10 版本以后的内存配置方法。从老版本迁移过来的朋友也应该注意修改内存配置，否则会出现错误。

从框架的角度来看，Flink 将内存管理部分做了封装，用户在绝大多数情况下其实可以不用关注数据到底是如何写入内存的。但对于一些数据量较大的作业，了解 Flink 的内存模型还是非常有必要的。

2. Master 的内存配置

在具体的内存管理问题上，Flink 的 Master 和 TaskManager 有所区别。Master 中的组件虽然比较多，但是整体来说占用内存不大。ResourceManager 主要负责计算资源的管理、Dispatcher 负责作业分发、JobManager 主要协调某个作业的运行，这些组件无须直接处理数据。TaskManager 主要负责数据处理。相比之下，Master 对内存的需求没有那么苛刻，TaskManager 对内存的需求很高。

　　一个最简单的配置方法是设置 Master 进程的 Total Process Memory，参数项为 jobmanager.memory.process.size。配置好 Total Process Memory 后，Flink 有一个默认的分配比例，会将内存分配给各个子模块。另一个比较方便的方式是设置 Total Flink Memory，即 Flink 可用内存，参数项为 jobmanager.memory.flink.size。Total Flink Memory 主要包括了堆区内存和堆外内存。堆区内存包含了 Flink 框架运行时本身所占用的内存空间，也包括 JobManager 运行过程中占用的内存。如果 Master 进程需要管理多个作业（例如 Session 部署模式下），或者某个作业比较复杂，作业中有多个算子，可以考虑增大 Total Flink Memory。

　　3. TaskManager 的内存配置

　　因为 TaskManager 涉及大规模数据处理，TaskManager 的内存配置需要用户花费更多的精力。TaskManager 的内存模型主要包括图 9-6 所示的组件。

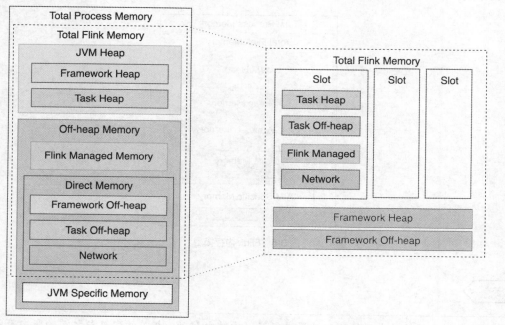

图 9-6　TaskManager 内存模型

　　如图 9-6 右侧所示单独对 Total Flink Memory 做了拆解。Total Flink Memory 又包括 JVM 堆区内存和堆外内存。无论是堆区内存还是堆外内存，一部分是 Flink 框架所占用的，即 Framework Heap 和 Framework Off-heap，这部分内存在计算过程中是给 Flink 框架使用的，作业实际所用到的 Slot 无法占用这部分资源。Flink 框架所占用的内存一般比较固定。另一部分是当前计算任务所占用的，即 Task Heap、Task Off-heap、Flink Managed Memory 和 Network。一个用户作业的绝大多数用户代码都运行在 Task Heap 区，因此 Task Heap 区的大小需要根据用户作业调整。

　　Flink 专门开辟了一块堆外内存（见图 9-6 所示的 Flink Managed Memory 部分），用来管理一部分特殊的数据。Flink Managed Memory 主要用途为：流处理下 RocksDB 的 State Backend，批处理下排序、中间数据缓存等。RocksDB 是第三方的插件，它不占用堆区内存。而 MemoryStateBackend 和 FsStateBackend 的本地状态是基于 Task Heap 区域的。如果流处理作业没有使用 RocksDB，或者流处理作业没有状态数据，Flink Managed Memory 这部分内存可以为零，以避免资源浪费。

Flink 的网络传输基于 Netty 库，Netty 以一块堆外内存（见图 9-6 所示的 Network 部分）作为缓存区。当 TaskManager 进程之间需要进行数据交换时，例如进行数据重分布或广播操作，数据会先缓存在 Network 区。假如数据量大，数据交换操作多，Network 区的内存压力会明显增大。

可以看到，Flink 的 TaskManager 内存模型并不简单。尽管 Flink 社区希望提供给用户最简单易用的默认配置，但使用一套配置处理各式各样的用户作业并不现实。Flink 将内存配置分为不同粒度。

粗粒度的内存配置方法是直接配置整个 TaskManager JVM 进程的内存。确切地说，是配置 Total Process Memory 或 Total Flink Memory 两者中的任意一个。这就相当于，我们配置好一个总量，其余各个子模块根据默认的比例获得其相应的内存大小。从图 9-6 中也可以看到，Total Process Memory 比 Total Flink Memory 多了 JVM Specific Memory。对于 YARN 或 Kubernetes 这种容器化的部署方式，给 Total Process Memory 申请内存更精确，相应的内存直接由资源管理器交付给了 Container。对于 Standalone 集群，给 Total Flink Memory 申请内存更合适，相应的内存直接交付给了 Flink 本身。其中，Total Process Memory 使用参数 taskmanager.memory.process.size，Total Flink Memory 使用参数 taskmanager.memory.flink.size。

细粒度的内存配置方法是同时配置 Task Heap 和 Flink Managed Memory 两个内存。根据前文的介绍，Task Heap 和 Flink Managed Memory 不涉及 Flink 框架所需内存，不涉及 JVM 所需内存，它们只服务于某个计算任务。这个方法可以更明确地为最需要动态调整内存的地方分配资源，而其他组件会根据比例自动调整。其中，Task Heap 由 taskmanager.memory.task.heap.size 参数配置，Flink Managed Memory 由 taskmanager.memory.managed.size 参数配置。

至此，我们介绍了 3 种内存配置方法：两种方法从宏观角度配置内存总量，一种方法从用户作业角度配置该作业所需量。涉及下面几个参数。

- taskmanager.memory.process.size：Total Process Memory，包括 Flink 内存和 JVM 内存，是一个进程内存消耗的总量，各子模块会按照比例配置，常用在容器化部署方式上。
- taskmanager.memory.flink.size：Total Flink Memory，不包括 JVM 内存，只关乎 Flink 部分，其他模块会按照比例配置，常用在 Standalone 集群部署方式上。
- taskmanager.memory.task.heap.size 和 taskmanager.memory.managed.size：两个参数必须同时配置，细粒度地配置了一个作业所需内存，其他模块会按照比例配置。

注意

这 3 个参数不要同时配置，否则会引起冲突，导致作业运行失败。我们应该在这 3 个参数中选择一个来配置。

综上，Flink 提供了大量的配置参数帮用户处理内存问题，但是实际场景千变万化，很难一概而论，内存的配置和调优也需要用户不断摸索和尝试。

9.2.4 磁盘

Flink 进程会将一部分数据写入本地磁盘，比如：日志信息、RocksDB 数据等。

io.tmp.dirs 参数配置了数据写入本地磁盘的位置。该参数所指目录中存储了 RocksDB 创建的文件、缓存的 JAR 包，以及一些中间计算结果。默认使用了 JVM 的参数 java.io.tmpdir，而该参数在 Linux 操作系统一般指的是/tmp 目录。YARN、Kubernetes 等会使用 Container 平台的临时目录作为该参数的默认值。

io.tmp.dirs 中存储的数据并不是用来做故障恢复的，但是如果这里的数据被清理，会对故障恢复产生较大影响。很多 Linux 发行版默认会定期清理/tmp 目录，如果要在该操作系统上部署长期运行的 Flink 流处理作业，一定要记得将定期清理的开关关掉。

9.3 算子链与槽位共享

在第 3 章中我们曾介绍了算子链和槽位共享的概念。默认情况下，这两个功能都是开启的。

9.3.1 设置算子链

Flink 会使用算子链将尽可能多的上、下游算子链接到一起，链接到一起的上、下游算子会被捆绑到一起，作为一个线程执行。假如两个算子不进行链接，那么这两个算子间的数据通信存在序列化和反序列化，通信成本较高，所以说算子链可以在一定程度上提高资源利用率。

Flink 无法把所有算子都链接到一起。上游算子将所有数据前向传播到下游算子上，数据不进行任何交换，那么这两个算子可以被链接到一起。比如，先进行 filter()，再进行 map()，这两个算子可以被链接到一起。Flink 源码 org.apache.flink.streaming.api.graph.StreamingJob-GraphGenerator 中的 isChainable()方法定义了何种情况可以进行链接，感兴趣的读者可以阅读一下相关代码。

另外一些情况下，算子不适合链接在一起，比如两个算子的负载都很高，这时候应该让两个算子拆分到不同的 Slot 上执行。下面的代码从整个执行环境层面关闭了算子链。

```
StreamExecutionEnvironment env = ...

env.disableOperatorChaining();
```

关闭算子链之后，我们可以使用 startNewChain()方法，根据需要对特定的算子进行链接。

```
DataStream<X> result = input.
  .filter(new Filter1())
  .map(new Map1())
  // 开启新的算子链
  .map(new Map2()).startNewChain()
  .filter(new Filter2());
```

上面的例子中，Filter1 和 Map1 被链接到了一起，Map2 和 Filter2 被链接到了一起。
也可以使用 disableChaining()方法，对当前算子禁用算子链。

```
DataStream<X> result = input.
  .filter(new Filter1())
  .map(new Map1())
  // 禁用算子链
  .map(new Map2()).disableChaining();
```

上面的例子中，Filter1 和 Map1 被链接到了一起，Map2 被分离出来。

9.3.2　设置槽位共享

第 3 章中我们提到，Flink 默认开启了槽位共享，从 Source 到 Sink 的所有算子子任务可以共享一个 Slot，共享计算资源。或者说，从 Source 到 Sink 的所有算子子任务组成的 Pipeline 共享一个 Slot。我们仍然以第 3 章使用的 WordCount 程序为例，整个 TaskManager 下有 4 个 Slot，我们设置作业的并行度为 2，其作业的执行情况如图 9-7 所示。可以看到，一个 Slot 中包含了从 Source 到 Sink 的整个 Pipeline。图 9-7 中 Source 和 FlatMap 两个算子被放在一起是因为默认开启了算子链。

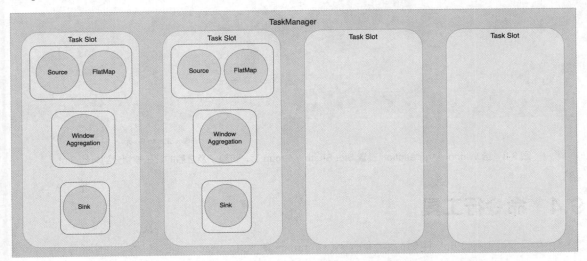

图 9-7　默认情况下，槽位共享使得整个算子的 Pipeline 可以放在一个 Slot 中执行

跟算子链一样，过多的计算任务集中在一个 Slot，有可能导致该 Slot 的负载过大。每个算子都有一个槽位共享组（Slot Sharing Group）。默认情况下，算子都会被分到 default 组中，也就意味着在最终的物理执行图中，从 Source 到 Sink 上、下游的算子子任务可以共享一个 Slot。我们可以用

slotSharingGroup()方法将某个算子分到特定的组中。例如，下面的代码把 WordCount 程序中的 WindowAggregation 算子划分到名为 A 的组中。

```
stream.timeWindow(...).sum(...).slotSharingGroup("A");
```

图 9-8 展示了这个作业的执行情况，Window Aggregation 和 Sink 都被划分到另外的 Slot 里执行。这里需要注意的是，我们没有明确给 Sink 设置 Slot Sharing Group，Sink 继承了前序算子（Window Aggregation）的 Slot Sharing Group，与之一起划分到同一组。

第 3 章中我们提到，未开启算子链和槽位共享的情况下，一个算子子任务应该占用一个 Slot。算子链和槽位共享可以让更多算子子任务共享一个 Slot。默认情况下算子链和槽位共享是开启的，所以可以让图 9-7 中所示的从 Source 到 Sink 的 Pipeline 都共享一个 Slot。如果一个作业的并行度为 parallelism，该作业至少需要个数为 parallelism 的 Slot。自定义算子链和槽位共享会打断算子子任务之间的共享，当然也会使该作业所需要的 Slot 数量大于 parallelism。

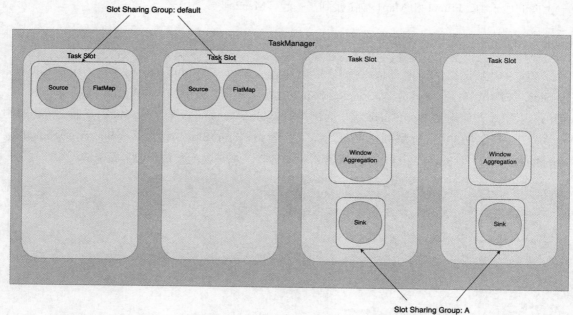

图 9-8　给 Window Aggreagtion 设置 Slot Sharing Group 后，该算子及之后的算子被划分到其他 Slot

9.4　命令行工具

在生产环境中，Flink 使用命令行工具（Command Line Interface）来管理作业的执行。命令行工具本质上是一个可执行脚本，名为 flink，放置在 Flink 的主目录下的 bin 文件夹中。我们在之前也曾多次介绍过，它的功能主要包括：提交、取消作业，罗列当前正在执行和排队的作业、获取某个作业的信息，设置 Savepoint 等。

命令行工具完成以上功能的前提是，我们已经启动了一个 Flink 集群，命令行工具能够直接连接到这个集群上。

默认情况下，命令行工具会从 conf/flink-conf.yaml 里读取配置信息。

进入 Flink 主目录，在 Linux 命令行中输入./bin/flink，屏幕上会输出命令行工具的使用方法。其使用方法如下面的语法所示。

```
./bin/flink <ACTION> [OPTIONS] [ARGUMENTS]
```

其中，ACTION 包括 run、stop 等，分别对应提交和取消作业。OPTIONS 为一些预置的选项，ARGUMENTS 是用户传入的参数。由于命令行工具的参数很多，我们只介绍一些经常使用的参数，其他参数可以参考 Flink 官方文档。

9.4.1　提交作业

提交作业的语法如下。

```
./bin/flink run [OPTIONS] <xxx.jar> [ARGUMENTS]
```

我们要提供一个打包好的用户作业 JAR 包。打包需要使用 Maven，在自己的 Java 工程目录下执行 mvn package，在 target 文件夹下找到相应的 JAR 包。

我们使用 Flink 给我们提供的 WordCount 程序来演示。它的 JAR 包在 Flink 主目录下：./examples/streamingWordCount.jar。提交作业的命令如下。

```
./bin/flink run ./examples/streaming/WordCount.jar
```

任何一个 Java 程序都需要一个主类和 main 方法作为入口，启动 WorldCount 程序时，我们并没有提及主类，因为程序在 pom.xml 文件中设置了主类。确切地说，经过 Maven 打包生成的 JAR 包有文件 META-INF/MANIFEST.MF，该文件里定义了主类。如果我们想明确使用自己所需的主类，可以使用-c <classname> 或--class <classname>来指定程序的主类。在一个包含众多 main()方法的 JAR 包里，必须指定一个主类，否则会报错。

```
$ ./bin/flink run \
  -c org.apache.flink.streaming.examples.wordcount.WordCount \
  ./examples/streaming/WordCount.jar
```

我们也可以往程序中传入参数。

```
$ ./bin/flink run \
  -c org.apache.flink.streaming.examples.wordcount.WordCount \
  ./examples/streaming/WordCount.jar \
  --input '/tmp/a.log' \
  --output '/tmp/b.log'
```

其中，--input '/tmp/a.log' --output '/tmp/b.log'为我们传入的参数，和其他 Java 程序一样，这些参数会写入 main()方法的参数 String[]中，以字符串数组的形式存在。参数需要程序代码解析，因此命令行工具与程序代码中的参数要保持一致，否则会出现参数解析错误的情况。

我们也可以在命令行中用-p 选项设置这个作业的并行度。下面的命令给作业设置的并行度为 2。

```
$ ./bin/flink run -p 2 ./examples/streaming/WordCount.jar
```

如果用户在代码中使用 setParallelism()方法明确设置并行度，或有给某个算子设置并行度，那么用户代码中的设置会覆盖命令行中的-p 设置。

提交作业本质上是向 Flink 的 Master 提交 JAR 包，可以用-m 选项来设置向具体哪个 Master 提交。下面的命令将作业提交到 Hostname 为 myJMHost 的节点上，端口号为 8081。

```
$ ./bin/flink run \
  -m myJMHost:8081 \
  ./examples/streaming/WordCount.jar
```

如果我们已经启动了一个 YARN 集群，且当前节点可以连接到 YARN 集群上，-m yarn-cluster 会将作业以 Per-Job 模式提交到 YARN 集群上。如果我们已经启动了一个 Flink YARN Session，可以不用设置-m 选项，Flink 会记住 Flink YARN Session 的连接信息，默认向这个 Flink YARN Session 提交作业。

因为 Flink 支持不同类型的部署方式，为了避免提交作业的混乱、设置参数过多，Flink 提出了-e <arg>或--executor <arg>选项，用户可以通过这两个选项选择使用哪种执行模式（Executor Mode）。可选的执行模式有：remote、local、kubernetes-session、yarn-per-job、 yarn-session。例如，一个原生 Kubernetes Session 中提交作业的命令如下。

```
$ ./bin/flink run \
  -e kubernetes-session \
  -Dkubernetes.cluster-id=<ClusterId> \
  examples/streaming/WindowJoin.jar
```

上面命令的-D 用于设置参数。我们用-D<property=value>形式来设置一些配置信息，这些配置的含义和内容和 conf/flink-conf.yaml 中的配置是一致的。

无论用以上哪种方式提交作业，Flink 都会将一些信息输出到屏幕上，最重要的信息就是作业的 ID。

9.4.2 管理作业

罗列当前的作业的命令如下。

```
$ ./bin/flink list
```

触发一个作业执行 Savepoint 的命令如下。

```
$ ./bin/flink savepoint <jobId> [savepointDirectory]
```

这行命令会通知作业 ID 为 jobId 的作业执行 Savepoint，可以在后面添加路径，Savepoint 会写入对应目录，该路径必须是 Flink Master 可访问到的目录，例如一个 HDFS 路径。

关停一个 Flink 作业的命令如下。

```
$ ./bin/flink cancel <jobID>
```

关停一个带 Savepoint 的作业的命令如下。

```
$ ./bin/flink stop <jobID>
```

从一个 Savepoint 恢复一个作业的命令如下。

```
$ ./bin/flink run -s <savepointPath> [OPTIONS] <xxx.jar>
```

9.5　与 Hadoop 集成

Flink 可以和 Hadoop 生态圈的组件紧密结合，比如 9.1 节中提到，Flink 可以使用 YARN 作为资源调度器，或者读取 HDFS、HBase 中的数据。在使用 Hadoop 前，我们需要确认已经安装了 Hadoop，并配置了环境变量 HADOOP_CONF_DIR，如下环境变量配置是 Hadoop 安装过程所必需的。

```
HADOOP_CONF_DIR=/path/to/etc/hadoop
```

此外，Flink 与 Hadoop 集成时，需要将 Hadoop 的依赖包添加到 Flink 中，或者说让 Flink 能够获取到 Hadoop 类。比如，使用 bin/yarn-session.sh 启动一个 Flink YARN Session 时，如果没有设置 Hadoop 依赖，将会出现下面的报错。

```
java.lang.ClassNotFoundException: org.apache.hadoop.yarn.exceptions.YarnException
```

这是因为 Flink 源码中引用了 Hadoop YARN 的代码，但是在 Flink 官网提供的 Flink 下载包中，新版本的 Flink 已经不提供 Hadoop 集成，或者说，Hadoop 相关依赖包不会放入 Flink 包中。Flink 将 Hadoop 剔除的主要原因是 Hadoop 发布和构建的时间过长，不利于 Flink 的迭代。Flink 鼓励用户自己根据需要引入 Hadoop 依赖包，具体有如下两种方式。

① 在环境变量中添加 Hadoop Classpath，Flink 从 Hadoop Classpath 中读取所需依赖包。

② 将所需的 Hadoop 依赖包添加到 Flink 主目录下的 lib 目录中。

9.5.1　添加 Hadoop Classpath

Flink 使用环境变量 $HADOOP_CLASSPATH 来存储 Hadoop 相关依赖包的路径，或者说，$HADOOP_CLASSPATH 中的路径会添加到 -classpath 参数中。很多 Hadoop 发行版以及一些云环境默认情况下并不会设置这个变量，因此，执行 Hadoop 的各节点应该在其环境变量中设置 $HADOOP_CLASSPATH。

```
export HADOOP_CLASSPATH=`hadoop classpath`
```

上面的命令中，hadoop 是 Hadoop 提供的二进制命令工具，使用前必须保证 hadoop 命令添加到了环境变量$PATH 中，classpath 是 hadoop 命令的一个参数选项。hadoop classpath 可以返回 Hadoop 所有相关的依赖包，将这些路径输出。如果在一台安装了 Hadoop 的节点上执行 hadoop classpath，下面是部分返回结果。

```
/path/to/hadoop/etc/hadoop:/path/to/hadoop/share/hadoop/common/lib/*:/path/to/hadoop/share/hadoop/yarn/lib/*:...
```

Flink 启动时，会从$HADOOP_CLASSPATH 中寻找所需依赖包。这些依赖包来自节点所安装的 Hadoop，也就是说 Flink 可以和已经安装的 Hadoop 紧密结合起来。但 Hadoop 的依赖错综复杂，Flink 所需要的依赖和 Hadoop 提供的依赖有可能发生冲突。

该方式只需要设置$HADOOP_CLASSPATH，简单快捷，缺点是有依赖冲突的风险。

9.5.2 将 Hadoop 依赖包添加到 lib 目录中

Flink 主目录下有一个 lib 目录，专门存放各类第三方的依赖包。Flink 程序启动时，会将 lib 目录加载到 Classpath 中。我们可以将所需的 Hadoop 依赖包添加到 lib 目录中。具体有两种获取 Hadoop 依赖包的方式：一种是从 Flink 官网下载预打包的 Hadoop 依赖包，一种是从源码编译。

Flink 社区帮忙编译生成了常用 Hadoop 版本的 Flink 依赖包，比如 Hadoop 2.8.3、Hadoop 2.7.5 等，使用这些 Hadoop 版本的用户可以直接下载这些依赖包，并放置到 lib 目录中。例如，Hadoop 2.8.3 的用户可以下载 flink-shaded-Hadoop-2-uber-2.8.3-10.0.jar，将这个依赖包添加到 Flink 主目录下的 lib 目录中。

如果用户使用的 Hadoop 版本比较特殊，不在下载列表里，比如是 Cloudera 等厂商发行的 Hadoop，用户需要自己下载 flink-shaded 工程源码，基于源码和自己的 Hadoop 版本自行编译生成依赖包。编译命令如下。

```
$ mvn clean install -Dhadoop.version=2.6.1
```

上面的命令编译了针对 Hadoop 2.6.1 的 flink-shaded 工程。编译完成后，将名为 flink-shaded-hadoop-2-uber 的依赖包添加到 Flink 主目录的 lib 目录中。

该方式没有依赖冲突的风险，但源码编译需要用户对 Maven 和 Hadoop 都有一定的了解。

9.5.3 本地调试

9.5.1 小节和 9.5.2 小节介绍的是针对 Flink 集群的 Hadoop 依赖设置方式，如果我们仅想在本地的 IntelliJ IDEA 里调试 Flink Hadoop 相关的程序，我们可以将下面的 Maven 依赖添加到 pom.xml 中。

```
<dependency>
    <groupId>org.apache.hadoop</groupId>
    <artifactId>hadoop-client</artifactId>
    <version>2.8.3</version>
    <scope>provided</scope>
</dependency>
```

9.6　实验　作业编码、打包与提交

本章的重点是集群部署与作业提交，本实验也与此相关。

一、实验目的

熟悉 Flink 程序打包、部署、参数设置与作业提交流程。

二、实验内容

如果读者有超过一台节点的实验环境，可以按照 9.1.1 小节中 Standalone 集群的部署方式来部署一个多节点的集群；如果读者实验环境有限，可以继续使用单机 Standalone 集群。在集群的配置上，我们需要设置一些重要的参数，例如：conf/flink-conf.yaml 文件中的 jobmanager.rpc.address 和 taskmanager.numberOfTaskSlots，conf/slaves 文件。

我们继续在第 7 章实验的基础上，完善该程序，并在 Standalone 集群上提交作业。

三、实验要求

- 要求 1。

对 Standalone 集群进行配置，记录 Standalone 集群必要参数的值，启动这个集群。

- 要求 2。

在本节中，我们修改第 7 章实验中的程序，允许该程序接收来自命令行工具的参数，参数为股票价格数据集文件的绝对路径。

- 要求 3。

使用 Maven 对程序打包，生成 JAR 包，在命令行中使用 Flink 命令行工具提交作业：使用-p 控制并行度，使用-c 选择主类，增加数据集绝对路径的参数。在 Flink WebUI 中查看作业的详细信息：尝试不同的并行度，查看不同作业的执行区别。

- 要求 4。

修改代码，尝试对不同的算子设置 Slot Sharing Group。在 Flink WebUI 中查看作业与之前运行情况的区别，尤其是 Slot 数量等信息。

四、实验报告

将上述运行过程、程序代码以及 Flink WebUI 的截图整理并撰写成实验报告。

本章小结

通过本章的学习，读者应该掌握了 Flink 集群的部署模式、常用配置和作业提交方式。这些操作可以帮助读者在生产环境中执行 Flink 作业。

参考文献

[1] 维克托·迈尔·舍恩伯格. 大数据时代：生活、工作与思维的大变革[M]. 周涛，译. 杭州：浙江人民出版社，2012.

[2] DEAN J，GHEMAWAT S. MapReduce：Simplified Data Processing on Large Clusters[C]// Sixth Symposium on Operating System Design & Implementation. USENIX Association，2004.

[3] ZAHARIA，M CHOWDHURY，M DAS T. Resilient distributed datasets：A fault-tolerant abstraction for in-memory cluster computing[C] Proceedings of the 9th USENIX conference on Networked Systems Design and Implementation. USENIX Association，2012.

[4] CHANG F，DEAN J，GHEMAWAT S，et al. Bigtable：A Distributed Storage System for Structured Data[J]. ACM transactions on computer systems，2008，26(2)：1-26.

[5] 汤姆·怀特. Hadoop 权威指南：大数据的存储与分析[M]. 王海，华东，刘喻，吕粤海，译. 北京：清华大学出版社，2017.

[6] AKIDAU T，SCHMIDT E，WHITTLE S，et al. The dataflow model：A practical Approach to balancing correctness，latency，and cost in massive-scale，unbounded，out-of-order data processing[J]. proceedings of the vldb endowment，2015，8(12)：1792-1803.

[7] HUESKE F，KALAVRI V. Stream Processing with Apache Flink[M]. Sebastopol，:O'Reilly Media，2019.

[8] CHANDY M K，LAMPORT L. Distributed Snapshots：Determining Global States of Distributed Systems[J]. Acm Transactions on Computer Systems，1985，3(1):63-75.

[9] MORGNER P，CHRISTIAN M ü ller，RING M，et al. Privacy Implications of Room Climate Data[C]// European Symposium on Research in Computer Security. Switzerland：Springer，Cham，2017.